软件开发魔典

U0378066

Linux
从入门到项目实践（超值版）

聚慕课教育研发中心 编著

清華大学出版社
北京

内容简介

本书采取"基础知识→核心应用→高级应用→项目实践"结构和"由浅入深，由深到精"的学习模式进行讲解。全书共 15 章。书中首先讲解了学习 Linux 操作系统的前提、操作系统的基本概念和安装方法、操作系统基本结构以及 Linux 常用命令等基础知识，接着，深入介绍了 Bash Shill 基础知识、用户权限管理、文件系统管理、系统进程和内存管理等核心应用技术。然后，详细探讨了 Shell 脚本编程、正则表达式与文件格式化处理、网络安全以及高性能集群软件 Keepalived 等高级应用。最后，在实践环节，通过对服务器的部署、数据库的部署以及 Linux 故障排查内容的讲解，让读者掌握在实际操作中如何安装以及部署服务器和数据库，同时学会应对出现错误问题的方法。

本书的目的是从多角度、全方位地帮助读者快速掌握 Linux 运维技能，构建从高校到社会的就职桥梁，让有志于从事软件开发工作的读者轻松步入职场。本书赠送的资源比较多，在本书前言部分对资源包的具体内容、获取方式以及使用方法等做了详细说明。

本书适合从事 Linux 网络运维行业的读者阅读，还可作为正在进行软件专业毕业设计的学生以及大专院校和培训机构的参考用书。

图书在版编目（CIP）数据

Linux 从入门到项目实践：超值版 / 聚慕课教育研发中心编著. —北京：清华大学出版社，2020.5
（软件开发魔典）
ISBN 978-7-302-55138-6

Ⅰ. ①L… Ⅱ. ①聚… Ⅲ. ①Linux 操作系统 Ⅳ. ①TP316.85

中国版本图书馆 CIP 数据核字（2020）第 047265 号

责任编辑：张　敏
封面设计：杨玉兰
责任校对：胡伟民
责任印制：沈　露

出版发行：清华大学出版社
　　　　　网　　　址：http://www.tup.com.cn, http://www.wqbook.com
　　　　　地　　　址：北京清华大学学研大厦 A 座　　　邮　　编：100084
　　　　　社 总 机：010-62770175　　　　　邮　　购：010-62786544
　　　　　投稿与读者服务：010-62776969, c-service@tup.tsinghua.edu.cn
　　　　　质量反馈：010-62772015, zhiliang@tup.tsinghua.edu.cn
印 装 者：三河市铭诚印务有限公司
经　　销：全国新华书店
开　　本：203mm×260mm　　　印　　张：21　　　字　　数：625 千字
版　　次：2020 年 7 月第 1 版　　　印　　次：2020 年 7 月第 1 次印刷
定　　价：89.90 元

产品编号：075193-01

前言
PREFACE

本书说明

本书是专门为有一定编程基础的中级读者量身打造的编程基础学习与项目实践用书。通过案例引导读者深入技能学习和项目实践。为满足网络维护学者在 Linux 系统知识方面的基础入门、扩展学习、编程技能、项目实践 4 个方面的职业技能需求，采用"基础知识→核心应用→高级应用→项目实践"的结构和"由浅入深，由深到精"的学习模式进行讲解。

Linux 操作系统的最佳学习模式

本书以 Linux 操作系统最佳的学习模式来组织内容，第 1~3 篇可使读者掌握 Linux 操作系统基础知识和应用技能；第 4 篇可使读者拥有多个实践的积累。读者如果遇到问题，可观看本书同步微视频，也可以通过在线技术支持让有经验的程序员答疑解惑。

本书内容

全书分为 4 篇 15 章。

第 1 篇（第 1~4 章）为基础知识。本篇主要讲解了学习 Linux 的前提、Linux 操作系统的安装与配置方法、系统基本结构以及常用命令的使用等。读者在学习完本篇后将会了解 Linux 操作系统的发展、基本概念及其基本结构与命令等内容。

第 2 篇（第 5~8 章）为核心应用。本篇主要讲解了 Bash Shill 基础知识、Linux 用户权限管理、Linux 文件系统管理以及 Linux 系统进程与内存管理等。通过本篇的学习，读者将对 Bash Shell 和 Linux 操作系统的管理有更深入的了解，为后面的实践奠定基础。

第 3 篇（第 9~12 章）为高级应用。本篇主要讲解了 Shill 脚本编程、正则表达式与文件格式化处理、网络安全、高性能集群软件 Keepalived 等内容。学习完本篇内容，读者将对 Linux 操作系统的高级应用有更全面的认识。

第 4 篇（第 13~15 章）为项目实践。本篇主要讲解了服务器的部署、数据库的部署以及 Linux 故障排查。通过本篇的学习，读者将学会在 Linux 操作系统中安装和部署服务器与数据库的方法，并能够做到自主排查 Linux 系统中出现的问题，提高自己的动手能力，为日后进行 Linux 网络运维工作积累经验。

全书不仅融入了作者丰富的工作经验和多年的使用心得，还提供了大量来自工作实践的案例，具有较强的实战性和可操作性，读者系统学习后可以掌握 Linux 操作系统的基础知识，拥有全面的系统网络维护能力、优良的团队协同技能和丰富的项目实战经验。本书旨在让 Linux 初学者快速成长为一名合格的网络运维工程师，通过演练积累项目开发经验和团队合作技能，以期在未来的职场中获取一个较高的起点，并能迅速融入网络运维团队中。

本书特色

1. 结构科学，易于自学

本书在内容组织和范例设计中充分考虑到初学者的特点，讲解由浅入深、循序渐进，做到读者无论处在 Linux 学习的哪个阶段，都能从书中找到最佳的学习起点。

2. 视频讲解，细致透彻

为降低学习难度，提高学习效率，本书录制了同步微视频（模拟培训班模式），通过视频除了能轻松学会专业知识外，还能获取老师的网络维护经验，使学习变得轻松有效。

3. 超多、实用、专业的范例和实践项目

本书结合实际工作中的应用范例逐一讲解 Linux 操作系统的各种知识和技术，在项目实践篇中以 3 个实例来总结本书前 12 章介绍的知识和技能，让读者在实践中掌握知识，轻松拥有 Linux 运维经验。

4. 随时检测自己的学习成果

本书每章首页均提供了"学习指引"和"重点导读"，以指导读者重点学习及学后检查；章后的"就业面试技巧与解析"均根据当前最新求职面试（笔试）题精选而成，读者可以随时检测自己的学习成果，做到融会贯通。

5. 专业创作团队和技术支持

本书由聚慕课教育研发中心编著和提供在线服务。读者在学习过程中遇到任何问题，均可登录 http://www.jumooc.com 网站或加入图书读者（技术支持）QQ 群（661907764）进行提问，作者和资深程序员将为读者在线答疑。

本书附赠超值王牌资源库

本书附赠了极为丰富超值的王牌资源库，具体内容如下：
（1）王牌资源 1：随赠本书"配套学习与教学"资源库，提升读者的学习效率。
- 本书同步 209 节教学微视频录像（扫描二维码观看），总时长 13 学时。
- 本书 3 个大型项目案例以及全部实例源代码。
- 本书配套上机实训指导手册及本书教学 PPT 课件。
（2）王牌资源 2：随赠"职业成长"资源库，突破读者职业规划与发展瓶颈。
- 求职资源库：100 套求职简历模板库、600 套毕业答辩与 80 套学术开题报告 PPT 模板库。
- 面试资源库：程序员面试技巧、200 道求职常见面试（笔试）真题与解析。

- 职业资源库：100 套岗位竞聘模板、程序员职业规划手册、开发经验及技巧集、软件工程师技能手册。
（3）王牌资源 3：随赠"Linux 开发魔典"资源库，拓展读者学习本书的深度和广度。
- 案例资源库：120 个实例及源码注释。
- 程序员测试资源库：计算机应用测试题库、编程基础测试题库、编程逻辑思维测试题库、编程英语水平测试题库。
- 软件开发文档模板库：10 套 8 大行业软件开发文档模板库。
- 软件学习必备工具及电子书资源库：Linux 常用命令查询手册、Linux 常用快捷键电子书、Linux 运维工程师面试技巧、Linux 常见面试题、Linux 常见错误及解决方案、Linux 开发经验及技巧大汇总。
（4）王牌资源 4：编程代码优化纠错器。
- 本纠错器能让软件开发更加便捷和轻松，无须安装配置复杂的软件运行环境即可轻松运行程序代码。
- 本纠错器能一键格式化，让凌乱的程序代码更加规整美观。
- 本纠错器能对代码精准纠错，让程序查错不再难。

上述资源获取及使用

注意： 由于本书不配送光盘，书中所用及上述资源均需借助网络下载才能使用。

1. 资源获取

采用以下任意途径，均可获取本书所附赠的超值王牌资源库：
（1）加入本书微信公众号"聚慕课 jumooc"，下载资源或者咨询关于本书的任何问题。
（2）加入本书图书读者服务（技术支持）QQ 群（661907764），打开群"文件"中对应的 Word 文件，获取网络下载地址和密码。

2. 使用资源

读者可通过以下途径学习和使用本书微视频和资源：
（1）通过计算机端、APP 端、微信端以及平板端学习本书微视频。
（2）将本书资源下载到本地硬盘，根据学习需要选择性使用。

本书阅读对象

本书非常适合以下人员阅读：
- 没有任何 Linux 基础的初学者。
- 有一定的 Linux 运维基础，想精通运维的人员。
- 有一定的 Linux 运维基础，没有运维经验的人员。
- 正在进行软件专业相关毕业设计的学生。
- 大中专院校及培训学校的老师和学生。

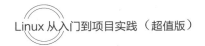

创作团队

    本书由聚慕课教育研发中心组织编写，参与本书编写的人员主要有陈梦、刘静如、王闪闪、朱性强、李良、陈献凯等。在编写过程中，我们尽己所能将最好的讲解呈现给读者，但也难免有疏漏和不妥之处，敬请读者不吝指正。

作 者

目录
CONTENTS

第 1 篇

基础知识

本篇是 Linux 操作系统的基础知识篇。篇中首先讲解了 Linux 的发展及学习的方法，其次从操作系统的基本概念及系统的安装讲起，结合 Linux 系统的基本结构、常用命令带领读者快速步入 Linux 的世界。

读者在学习完本篇后将会了解到 Linux 操作系统的发展史、概念及基本内容，并且能够掌握 Linux 操作系统的安装方法、基本结构及常用命令等基础知识，为后面更深入地学习 Linux 操作系统打下坚实的基础。

- 第 1 章　学习 Linux 的前提
- 第 2 章　走进 Linux 的世界
- 第 3 章　Linux 系统基本结构
- 第 4 章　Linux 常用命令

第1章
学习 Linux 的前提

 学习指引

    对于初学者，在刚接触 Linux 时也许会感到不习惯，但在学习本书时读者可以尽管放心，本书提供了 Linux 的使用手册和基本的技术文档，可以让初学者尽快上手。本章介绍了 Linux 的发展现状、Linux 的各种版本以及 Linux 的正确学习方法，可为读者后续的学习打下基础。

 重点导读

- Linux 的发展现状。
- 选择适合自己的 Linux 版本。
- 形成良好的 Linux 学习方法。
- 虚拟机技术的学习。

1.1　Linux 的发展现状与趋势

    大多数读者可能都听说过 Linux，但是 Linux 具体能做什么呢？相信这是大多数刚接触 Linux 的读者的共同疑惑。带着这个疑问，在本章的第一小节，我们先来了解一下 Linux 与开源软件的关系以及 Linux 的发展趋势等内容。

1.1.1　Linux 与开源软件

    Linux 属于 UNIX 操作系统，在 1991 年由林纳斯•托瓦兹发布，由于它的自由和开放源代码，人们将和用户空间的应用程序相结合，发展为现在的 Linux 操作系统。Linux 是指基于 Linux 内核的完整的操作系统，它包括了 GUI 组件和许多其他实用工具。

    说到这里不得不介绍一下 GNU（General Public License，通用公共许可协议）。GNU 是一个被广泛使用的自由软件许可协议，它不仅赋予了计算机程序自由软件的定义，而且任何软件开发和衍生的产品在发布时必须采用 GNU 许可证的方式，另外还要求必须公开源代码。

    Linux 由于它的自由和开放源代码而被大家所熟知。就目前来说，只要遵循 GNU 通用公共许可证，任何个人或机构都可以自由地使用 Linux 的所有底层源代码，也可以自由地修改和再发布。随着 Linux 操作系统的飞速发展，各种集成在 Linux 上的开源软件和实用工具也得到了应用和普及，因此，Linux 也成为开源软件的代名词。

1.1.2　服务器领域的发展

随着 Linux 操作系统的出现，开源软件在世界范围内的影响力逐渐增大，在整个服务器操作系统市场格局中，Linux 操作系统占据越来越多的市场份额，并且保持着快速的增长趋势，尤其是在国家关键领域。据统计，目前 Linux 操作系统在服务器领域已经占据了较大的市场份额，因此也引起了全球 IT 业的高度关注，并以强劲的势头成为服务器操作系统领域的中坚力量。

1.1.3　桌面领域的发展

目前，Linux 桌面操作系统在国内的发展趋势异常迅速，例如麒麟 Linux、红旗 Linux、深度 Linux 等 Linux 桌面操作系统，已在各大企业得到广泛应用。但是，Linux 桌面操作系统与 Windows 系统相比还存在着一定的差距，主要体现在系统的整体功能和性能上，其中包括系统的易用性、系统的管理、软硬件的兼容性、软件的丰富程度等方面。

1.1.4　移动嵌入式领域的发展

Linux 在嵌入式系统方面也得到了广泛的应用，这主要得益于 Linux 操作系统的低成本、强大的定制功能以及良好的移植性能，从而使得其被广泛应用于平板电脑、手机以及电视等各领域，如我们现在使用的 Android 操作系统也是创建在 Linux 内核之上。

另外，在网络防火墙和路由器方面也使用了定制的 Linux，还有一些智能手机、平板电脑和网络电视，常见的数字视频录像机、舞台灯光控制系统等都在逐渐采用定制版本的 Linux 来实现。

1.1.5　云计算/大数据领域的发展

互联网产业的迅猛发展，使得云计算、大数据产业形成并快速发展。云计算、大数据是基于开源软件的平台，其中 Linux 占据了核心的力量。根据 Linux 基金会的研究，大部分的企业已经使用 Linux 操作系统进行云计算、大数据平台的构建。目前，Linux 已开始取代 UNIX 成为最受青睐的云计算、大数据平台操作系统。

1.2　选择适合自己的 Linux 发行版本

与其他操作系统相比，Linux 是自由和开源的，因此使用成本较低，应用较广泛。尽管 Linux 操作系统在桌面上的使用没有 Windows 那么得心应手，但作为运行在全球数据中心的服务器、大型计算机和超级计算机上的操作系统，它的表现令其他很多操作系统不能望其项背。

Linux 的发行版本通常包括了桌面环境、办公包、媒体播放器、数据库等应用软件。这些操作系统通常由 Linux 内核以及来自 GNU 计划的大量的函数库和基于 X Window 的图形界面组成。

1.2.1　Linux 的发行版本

1. Ubuntu

Ubuntu 由 Canonical 公司开发，是基于 Debian 的开源 Linux 操作系统。Ubuntu 属于当下最流行的 Linux 发行版本，而且还衍生出许多其他版本。

Ubuntu 的优点有以下几个：

（1）其对构建高性能、高度可伸缩、灵活和安全的企业数据中心具有非常强大的支持作用。

（2）为大数据、可视化和容器、物联网等服务提供支持。

（3）可以通过借助 Ubuntu Advantage 获得商业支持和服务，例如用于安全审计的系统管理工具、合规性以及 Canonical Livepatch 服务。这些服务可以帮助应用内核修复程序等。

（4）拥有来自强大且不断增长的开发者和用户社区的支持。

Ubuntu 服务器的页面如图 1-1 所示。

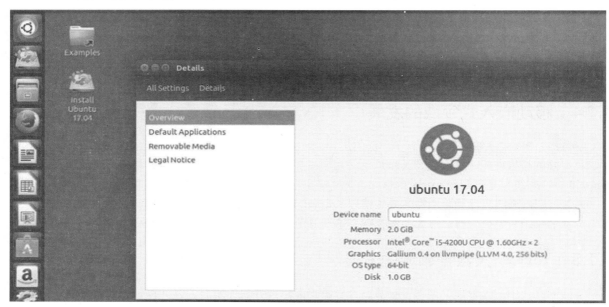

图 1-1　Ubuntu 服务器

2. Red Hat Enterprise Linux（RHEL）

Red Hat Enterprise Linux（RHEL）是由 Red Hat 公司开发的开源 Linux 发行版本。RHEL 服务器是一个功能强大、稳定和安全的软件，可以为面向软件的存储提供现代数据中心的支持。此外，它还支持云、物联网、大数据、可视化和容器。

RHEL 服务器的页面如图 1-2 所示。

3. SUSE Linux Enterprise Server

SUSE Linux Enterprise Server 是由 SUSE 构建的开源、稳定和安全的服务器平台。它主要是为物理、虚拟和基于云的服务器提供支持，适合支持可视化和容器的云解决方案。它可以运行在 ARM SoC、Intel、AMD、SAP HANA、z Systems 和面向 NVM Express 的现代硬件环境中。

SUSE 服务器页面如图 1-3 所示。

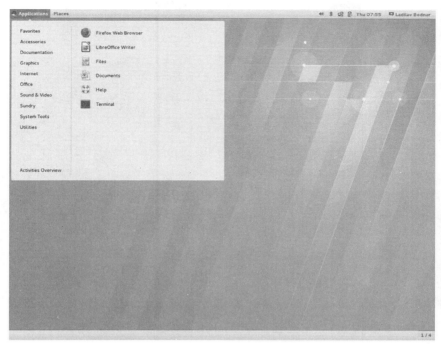

图 1-2　RHEL 服务器

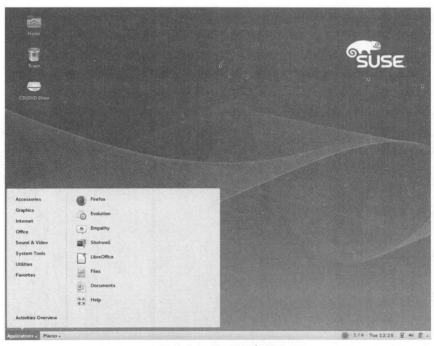

图 1-3　SUSE 服务器

4. CentOS（Community OS）Linux Server

CentOS 属于 RHEL 的稳定和开源衍生产品。CentOS 拥有全面社区支持的 Linux 发行版本，因此在操作上与 RHEL 兼容。由于它是自由软件，因此我们可以从其他社区成员、用户和在线资源获得支持。本书

在演示时就是使用的 CentOS 服务器。

CentOS 服务器页面如图 1-4 所示。

图 1-4　CentOS 服务器

5. Debian

Debian 也属于自由、开源和稳定的 Linux 发行版本，它还可以由用户进行维护。Debian 拥有较多的软件包，并使用强大的包管理系统。Debian 目前正被教育机构、商业公司、非营利组织和政府机构所使用。

Debian 基本上支持大部分计算机体系结构，包括 64-bit PC（amd64）、32-bit PC（i386）、IBM System z、64-bit ARM（Aarch64）和 POWER 处理器等。

Debian 服务器页面如图 1-5 所示。

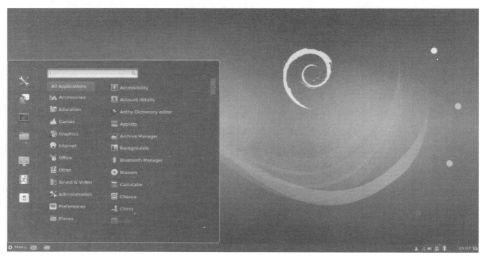

图 1-5　Debian 服务器

6. Oracle Linux

Oracle Linux 是由 Oracle 打包并分发的自由开源 Linux 发行版本，其主要用于开放的云领域。Oracle

Linux 适用于小型、大中型企业以及云端数据中心，因为它提供了构建可扩展并且可靠的大数据系统和虚拟环境的工具。

Oracle Linux 不仅可以在所有基于 x86 的 Oracle 集成系统上运行，而且还能够以合理的低成本获得顶级支持，包括主要的 backports、粗放管理、集群应用程序、补偿和测试工具等。

Oracle Linux 服务器页面如图 1-6 所示。

图 1-6　Oracle Linux 服务器

7. Mageia

Mageia 是一个由社区开发的自由、稳定和安全的 Linux 操作系统。它提供了一个巨大的软件库，包括集成的系统配置工具。更重要的是，这是第一个用 MariaDB 替代 Oracle MySQL 的 Linux 发行版。

Mageia 服务器页面如图 1-7 所示。

图 1-7　Mageia 服务器

8. ClearOS

ClearOS 属于衍生自 RHEL/CentOS 的开源 Linux 发行版本，并由 ClearFoundation 构建。ClearOS 是一个面向中小型企业的商业版本，主要用于网络网关和网络服务器，具有易于使用的基于 Web 的管理界面。

ClearOS 还是一个高度灵活和可定制的智能服务器软件，且功能齐全。可以通过低廉的成本获得高级的支持服务，并从应用程序市场获得额外的软件支持。

ClearOS 服务器如图 1-8 所示。

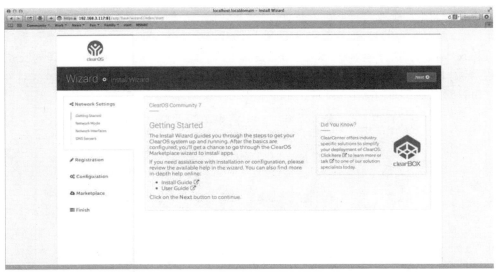

图 1-8　ClearOS 服务器

1.2.2　初学者入门首选——CentOS 系列

在了解了 Linux 几个主要发行版本后，我们选择 CentOS 来作为初学者入门学习的版本的理由就呼之欲出了。

CentOS 拥有着巨大的网络用户群体，网络 Linux 资源大部分都是基于 CentOS 发行版本的。这就使得初学者如果在学习过程中遇到任何问题，在网络中可以较容易地搜索到解决方案。

CentOS 系列版本获得的难度低，可以从各个网站下载 CentOS 各个版本进行安装。如果是第一次接触 Linux，那么建议先安装 Fedora Core。Fedora Core 的安装相对简单，它不仅对硬件的支持非常好，而且还也可以体验 Linux 的功能。如果对 Linux 有了一定的了解，需要深入学习，建议使用 CentOS 发行版系统。

CentOS 应用范围广，而且还具有典型性和代表性。现在几乎所有的互联网公司后台服务器都采用 CentOS 作为操作系统，可以说学会了 CentOS，不仅能迅速融入企业的工作环境，还能触类旁通，其他类似的 Linux 发行版本也能很快掌握。现在学习 Linux 的用户一般也都是以学习 CentOS 为主的，这样广泛的学员基础使得初学者的学习交流方便，学习中如果出现问题，更容易得到解决。另外，最主要的还是 CentOS 的安装和使用简单，因此基本上不会在"装系统"上浪费过多时间。

1.2.3　桌面平台首选——Ubuntu Linux

在 Linux 的桌面市场中，Ubuntu Linux 占据了大部分市场份额，它不仅界面美观、简洁，体验也非常好，如果想在 Linux 下进行娱乐休闲，Ubuntu Linux 绝对是首选。

Ubuntu 的安装非常人性化，只需按照提示一步一步进行，因此用户可以像安装 Windows 一样轻松地安装 Ubuntu。Ubuntu 被誉为对硬件支持最好、最全面的 Linux 发行版之一，许多在其他发行版上无法使用的或在默认配置时无法使用的硬件，在 Ubuntu 上都能轻松安装使用。

1.2.4　企业级应用首选——RHEL/CentOS 系列

企业级 Linux 的发行版本拥有较高的可靠性和稳定性，因此成了企业级应用所追求的系统平台。

RHEL 与 CentOS 两个 Linux 发行版本，都支持企业级应用，功能上并没有较大的不同，不同之处在于 RHEL 属于商业 Linux 发行版本，如果要使用 RHEL 版本，需要购买商业授权和咨询服务，Red Hat 提供系统的技术支持并提供系统的免费升级。目前 Red Hat 官网已经不再提供可免费下载的光盘介质，如果需要试用，可通过官网下载有试用时限的评估版 Linux。而 CentOS 属于非商业发行版，可以从网上免费下载 CentOS 各个版本的安装介质，但 CentOS 并不提供商业支持，当然使用者也不用担负任何商业责任。

1.3　形成良好的 Linux 学习方法

在开始学习 Linux 时，最好不使用 Windows 的工作方式来思考问题，因为这两者之间有很大的不同，比如它们之间的内存管理机制、进程运行机制等都有很大不同。因此在学习 Linux 时需要放弃 Windows 的工作思维模式，用全新的理念去尝试发现 Linux 身上所特有的潜质，相信你会有不一样的收获。

1.3.1　习惯命令行方式

Linux 是由命令行组成的操作系统，主要在于命令行，无论图形界面发展到什么水平，命令行方式的操作永远不变。Linux 命令有许多强大的功能，从简单的磁盘操作、文件存取，到复杂的多媒体图像和流媒体文件的制作，都离不开命令行。虽然 Linux 也有桌面系统，但是 X Window 也只是运行在命令行模式下的一个应用程序。

命令是学习 Linux 系统的基础，在很大程度上可以理解为，学习 Linux 就是学习命令，很多 Linux 大神都是从命令开始学起的。

对于刚刚从 Windows 系统进入 Linux 学习的初学者来说，要从丰富简单的功能按钮操作立刻进入枯燥的命令学习是有点困难，但是一旦学会 Linux 的命令就会爱不释手，因为它的功能实在太强大了。

1.3.2　理论结合实践

很多初学者都会遇到这样的问题，就是明明自己对系统的每个命令都很熟悉，但是在系统出现故障的时，就是无从下手，甚至不知道在什么时候用什么命令去检查系统，这是很多 Linux 新手最无奈的事情。这个问题其实就是学习的理论知识没有很好地与系统实际操作相结合。

很多 Linux 知识，例如，每个命令的参数含义在书本上说得很清楚，看起来也很容易理解，但是一旦组合起来使用，却并不那么容易，没有多次的动手练习，其中的技巧是无法完全掌握的。

人类大脑不像计算机的硬盘，硬盘具有永久记忆，除非硬盘坏掉或者硬盘被格式化，否则储存的资料将永远记忆在硬盘中，而且时刻可以调用。而在人类大脑的记忆曲线中，必须要不断地重复练习才会将一件事情记得比较牢。学习 Linux 也一样，如果无法坚持学习的话，就会出现"学了后面的，忘记前面的"的现象。还有些 Linux 初学者，虽然学了很多 Linux 知识，但是由于长期不用，导致学过的东西在很短的时间内又忘记了，久而久之，就失去了学习的信心。

可见，要培养自己的实战技能，只有勤于动手，肯于实践，这也是学好 Linux 的根本。

1.3.3　学会使用 Linux 联机帮助

Linux 发行版本的技术支持时间一般比较短，这对于 Linux 初学者来说能让其充分有效地学会的时间往往是不够的，不过，解决这个问题也不难，因为在安装完整的 Linux 系统中已经包含了一个强大的联机帮助功能，只是可能你还没有发现它，或者还没有掌握使用它的技巧。例如，对于 tar 命令的使用不是很熟悉，那么只要在命令行输入"man tar"，就会得到 tar 的详细说明和用法。

1.3.4　学会独立思考问题，独立解决问题

遇到问题，首先想到的应该是如何去解决问题。解决问题的方式有很多，比如看书查资料、网络搜索引擎搜索和浏览技术论坛等，通过这几种方式，大部分的问题都能得到解决。

独立思考并解决问题，不但锻炼了独立解决问题的能力，在技术上也能得到快速提高。如果通过以上方式实在解决不了，可以请教前辈，不过在得到答案后还要思考为何这么做，然后做笔记以记录解决过程。最忌讳的方式是只要遇到问题就去问，问了也不进行思考和知识消化，拿来答案就用，虽然这样可以很快解决问题，但是长久下去遇到问题就会依赖别人，技术上也不会进步。

1.3.5　学习专业英语

如果想深入学习 Linux，一定要尝试去看英文文档。因为技术性的东西写得最好的最全面的文档都是英语写的，最先发布的高新技术也都是用英语写的。即便是非英语国家的人发布技术文档，也都会首先翻译成英语在国际学术杂志和网络上发表。安装一个新的软件时，先看 Readme 文档，再看 Install 文档，然后看 FAQ 文档，最后才动手安装，这样遇到问题就知道原因了，然而这些文档基本都是英文。因此，学习专业的英语是很有必要的。

1.3.6　Linux 学习路线图

建议初学者按照如图 1-9 所示的内容来分阶段进行学习。

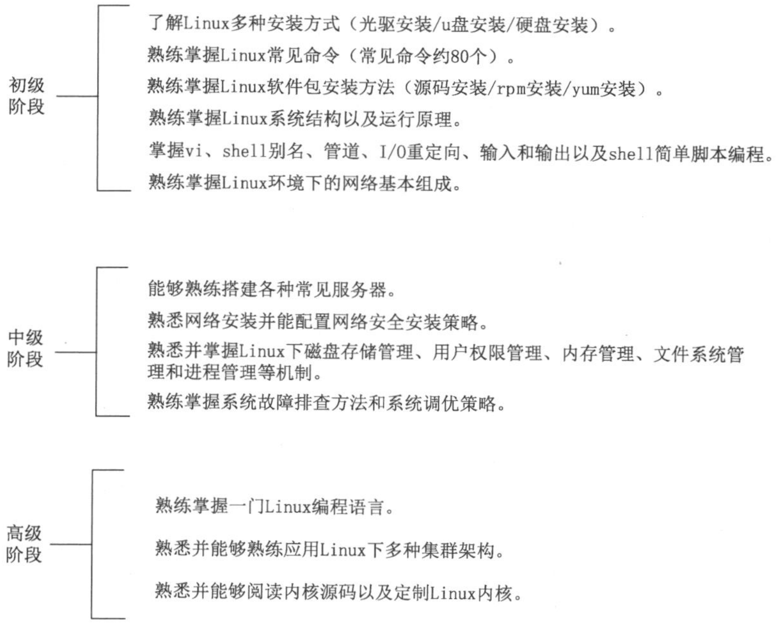

初级阶段
- 了解Linux多种安装方式（光驱安装/u盘安装/硬盘安装）。
- 熟练掌握Linux常见命令（常见命令约80个）。
- 熟练掌握Linux软件包安装方法（源码安装/rpm安装/yum安装）。
- 熟练掌握Linux系统结构以及运行原理。
- 掌握vi、shell别名、管道、I/O重定向、输入和输出以及shell简单脚本编程。
- 熟练掌握Linux环境下的网络基本组成。

中级阶段
- 能够熟练搭建各种常见服务器。
- 熟悉网络安装并能配置网络安全安装策略。
- 熟悉并掌握Linux下磁盘存储管理、用户权限管理、内存管理、文件系统管理和进程管理等机制。
- 熟练掌握系统故障排查方法和系统调优策略。

高级阶段
- 熟练掌握一门Linux编程语言。
- 熟悉并能够熟练应用Linux下多种集群架构。
- 熟悉并能够阅读内核源码以及定制Linux内核。

图 1-9　Linux 学习路线图

1.4　用虚拟机技术学习 Linux

在 20 世纪 60 年代出现了虚拟机技术，这一技术在 System370 系列中逐渐流行起来。这些机器通过一种叫虚拟机监控器的程序在物理硬件之上生成许多可以运行独立操作系统软件的虚拟机实例。

1.4.1　虚拟机技术

随着近年计算机技术的进步，无论是服务器市场、桌面市场，还是嵌入式市场，处理器的频率和核心数目都出现了巨大的进步，从而带来了处理能力的迅速增长，使得虚拟化技术再次迅速发展起来，并从最初的裸机虚拟化技术开始，演化出主机虚拟化、混合虚拟化等更复杂的虚拟化模型，并在此基础上发展出了当下最热门的云虚拟化技术，极大地降低了计算机成本，增强了系统的安全性、可靠性和扩展性。

在计算机领域，虚拟化是指对计算机资源的抽象，虚拟机技术是虚拟化技术的一种。虚拟机最初被 Popek 和 Goldberg 定义为物理机器的一个或多个隔离的有效复制。之后被具体化地定义为虚拟机是通过在物理平台上添加的软件给出的一个或多个不同的平台。一个虚拟机可以有一个操作系统和指令集，或者两者都有。

虚拟化技术的本质在于对计算机系统软硬件资源的划分和抽象。计算机系统的高度复杂性是通过各种层次的抽象来控制，每一层都通过层与层之间的接口对底层进行抽象，隐藏底层具体实现而向上层提供较简单的接口。

1. 虚拟化技术层次

计算机系统包括 5 个抽象层：硬件抽象层、指令集架构层、操作系统层、库函数层和应用程序层，如图 1-10 所示。

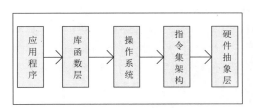

图 1-10　虚拟化技术的层次

相应的虚拟化可以在每个抽象层来实现。无论是在哪个抽象层实现，本质都一样，使用某些手段来管理分配底层资源，并将底层资源反映给上层。操作系统上传统的进程模型就利用了虚拟化的思想，操作系统通过对物理内存的划分和抽象，给每个进程呈现出远超出物理内存空间的 4GB 空间，并且使得每个进程实现了有效的隔离，从而一个进程的崩溃不会影响到其他进程的正常运行。

虚拟化平台是操作系统层虚拟化的实现。在系统虚拟化中，虚拟机（VM）是在一个硬件平台上模拟一个或者多个独立的和实际底层硬件相同的执行环境。每个虚拟的执行环境里面可以运行不同的操作系统，即客户机操作系统（Guest OS）。Guest OS 通过虚拟机监控器提供的抽象层来实现对物理资源的访问和操作。目前存在各种各样的虚拟机，但基本上所有虚拟机都基于"计算机硬件 + 虚拟机监视器（VMM）+ 客户机操作系统（Guest OS）"的模型，如图 1-11 所示。

虚拟机监控器是计算机硬件和 Guest OS 之间的一个抽象层，它运行在最高特权级中，负责将底层硬件资源加以抽象，提供给上层运行的多个虚拟机使用，并且为上层的虚拟机提供多个隔离的执行环境，使得每个虚拟机都以为自己在独占整个计算机资源。虚拟机监控器可以将运行在不同物理机器上的操作系统和应用程序合并到同一台物理机器上运行，减少了管理成本和能源损耗，并且便于系统的迁移。

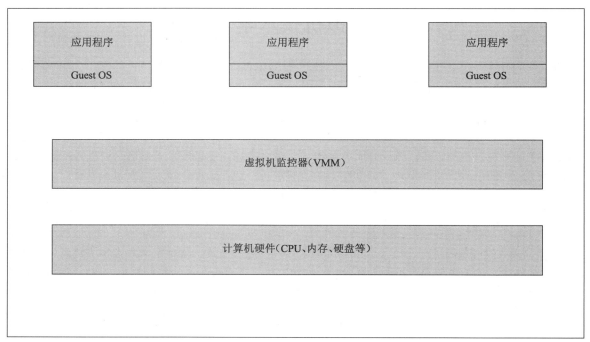

图 1-11　虚拟机模型

2. 虚拟机监视器（VMM）模型

根据虚拟机监视器在虚拟化平台中的位置，可以将其分为以下 3 种模型：

（1）裸机虚拟化模型（Hypervisor Model）。裸机虚拟化模型，也称为 Type-I 型虚拟化模型、独立监控模型。该模型中，虚拟机监控器直接运行在没有操作系统的裸机上，具有最高特权级，管理底层所有的硬件资源。所有的 Guest OS 都运行在较低的特权级中，所有 Guest OS 对底层资源的访问都被虚拟机监控器拦截，由虚拟机监控器代为操作并返回操作结果，从而实现系统的隔离性，达到对系统资源的绝对控制。作为底层硬件的管理者，虚拟机监控器中有所有的硬件驱动。这种模型又称为 Type-I 型虚拟机监控器。

裸机虚拟化模型如图 1-12 所示。

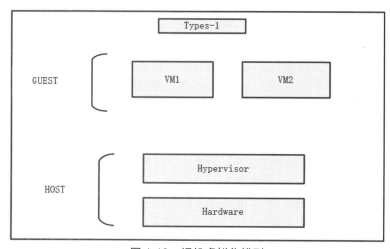

图 1-12　裸机虚拟化模型

（2）宿主机虚拟化模型（Host-based Model）。宿主机虚拟化模型，也称为 Type-Ⅱ型虚拟化模型。该模型中，虚拟机监控器作为一个应用程序运行在宿主机操作系统（Host OS）上，而 Guest OS 运行于虚拟机监控器之上。Guest OS 对底层硬件资源的访问要被虚拟机监控器拦截，虚拟机监控器再转交给 Host OS 进行处理。在模型中，Guest OS 对底层资源的访问路径更长，故而性能相对独立监控模型有所损失。但优点是，虚拟机监控器可以利用宿主机操作系统的大部分功能，而无须重复实现对底层资源的管理和分配，也无须重写硬件驱动。

宿主机虚拟化模型，如图 1-13 所示。

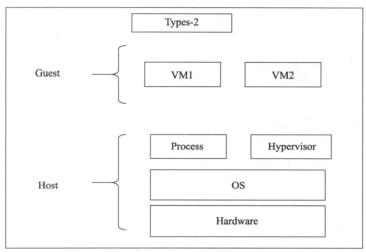

图 1-13　宿主机虚拟化模型

（3）混合模型（Hybrid Model）。在混合模型中，虚拟机监控器直接运行在物理机器上，具有最高的特权级，所有虚拟机都运行在虚拟机监控器之上。与 Type-I 型虚拟化模型不同的是，这种模型中虚拟机监控器不需要实现硬件驱动甚至虚拟机调度器等部分虚拟机管理功能，而把对外部设备访问、虚拟机调度等功能交给一个特权级虚拟机（RootOS、Domain 0、根操作系统等）来处理。特权级虚拟机可以管理其他虚拟机和直接访问硬件设备，只有与虚拟化相关的部分，例如虚拟机的创建/删除和外设的分配/控制等功能才交由虚拟机监视控制。

混合模型，如图 1-14 所示。

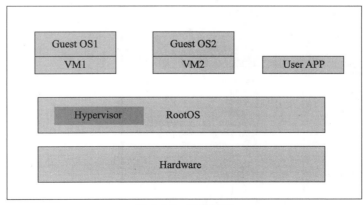

图 1-14　混合模型

1.4.2　虚拟机技术的优点

如果要在一台计算机上装多个操作系统，不使用虚拟机，有如下两个办法：

（1）装多个硬盘，每个硬盘装一个操作系统，这个方法比较昂贵。

（2）在一个硬盘上装多个操作系统，这个方法不够安全。

而使用虚拟机软件既省钱又安全，对想学 Linux 和 UNIX 的读者来说是很方便的。具体来说，虚拟机技术有如下两个优点：

（1）虚拟机可以在一台机器上同时运行几个操作系统。

（2）利用虚拟机还可以进行软件测试。

1.4.3　虚拟机的运行环境和硬件需求

1. 运行环境

VMWare 可运行在 Windows 和 Linux 操作系统上。

Virtaul PC 可运行在 Windows 和 MacOS 上。

运行虚拟机软件的操作系统叫作 Host OS，在虚拟机里运行的操作系统叫作 Guest OS。

2. 硬件需求

（1）CPU 必须支持虚拟化。

（2）主板必须已开启 CPU 的虚拟化功能。

（3）RAM 至少有 2GB。

（4）ROM 至少有 20GB。

（5）系统最好是 XP 或更高。

1.4.4　安装虚拟机注意事项

在虚拟机中安装操作系统和在真实的计算机中安装没有区别，但在虚拟机中安装操作系统，可以直接使用并保存在主机上的安装光盘镜像（或者软盘镜像）作为虚拟机的光驱（或者软驱）。具体安装方式有如下几种：

（1）使用虚拟机安装。打开虚拟机进入虚拟机页面，选择"编辑虚拟机设置"选项，如图 1-15 所示。

图 1-15　选择"编辑虚拟机设置"选项

　　进入虚拟机设置页面，选择"CD/DVD（IDE）"选项，然后浏览选择安装光盘镜像文件（ISO 格式），如图 1-16 所示。

图 1-16　选择安装光盘镜像文件

　　（2）使用光盘安装。如果使用安装光盘，则选择 Use physical drive 并选择安装光盘所在光驱。选择光驱完成后，然后单击工具栏上的"播放"按钮，打开虚拟机的电源，用鼠标箭头在虚拟机工作窗口中单击进入虚拟机。

　　（3）如果想从虚拟机窗口中切换回主机，需要按 Ctrl+Alt 快捷键。

　　（4）安装 VMware Tools。VMware Tools 相当于 VMware 虚拟机的主板芯片组驱动和显卡驱动、鼠标驱动，在安装 VMware Tools 后，可以极大地提高虚拟机的性能，并且可以让虚拟机分辨率以任意大小进行设置，还可以借助鼠标箭头从虚拟机窗口中直接切换到主机中来。

第 2 章

走进 Linux 的世界

 学习指引

Linux 从诞生到现在，它的迅速发展令人感叹，也使之成为 Windows 最强有力的对手。随着 Linux 的不断发展和完善，Linux 的应用范围也在逐渐扩大，为了让更多的人了解并掌握 Linux，在本章中，我们将介绍 Linux 操作系统的基础知识以及如何安装配置 Linux 操作系统。

 重点导读

- UNIX 操作系统。
- Linux 简介。
- Linux 的优缺点。
- Linux 和 Windows 的区别。
- Linux 的安装及配置。

2.1　UNIX 操作系统

学习 Linux 之前不得不提及 UNIX，UNIX 是最早开发的操作系统，而 Linux 是在 UNIX 的基础上发展而来。Linux 和 UNIX 被广泛地应用到各种服务器上，是目前最有影响力的计算机操作系统之一。

2.1.1　什么是操作系统

操作系统是管理计算机硬件与软件资源的计算机程序，它能够合理地组织计算机工作的流程，是用户与计算机之间的接口，同时也提供了一个能够让用户与系统交互的操作界面。

操作系统管理着计算机的全部硬件设施，它不仅可以有效控制 CPU 进行正确的运算方式，还能够将硬盘里面的数据进行分辨并读取出来。这些功能实现的过程主要依赖于操作系统能够识别出所有的适配卡，这样才能将计算机所有的硬件正常运转，所以，如果没有操作系统，那么计算机就没有办法发挥它该有的功能。

操作系统具有如下 4 个特征：

1．并发

并发是指两个或多个事件在同一时间间隔内发生。通常在微观上是指程序分时间段地交替执行。

2．共享

共享是指系统中的资源可供内存中多个并发执行的进程共同使用。共享又分为以下两种方式：

（1）互斥共享方式。如：打印机、磁带机。在一段时间内只允许一个进程访问该资源。

（2）同时访问方式。如：磁盘设备。

3．虚拟

虚拟是指把一个物理上的实体变为若干个逻辑上的对应物。例如：虚拟处理器、虚拟内存、虚拟外部设备。在操作系统中虚拟的实现主要是通过分时的使用方法。

4．异步

在多道程序环境下，允许多个程序并发执行，但由于资源等因素的限制，进程的执行并不是一直执行下去的，而是断断续续，内存中每个进程会在什么时间会开始执行、暂停，每道程序总共需要多少时间才能完成，这些都是以不可预知的速度向前推进，这就是进程的异步性。

注意： 操作系统最基本的特征是并发和共享，两者互为存在条件。

2.1.2　UNIX 概述

UNIX 是一个计算机操作系统，它是一个专门用来协调、管理和控制计算机硬件和软件资源的控制程序。UNIX 操作系统是一个多用户和多线程的操作系统：多用户表示在同一时刻可以有多个用户同时使用 UNIX 操作系统，并且在他们各自做各自的任务时互不干扰；多线程表示任何用户在同一时间可以在 UNIX 操作系统上运行多个程序。

1．UNIX 操作系统由内核、Shell 和程序组成

内核：内核是操作系统的核心部分，它一方面可以为程序分配时间和内存，另一方面通过处理文件的存储和通信以响应系统调用。

Shell：Shell 属于用户和内核之间的连接接口。例如：当用户需要登录该系统时，登录程序会自动检查用户名和密码是否正确，然后启动名为 Shell 的程序；当该程序完成时，系统又会给出另一个提示，提示用户该程序已终止。

程序：Shell 是命令行解释器，这些命令也是程序的一部分，其中还包括文件和进程。

2．UNIX 操作系统的优点

（1）多用户、多线程的操作系统并支持多种处理器的架构模式。

（2）使用简单编程语言编写，使系统易于理解、易于修改，同时还有各种编程语言的解释器和编译器。

（3）使用功能强大的可编程的 Shell 语言，使用户界面美观大方、简洁明了。

（4）开源性。

2.1.3　UNIX 的发展

UNIX 是最早出现的操作系统，它的发展过程漫长而曲折，但正是因为 UNIX 的出现，才引发了对操

作系统的思想变革，以至于对现在的计算机技术还在产生着深远的影响。UNIX 操作系统的诞生是计算机行业的传奇，对于软件开发人员来说它是必须要了解的知识。UNIX 的简要发展过程，如图 2-1 所示。

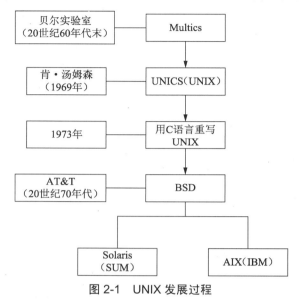

图 2-1 UNIX 发展过程

2.2 Linux 快速入门

Linux 操作系统是在 UNIX 操作系统的基础上开发而来，随着 Internet 的发展，它已成为目前使用最多的一种 UNIX 类型的操作系统。接下来让我们一起了解一下 Linux 操作系统吧！

2.2.1 什么是 Linux

Linux 采用了 UNIX 以网络为核心的设计思想，是一个性能稳定的多用户、多任务和支持多线程的网络操作系统。Linux 不仅能够运行主要的工具软件、应用程序和网络协议，而且还支持 32 位和 64 位的硬件设施。Linux 提供了一个完整的操作系统当中较低层的硬件控制资源管理的完整架构，这个架构继承了 UNIX 的优良传统，所以其功能是相当的稳定和强大。

Linux 操作系统软件包不仅包括完整的 Linux 操作系统、文本编辑器、高级语言编译器等应用软件，还包括带有多个窗口管理器的 Windows 图形用户界面，如同使用 Windows 操作系统一样，可以通过使用窗口、图标和菜单对系统进行操作。

由于其强大的高效性和灵活性，使它能够在 PC 上实现全部的 UNIX 特性，具有多用户、多任务的能力。另外，Linux 是一款免费的操作系统，是在 GNU（源代码共享，思想共享）通用公共许可权限下免费获得的，用户可以通过网络或其他途径免费获得，并可以任意修改其源代码，这是其他的操作系统所不具备的特点。

2.2.2 Linux 的优缺点

操作系统是计算机必不可少的系统软件，是整个计算机系统的灵魂。每个操作系统都是一个复杂的计算机程序集，它提供操作过程的协议或行为准则；没有操作系统，计算机就无法工作，就不能解释和执行用户输入的命令或运行简单的程序。

1. Linux 操作系统的优点

（1）良好的可移植性及灵活性。Linux 系统具有良好的可移植性，它几乎支持所有的 CPU，以方便裁剪和定制，Linux 系统文件可以存放在 U 盘、光盘中，也可以在嵌入式领域广泛应用。

（2）丰富的应用软件。Linux 系统不仅为用户提供了强大的操作系统功能，而且还提供了丰富的应用软件。用户不但可以从 Internet 上下载 Linux 及其源代码，而且还可以从 Internet 上下载许多 Linux 的应用程序。

（3）多用户、多任务。和 UNIX 系统一样，Linux 系统也是一个多用户、多任务的操作系统。多个用户可以各自使用系统资源，即每个用户对自己的资源都有特定的权限，做到互不干扰、互不影响，同时还能使得多个用户可以在同一时间使用计算机系统。多任务是现代计算机最主要的一个特点，即同时执行多个程序，但各个程序之间的运行是相互独立的。同时，Linux 系统能够调度每一个进程平等地访问处理器。

（4）可靠的安全性。Linux 系统很少受病毒的攻击，是一个具有可靠安全性的自带病毒免疫能力的操作系统。

对于一个开放式系统而言，在方便用户使用的同时，系统安全性是最重要的一部分。利用 Linux 自带的防火墙、入侵检测和安全认证等工具，能够及时修补系统的漏洞，大大提高了 Linux 系统的安全性。

但再完美的系统也会有需要改进的一面，Linux 系统也有缺点。

2. Linux 操作系统的缺点

（1）进程的调度程序。

Linux 系统内核提供了一个调度程序来管理系统中运行的进程。然而时间表是先发制人的，这意味着调度程序允许进程执行一段时间，如果进程尚未完成，则调度程序将暂时停止进程并开始执行另一个进程，这将影响进程的流畅度和连贯性。调度程序可以由调度策略控制。

（2）没有一定的厂商支持。由于 Linux 系统上面的软件都是免费发行的，人们可以自行下载，因此就没有售后服务之类的支持。

（3）图形界面不够友好。

2.2.3 Linux 和 Windows 的区别

（1）Linux 操作系统属于模块化系统，在系统底层是由内核和硬件进行交互，同时内核也代表了应用程序控制和调度所要访问的资源，而应用程序则运行在所谓的用户空间，通过调用稳定的系统程序库来请求内核服务。模块化设计表明 Linux 系统的内核独立于任何应用程序和界面，这样做的好处是当应用程序发生错误或程序中出现安全漏洞时，一般只会把错误固定在应用程序中，而不会蔓延整个系统。

（2）Windows 操作系统则与应用程序和界面是密切相关的。例如：Windows 内核与图形化用户界面高度集成，看似提高了系统的效率，但实际上存在着非常大的安全隐患，从而导致系统不稳定。

（3）在软件的使用方面，Linux 系统中的软件基本上都是开源性的，它们由全国各地的技术执行者进行提供；而 Windows 操作系统，虽然它也有免费软件可以使用，但大部分还是需要经过作者授权才可以使用。

（4）在系统的使用方面，Windows 操作系统可以直接看到软件的图形界面，从而通过鼠标单击图形界面进行操作，而 Linux 系统则经常通过命令行来执行。

2.3　Linux 系统的安装与配置

在前面小节中我们了解了 Linux 操作系统的基础知识，那么在本小节中，我们将学习 Linux 操作系统的安装及配置。

2.3.1　准备安装需要的工具

1. VMware Workstation——虚拟机软件

VMware Workstation 是一款功能非常强大的桌面虚拟计算机软件，它允许操作系统和应用程序在虚拟机内部运行。VMware Workstation 的下载，在百度中直接搜索 VMware Workstation，在 VMware 的官方网站上直接下载即可，如图 2-2 所示。

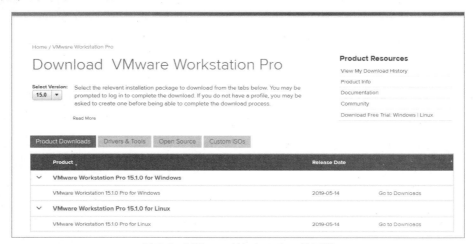

图 2-2　VMware Workstation 的下载

2. CentOS7——DVD IOS 镜像

CentOS7 也可以直接在官网下载安装。读者可根据自己所需下载相应的版本并安装，如图 2-3 所示。

图 2-3　CentOS7 的下载

2.3.2 安装并创建虚拟机

我们在学习 Linux 操作系统期间，应该把这个系统装在哪里进行操作和学习实践呢？其实，最便捷的办法是在虚拟机上进行安装，这样不仅方便我们在 Windows 操作系统和 Linux 操作系统之间进行切换，而且可以在虚拟机上模拟出许多硬盘和多台计算机。接下来让我们一起学习虚拟机的安装和创建。

找到下载完成的 VMware Workstation Pro 应用程序，双击 VMware workstation.exe 文件打开运行，进行安装，单击"下一步"按钮继续安装，如图 2-4 所示。

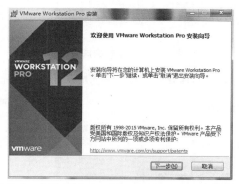

图 2-4 安装 VMware Workstation Pro 应用程序

注意： 在选择安装路径时，这里我们选择安装在 E 盘，读者可以根据自己需要进行更改，如图 2-5 所示。单击"确定"按钮，继续安装，等待安装完成即可，如图 2-6 所示。

图 2-5 选择安装路径

图 2-6 等待安装完成

安装完成之后，在桌面找到 VMware Workstation 图标，双击运行打开软件，并在软件界面的"主页"窗口中，选择并单击"创建新的虚拟机"模块按钮，创建新的虚拟机，如图 2-7 所示。

在打开的"新建虚拟机向导"对话框中选中"自定义安装"单选按钮，单击"下一步"按钮如图 2-8 所示。默认虚拟机的兼容性，在"安装来源"中选中"稍后安装操作系统"单选按钮，单击"下一步"按钮，如图 2-9 所示。

在"新建虚拟机向导""选择客户机操作系统"界面的"客户机操作系统"类型中选择"Linux"单选按钮，在"版本"信息下拉列表中选择"CentOS 64 位"选项，单击"下一步"按钮，如图 2-10 所示。

自定义虚拟机的名称和文件夹的位置，选择默认的处理器配置，在"此虚拟机的内存(M)："输入框中设置虚拟机的内存为 1024MB，单击"下一步"按钮，如图 2-11 所示。

图 2-7　创建新的虚拟机

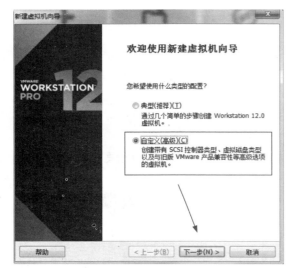

图 2-8　自定义安装

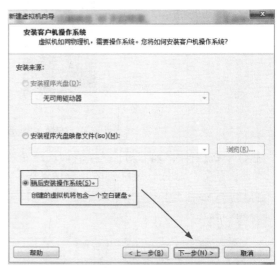

图 2-9　稍后安装操作系统

图 2-10　选择操作系统版本信息

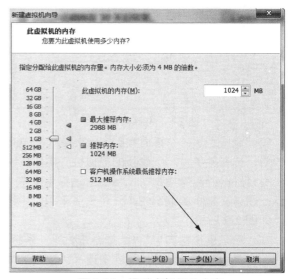

图 2-11　设置虚拟机的内存

接下来分别是选择默认的网络类型、I/O 控制器类型、虚拟磁盘类型，如图 2-12 所示。然后在接下来相应的对话框页面中选择"创建新虚拟磁盘"，磁盘大小默认为 20GB，默认"磁盘文件名"，单击"下一步"按钮，则完成虚拟机的创建，其创建完成页面，如图 2-13 所示。

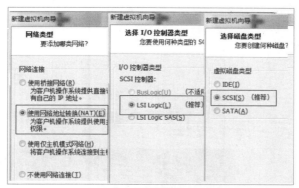

图 2-12　选择默认值

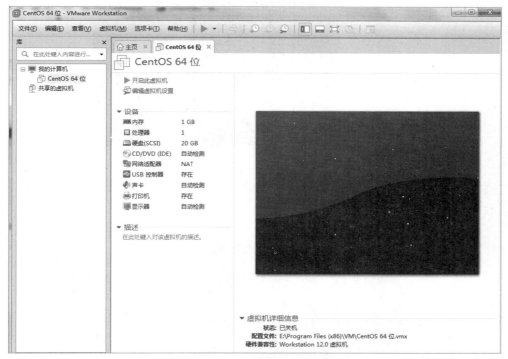

图 2-13　虚拟机创建完成

2.3.3　安装 Linux 操作系统

安装 Linux 操作系统的步骤如下：

（1）在新的虚拟机中，选择"CD/DVD（IDE）　自动检测"选项，进入虚拟机设置页面，如图 2-14 所示。在该页面中选中"使用 IOS 镜像"单选按钮，单击"浏览"按钮，选择 CentOS 需要安装的镜像文件，单击"确定"按钮，继续下一步操作。

（2）虚拟机创建完成，单击"开启此虚拟机"按钮，进入 Linux 系统的安装页面，如图 2-15 所示。

图 2-14　选择安装镜像

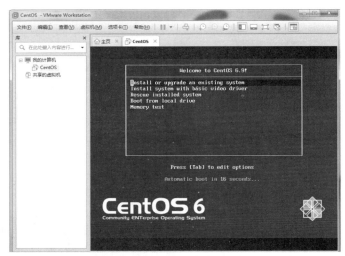

图 2-15　进入安装页面

（3）在弹出的页面中选择安装过程中的语言：简体中文；键盘选择：美国英语式。单击"下一步"按钮，选择默认"基本存储设备"并为该计算机命名，同时选择所在的时区"亚洲/上海"，单击"下一步"按钮，如图 2-16 所示。

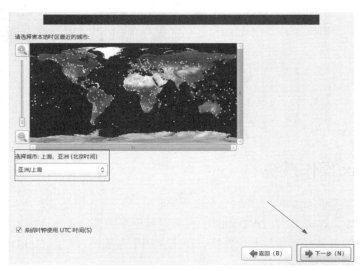

图 2-16　选择时区

（4）为根用户设置一个密码（根账号主要是用来管理系统），再次确认密码，注意密码必须是 6 位数，单击"下一步"按钮，如图 2-17 所示。

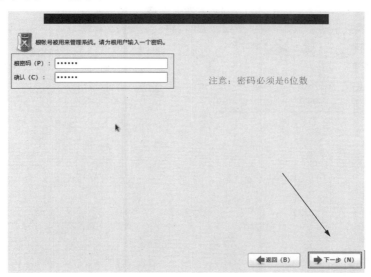

图 2-17　设置密码

（5）选择"创建自定义布局"，为空闲的硬盘创建分区。首先创建一个"swap 交换分区"，在对话框页面的"文件系统类型（T）"后面的下拉列表输入框中选择"swap"选项，其大小设置为"固定大小"200MB，单击"确定"按钮，如图 2-18 所示。

（6）创建分区，选择"新建"，然后创建根分区"/"，如图 2-19 所示，选择"使用全部可用空间"，单击"确定"按钮。

图 2-18　新建 swap 分区

图 2-19　新建根分区

（7）创建分区完成之后，页面如图 2-20 所示，单击"下一步"按钮。

（8）选中"在/dev/sda 中安装引导装载程序"复选框，单击"下一步"按钮，如图 2-21 所示。

图 2-20 新建分区完成

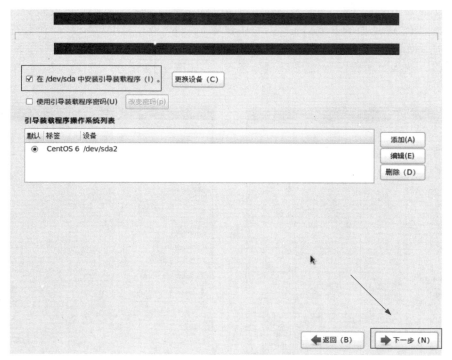

图 2-21 安装引导装载程序

（9）选择安装系统所需软件。默认选择"Desktop""CentOS 存储库"选项，或者单击"添加其他存储库"按钮，这里选中"以后自定义"单选按钮，如图 2-22 所示。

CentOS 默认安装是最小安装。您现在可以选择一些另外的软件。

- ⦿ Desktop
- ○ Minimal Desktop
- ○ Minimal
- ○ Basic Server
- ○ Database Server
- ○ Web Server
- ○ Virtual Host
- ○ Software Development Workstation

请选择您的软件安装所需要的存储库。

☑ CentOS

＋ (A) 添加额外的存储库　　📝 修改库 (M)

或者.

⦿ 以后自定义 (I)　　○ 现在自定义 (C)

根据自己所
需进行添加

◀ 返回 (B)　　➡ 下一步 (N)

图 2-22　选择系统安装所需软件

（10）单击"下一步"按钮，进入安装页面，如图 2-23 所示。

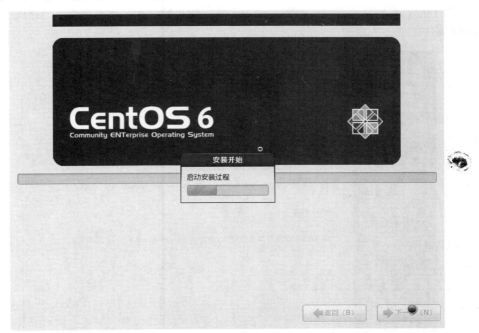

图 2-23　安装页面

（11）安装完成页面如图 2-24 所示，重新启动虚拟机即可完成安装操作。

图 2-24　安装完成页面

 ## 2.3.4　设置用户名和密码

（1）在使用 Linux 操作系统之前，需要创建一个常规使用的用户，该用户并不是管理员，创建用户需要输入用户名和密码信息，如图 2-25 所示。

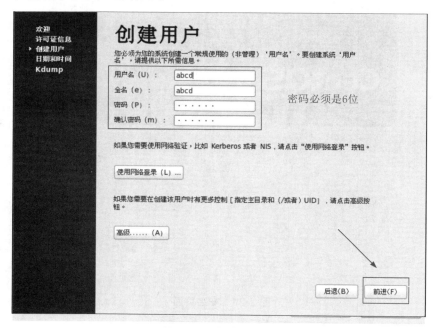

图 2-25　创建新用户

（2）用户信息输入完毕后，单击"前进"按钮，进入日期和时间的设置页面，选中"在网络上同步日期和时间"复选框，不需要手动设置时间，网络会自动同步，如图 2-26 所示。

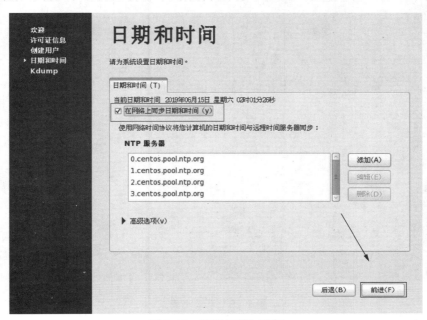

图 2-26　设置日期和时间

（3）单击"前进"按钮，进入系统登录页面，如图 2-27 所示。

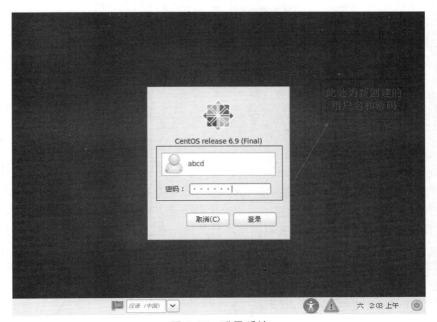

图 2-27　登录系统

（4）输入新创建的用户名和密码，即可进入系统主页面。单击"登录"按钮，进入该系统，系统主页面如图 2-28 所示。

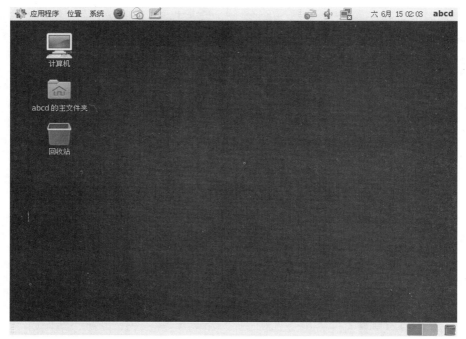

图 2-28　系统页面

2.4　就业面试技巧与解析

本章主要介绍了 UNIX 操作系统的概述、发展，Linux 操作系统的基础知识、优缺点、Linux 和 Windows 的区别以及 Linux 的安装和配置等，学习完本章内容我们对 Linux 了解了多少呢？下面让我们来检验一下吧！

2.4.1　面试技巧与解析（一）

面试官：什么是 Linux？

应聘者：Linux 采用了 UNIX 以网络为核心的设计思想，是一个性能稳定的多用户、多任务和支持多线程的网络操作系统。Linux 提供了一个完整的操作系统当中较低层的硬件控制资源管理的完整架构，这个架构继承了 UNIX 的优良传统，所以其功能是相当的稳定和强大。用户可以通过网络或其他途径免费获得，并可以任意修改其源代码，这是其他的操作系统所不具备的特点。

2.4.2　面试技巧与解析（二）

面试官：简述 Linux 和 Windows 的区别。

应聘者：

（1）Linux 操作系统属于模块化系统，当应用程序发生错误或程序中出现安全漏洞时，一般只会把错误固定在应用程序中，而不会蔓延整个系统。

（2）Windows 操作系统则与应用程序和界面是密切相关的，存在安全隐患。例如：Windows 内核与图形化用户界面高度集成，看似提高了系统的效率，实际上存在着非常大的安全隐患，从而会导致系统不稳定。

（3）在软件的使用方面，Linux 系统中的软件基本上都是开源性的，它们由全国各地的技术执行者进行提供；而 Windows 操作系统，虽然它也有免费软件可以使用，但大部分还是需要经过作者授权才可以使用。

（4）在系统的使用方面，Windows 操作系统可以直接看到软件的图形界面，从而通过鼠标单击图形界面进行操作，而 Linux 系统则经常通过命令行来执行。

第 3 章

Linux 系统基本结构

学习指引

本章将详细介绍 Linux 系统的基本结构，通过对本章的学习，读者会对 Linux 操作系统有更深一步的了解，为后面的学习打下基础。

重点导读

- 系统与硬件。
- 内核。
- 文件系统结构。
- 系统服务管理工具。

3.1 系统与硬件

计算机的硬件主要包括内存（RAM）、中央处理器（CPU）、输入/输出（I/O）设备和硬盘（Hard Disk）。操作系统可以管理计算机的硬件设施，可以控制 CPU 进行正确的运算，还可以分辨和读取硬盘中的数据。

3.1.1 Linux 硬件资源管理

计算机的硬件资源全部是由内核（Kernel）来进行管理。Kernel 是一个操作系统的最底层的硬件控制，由它来掌管整个硬件资源的工作状态，而每个操作系统都有自己的内核。内核能够识别计算机的硬件，从而使该硬件完成相应的工作。

操作系统能让计算机硬件准确无误的工作。因此，操作系统就是内核与其提供的接口工具。它们之间的关系图，如图 3-1 所示。

内核需要管理的事项包括内存管理、进程管理、文件系统、设备驱动程序和网络接口 5 个部分，在 3.3 小节中将详细介绍。

Linux 的硬件资源管理情况可以通过以下几个命令来查看到各个硬件的详细信息：

（1）使用 lspci 命令可以查看所有的 PCI 设备，例如，主板、声卡和显卡等，如图 3-2 所示。

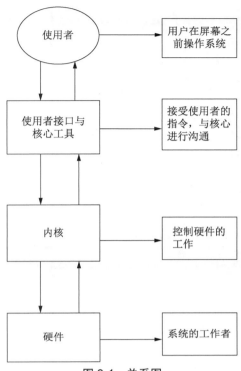

图 3-1　关系图

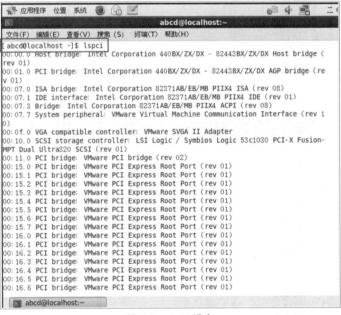

图 3-2　PCI 设备

另外，使用 lspci -v 命令可以查看设备的详细信息，如图 3-3 所示。

（2）查看 CPU 的信息需要使用 more /proc/cpuinfo 命令，如图 3-4 所示。

（3）内存信息的查看需要使用 more /proc/meminfo 命令，如图 3-5 所示。

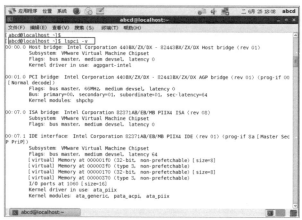

图 3-3　设备详细信息

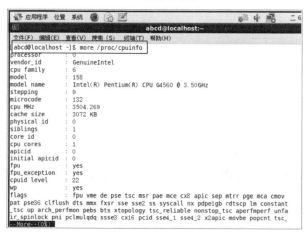

图 3-4　CPU 信息

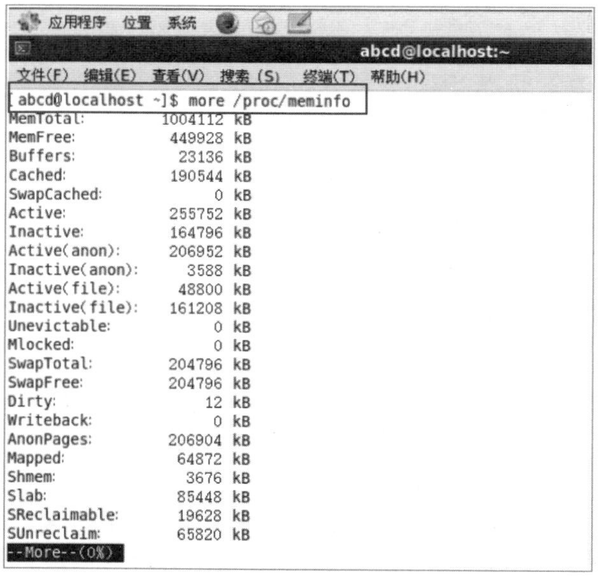

图 3-5　内存信息

（4）使用 free -m 命令来查看当前系统内存使用情况（以 M 字节单位显示），如图 3-6 所示。

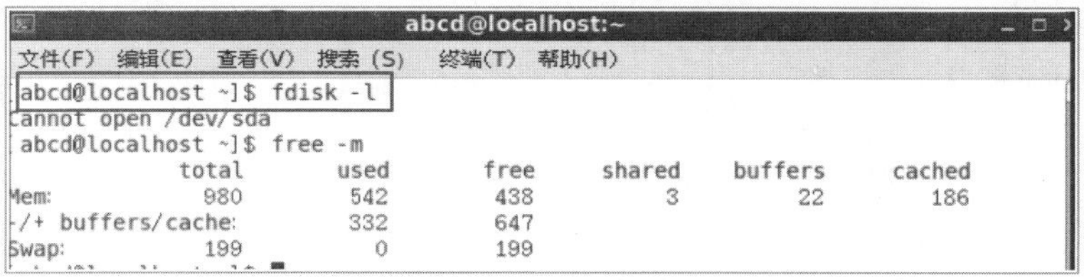

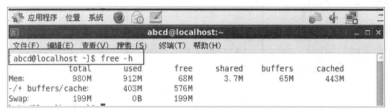

图 3-6　以 M 字节单位显示

同时还可以使用 free -h 命令查看当前系统内存使用情况（以人能读懂的方式输出），如图 3-7 所示。

图 3-7　以人能读懂的方式输出

3.1.2　Linux 外在设备的使用

在 Linux 系统下可以通过挂载的方式来使用一些外部设备，这种情况下需要我们掌握的知识点主要有以下几个方面：

1. 硬件与设备文件

Linux 系统中的硬件设备大部分以文件的形式存在，因此，不同的硬件设备代表着不同的文件类型，通常把硬件与系统中相对应的文件称为设备文件。设备文件在外部设备与操作系统之间提供了一个接口，用户在使用外在设备时就相当于使用普通文件一样。

设备文件在 Linux 系统下存放在/dev 目录下面（几乎所有的硬件设备文件都在/dev 这个目录内），设备文件的命名方式是主设备号加次设备号，主设备号用来区分不同种类的设备，而次设备号用来区分同一类型的多个设备。

设备与设备在 Linux 内的文件名对应关系如表 3-1 所示。

表 3-1　设备与设备在 Linux 内的文件名对应关系表

设　　备	设备在 Linux 内的文件名
IDE 硬盘	/dev/hd[a-d]
SCSI/SATA/U 盘硬盘	/dev/sd[a-p]
U 盘	/dev/sd[a-p]
软盘	/dev/fd[0-1]
35 针打印机	/dev/lp[0-3]
USB 打印机	/dev/usb/lp[0-15]
PS3 鼠标	/dev/psaux
USB 鼠标	/dev/usb/mouse[0-15]

续表

设　　备	设备在 Linux 内的文件名
当前 CD ROM/DVD ROM	/dev/cdrom
当前鼠标	/dev/mouse
IDE 磁带机	/dev/ht0
SICI 磁盘机	/dev/st0

2. 常见文件系统类型

文件系统类型就是分区的格式，对于不同的外部设备 Linux 也提供了不同的文件类型，如表 3-2 所示。

表 3-2　文件系统类型

文件系统各式	备注
msdos	DOS 文件系统类型
vfat	支持长文件名的 DOS 分区文件系统类型，理解为 Windows 文件系统类型
iso9660	光盘格式文件系统类型
ext 3/ext 3/ext 4	Linux 下的主流文件系统类型
xfs	Linux 下一种高性能的日志文件系统，在 CentOS 7 版本中成为默认文件系统

3. 设备的挂载

挂载是指由操作系统使一个存储设备（例如硬盘、CDROM 等）上的计算机文件和目录可供用户通过计算机的文件系统访问的一个过程。

在 Linux 系统中，挂载的命令是 mount，挂载格式如下：

```
mount -t 文件系统类型 设备名 挂载点
```

Linux 系统中有一个/mnt 目录（临时挂载点目录），系统管理员可以用于手动挂载部分媒体设备。同时，Linux 系统中还有一个/media 目录（自动挂载的目录），主要用于自动挂载光盘、U 盘等移动设备。目前在 CentOS7 版本中，出现了一个/run 自动挂载目录，所有的移动设备都会自动挂载到这个目录下。一般挂载的设备有 3 种：

（1）挂载软盘，代码如下：

```
Mount -t msdos/dev/fdo/mnt/floppy
```

（2）挂载 U 盘时，需要先确定 U 盘的设备名，可以使用 dmesg|more 命令进行查看，一般设备文件为/dev/sda1，然后建立挂载点 mkdir/mnt/usb，然后再进行挂载。代码如下：

```
mount -t vfat/dev/sda1/mnt/usb
```

（3）挂载光盘。挂载光盘有两种方法，第一种代码如下：

```
Mount -t iso9660/dev/hda/mnt/cdrom
```

第二种代码如下：

```
mount/dev/cdrom/mnt/cdrom
```

注意：当需要使用另外一张光盘时，必须先卸载之前挂载的光盘，然后再重新挂载新光盘。

4. 设备的卸载

卸载设备的命令格式如下：

```
umount 挂载目录
```

例如：

（1）卸载 U 盘，代码如下：

```
umount /mnt/usb
```

（2）卸载光盘，代码如下：

```
umount /mnt/cdrom
```

注意：在光盘没有被卸载之前，光驱上的"弹出键"起不到它该有的作用。

3.2　Linux 内核

内核属于操作系统的核心部分，它具有操作系统基本的功能，主要负责管理系统的内存、进程、设备驱动程序、文件系统和网络接口，因此，操作系统的性能和稳定性由内核决定，如图 3-8 所示。

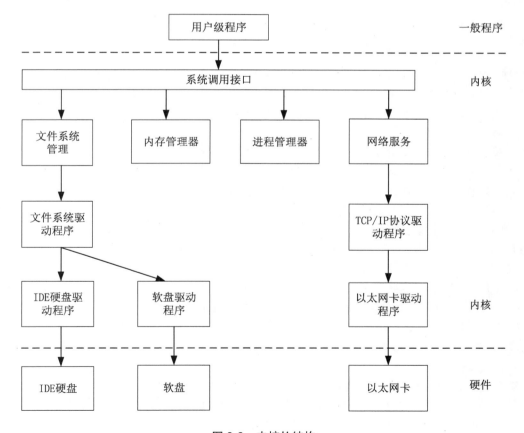

图 3-8　内核的结构

3.2.1　内存管理

1. 进程对内存的使用

计算机中所有要执行的程序都必须占有一定数量的内存，它主要是用来存放从磁盘中存放的程序代码，也可以是存放来自用户输入的数据等。Linux 操作系统采用的是虚拟内存管理技术，这样可以使每个进程都有各自互不干扰的进程地址存储空间。该空间是块大小为 4GB 的线性虚拟空间，用户所看到和所接触到的都是虚拟的地址，并不能看到实际的物理内存地址。因此利用虚拟地址不仅能保护操作系统，而且方便用户程序使用比实际物理内存较大的地址空间。

一个普通的进程包括代码段、数据段、BSS 段、堆和栈 5 个不同的数据段。

（1）代码段：主要用来存放可执行文件的操作指令。代码段只允许读取操作，不允许修改操作，它是为了防止在运行时被非法修改。

（2）数据段：数据段用来存放可执行文件中已经初始化的全局变量，也就是存放程序静态分配的变量和全局变量。

（3）BSS 段：BSS 段包含了程序中未初始化的全局变量，在内存中 BSS 段全部置 "0"。

（4）堆：堆是用于存放进程运行中被动态分配的内存段，它的大小并不固定，可动态地扩张或缩减。当进程调用 "malloc" 函数分配内存时，新分配的内存就被动态地添加到堆上（堆被扩张）；当利用 "free" 函数释放内存时，被释放的内存从堆中被删除（堆被缩减）。

（5）栈：栈是用户为了存放程序而临时创建的一个局部变量。栈具有先进先出的特点，所以栈可以用来保存或恢复调用现场。因此，可以把堆栈当作一个寄存、交换临时数据的内存区。

注意：数据段、BSS 和堆通常是被连续存储的即在内存位置上是连续的。

2. 物理内存

物理内存是系统硬件提供的真实的内存大小，除了物理内存之外，在 Linux 系统中还有一个虚拟内存，虚拟内存是为了满足物理内存的不足而存在的，它是利用磁盘空间虚拟出的一块逻辑内存，用作虚拟内存的磁盘空间被称为交换空间。

对于计算机系统而言，计算机的内存以及其他资源都是固定且有限的。为了让有限的物理内存满足应用程序对内存的大需求量，Linux 系统采用了称为 "虚拟内存" 的内存管理方式。虽然应用程序操作的对象是映射到物理内存之上的虚拟内存，但处理器直接操作的是物理内存。例如：当一个应用程序访问一个虚拟地址时，首先必须将虚拟地址转化成物理地址，然后处理器才能解析地址访问请求。作为物理内存的扩展，Linux 系统会在物理内存不足时，使用交换分区的虚拟内存，总的来说，就是内核会将暂时不用的内存块信息存储到交换空间，从而使物理内存得到了释放，这块内存就可以用于其他目的了，当需要用到原始内容时，这些信息会被重新从交换空间读入到物理内存。

Linux 系统将内存划分为容易处理的 "内存页"。Linux 包括了管理可用内存的方式，以及物理和虚拟映射所使用的硬件机制。但内存管理要管理的可不止 4KB 缓冲区。Linux 提供了对 4KB 缓冲区的抽象，例如 slab 分配器。这种内存管理模式使用 4KB 缓冲区为基数，然后从中分配结构，并跟踪内存页的使用情况，例如哪些内存页是满的，哪些页面没有完全使用，哪些页面为空。这样就允许该模式根据系统需要来动态调整内存使用。

注意：Linux 系统内核的内存管理采取的是分页存取机制，为了保证物理内存能得到充分的利用，内核会在适当的时候将物理内存中不经常使用的数据块信息自动交换到虚拟内存中，而将经常使用的信息保留到物理内存。

为了支持多个用户使用内存，有时会出现可用内存被完全消耗的情况。由于这个原因，页面可以移出内存并放入磁盘中，这个过程称为交换，就是页面会从内存中被交换到硬盘上。

Linux 系统进行页面交换是有条件的，不是所有页面在不用时都交换到虚拟内存，Linux 内核根据最近最经常使用的算法，只需要将一些不经常使用的页面文件交换到虚拟内存中。例如，一个占用很大内存的进程运行时，需要耗费很多内存资源，此时就会有一些不常用的页面文件被交换到虚拟内存中，当这个占用很多内存资源的进程结束并释放了很多内存时，刚才被交换出去的页面文件不会自动地交换进物理内存，这时系统物理内存就会有很多的空闲，同时交换空间也被使用。

交换空间的页面在使用时会首先被交换到物理内存，如果此时没有足够的物理内存来容纳这些页面，它们会被马上交换出去，如此一来，虚拟内存中可能没有足够的空间来存储这些交换页面，最终导致 Linux 系统出现假死机、服务异常问题，虽然它可以在一段时间内自行恢复，但是恢复后的系统已经基本不可以使用了。

因此，合理规划和设计 Linux 内存使用，是非常重要的。

3.2.2　进程管理

1. 进程的概述

进程是在自身的虚拟地址空间运行的一个独立的程序，从操作系统的角度来看，所有在系统上运行的东西，都可以称为一个进程。在 Linux 系统中，能够同时运行多个进程，Linux 通过在短的时间间隔内轮流运行这些进程而实现"多任务"。这一短的时间间隔称为"时间片"，让进程轮流运行的方法称为"进程调度"，完成调度的程序称为调度程序。

注意：程序和进程的区别：进程虽然由程序产生，但是它并不是程序。程序是一个进程指令的集合，它可以启用一个或多个进程，同时，程序只占用磁盘空间，而不占用系统运行资源，而进程仅仅占用系统内存空间，是动态的、可以改变的。如果进程关闭，其所占用的内存资源将随之释放。

进程调度控制进程对 CPU 的访问。当需要选择下一个进程运行时，由调度程序选择最值得运行的进程。运行的进程是指在等待 CPU 资源的进程，如果某个进程在等待其他资源，则该进程是不可运行进程。Linux 使用了比较简单的基于优先级的进程调度算法选择新的进程。

通过多任务机制，每个进程可以单独占用计算机，从而简化了程序的编写。每个进程有自己单独的地址空间，并且只能由这一进程访问，这样，操作系统避免了进程之间的互相干扰以及"恶意攻击"程序对系统可能造成的危害。为了完成某项特定的任务，有时需要综合两个程序的功能，例如一个程序输出文本，而另一个程序对文本进行排序。为此，操作系统还提供进程间的通信机制来帮助完成这样的任务。Linux 系统中常见的进程间通信机制有信号、管道、共享内存、信号量和套接字等。

内核通过 SCI 提供了一个应用程序编程接口（API）来创建一个新进程（fork、exec 或 Portable Operating System Interface [POSIX]函数），停止进程（kill、exit），并在它们之间进行通信和同步（signal 或者 POSIX机制）。

2. 进程的分类

按照进程的功能和运行的程序分类，进程可划分为两大类。

（1）系统进程：可以执行内存资源分配和进程切换等管理工作；而且，该进程的运行不受用户的干预，即使是 root 用户也不能干预系统进程的运行。

（2）用户进程：通过执行用户程序、应用程序或内核之外的系统程序而产生的进程，此类进程可以在用户的控制下运行或关闭。

针对用户进程，又可以分为交互进程、批处理进程和守护进程这 3 种。

① 交互进程：由一个 Shell 终端启动的进程，在执行过程中，需要与用户进行交互操作，可以运行于前台，也可以运行在后台。

② 批处理进程：该进程是一个进程集合，负责按顺序启动其他的进程。

③ 守护进程：守护进程是一直运行的一种进程，经常在 Linux 系统启动时启动，在系统关闭时终止。

它们独立于控制终端，并且周期性地执行某种任务或等待处理某些发生的事件。

3. 进程的状态

进程启动之后，并不是马上开始运行，通常有以下 5 种状态。

（1）可运行状态：正在运行或者正准备运行。

（2）可中断的等待状态：处于阻塞状态，如果达到某种条件，就会变为运行的状态。同时该状态的进程也会由于接收到信号而被提前唤醒，从而进入到运行的状态。

（3）不中断的等待状态：与"可中断的等待状态"含义类似，不同的地方是处于这个状态的进程对信号不做任何的回应。

（4）僵死状态：又称僵死进程，每个进程在结束后都会处于僵死状态，等待父进程调用进而释放资源，处于该状态的进程已经结束，但是它的父进程还没有释放其系统资源。

（5）暂停状态：表明此时的进程暂时停止，来接收某种特殊处理。

3.2.3　文件系统

Linux 操作系统对各种文件系统的支持是通过名为 VFS（Virtual File System）的组件实现的，也就是虚拟文件系统。虚拟文件系统隐藏了各种硬件的具体细节，把文件系统操作和不同文件系统的具体实现细节分离了开来，为所有的设备提供了统一的接口，虚拟文件系统提供了数十种不同的文件系统。虚拟文件系统可以分为逻辑文件系统和设备驱动程序。逻辑文件系统是指 Linux 所支持的文件系统，如 ext 3、fat 等，设备驱动程序指为每一种硬件控制器所编写的设备驱动程序模块。

虚拟文件系统是 Linux 内核中非常有用的一个方面，因为它为文件系统提供了一个通用的接口抽象，即 VFS 在用户和文件系统之间提供了一个交换层。

注意：Linux 操作系统启动时，第一个必须挂载的是根文件系统；若系统不能从指定设备上挂载根文件系统，则系统会出错而退出启动。之后可以自动或手动挂载其他的文件系统。因此，一个系统中可以同时存在不同的文件系统。

本小节先简单介绍一下文件系统，在 3.3 小节中我们会进行详细讲解。

3.2.4　设备驱动程序

设备驱动程序是 Linux 内核的主要部分。设备驱动程序就是应用程序与实际硬件之间的一个软件层，相同的硬件，加载不同的驱动程序就可能提供不同的功能。和操作系统的其他部分类似，设备驱动程序运行在高特权级的处理器环境中，从而可以直接对硬件进行操作，但正因为如此，任何一个设备驱动程序的错误都可能导致操作系统的崩溃。设备驱动程序实际控制操作系统和硬件设备之间的交互。

设备驱动程序提供一组操作系统可理解的抽象接口来完成和操作系统之间的交互，而与硬件相关的具体操作细节由设备驱动程序完成。一般而言，设备驱动程序和设备的控制芯片有关，例如，如果计算机硬盘是 SCSI 硬盘，则需要使用 SCSI 驱动程序，而不是 IDE 驱动程序。

设备的分类如下：

1. 字符设备

字符设备是能够像文件一样被访问的设备，由字符设备驱动程序来实现这种特性。字符设备驱动程序通常至少要实现 open、close、read、write 系统调用。字符设备可以通过文件系统节点来访问，这些设备文件和普通文件之间的唯一差别就在于对普通文件的访问可以前后移动访问位置，而大多数字符设备是一个只能顺序访问的数据通道。一个字符设备是一种字节流设备，对设备的存取只能按顺序、字节的存取进行访问，不能随机访问，字符设备没有请求缓冲区，所有的访问请求都是按顺序执行的。

2．块设备

块设备也是通过设备节点来访问。块设备上能够容纳文件系统。在大多数 UNIX 系统中，进行 I/O 操作时块设备每次只能传输一个或多个完整的块，而每块包含 513 字节。Linux 系统内核可以让应用程序向字符设备一样读写块设备，允许一次传递任意多字节的数据。因而，块设备和字符设备的区别仅仅在于内核内部管理数据的方式不同，也就是内核及驱动程序之间的软件接口，而这些不同对用户来讲是透明的。存储设备一般属于块设备，块设备有请求缓冲区，并且支持随机访问而不必按照顺序去存取数据。Linux 系统内核下的磁盘设备都是块设备，尽管在 Linux 系统内核下有块设备节点，但应用程序一般是通过文件系统及其高速缓存来访问块设备的，而不是直接通过设备节点来读写块设备上的数据。

3．网络设备

网络设备不同于字符设备和块设备，它是面向报文的而不是面向流的，它不支持随机访问，也没有请求缓冲区。由于不是面向流的设备，因此将网络接口映射到文件系统中的节点比较困难。内核和网络设备驱动程序间的通信，完全不同于内核和字符以及块驱动程序之间的通信，内核调用一套和数据包传输相关的函数而不是 read、write。网络接口没有像字符设备和块设备一样的设备号，只有一个唯一的名字，如 eth0、eth1 等，而这个名字也不需要与设备文件节点对应。

注意：字符设备与块设备的区别：①字符设备是面向流的，最小访问单位是字节；而块设备是面向块的，最小访问单位是 513 字节。②字符设备只能顺序按字节访问，而块设备可随机访问。③块设备上可容纳文件系统，访问形式上，字符设备通过设备节点访问，而块设备虽然也可通过设备节点访问，但一般是通过文件系统来访问数据的。

3.2.5　网络接口

网络接口可分为网络协议和网络驱动程序。网络协议负责实现每一种可能的网络传输协议。众所周知，TCP/IP 协议是 Internet 的标准协议，同时也是事实上的工业标准。

1．网络接口的命名

网络接口的命名没有较明确的规范，但网络接口名字的定义一般都是要有意义的。例如：

lo：local 的缩写，一般指本地接口。

eth0：ethernet 的缩写，一般用于以太网接口。

wifi0：wifi 是无线局域网，一般指无线网络接口。

2．网络接口的工作

网络接口是用来发送和接收数据包的基本设备。系统中的所有网络接口组成一个链状结构，应用层的程序使用网络接口时按名称调用。每个网络接口在 Linux 系统中对应于一个 struct net_device 结构体，包含 name、mac、mask 等信息。一个硬件网卡对应一个网络接口，其工作完全由相应的驱动程序控制。

3．虚拟网络接口

虚拟网络接口的应用范围已经非常广泛。"lo"（本地接口）是最常见的接口之一，基本上每个 Linux 系统都有这个接口。虚拟网络接口并不真实地从外界接收和发送数据包，而是在系统内部接收和发送数据包，因此虚拟网络接口不需要驱动程序。

注意：虚拟网络接口和真实存在的网络接口在使用上是一致的。

4. 网络接口的创建

硬件网卡的网络接口由驱动程序创建。而虚拟的网络接口由系统创建或通过应用层程序创建。

驱动中创建网络接口的函数有以下两种：

```
register_netdev(struct net_device *)
或者
register_netdevice(struct net_device *).
```

这两个函数的区别是：register_netdev(struct net_device *)会自动生成以"eth"作为打头名称的接口，而register_netdevice(struct net_device *)则需要提前指定接口的名称。

注意：register_netdev(struct net_device *)也是通过调用 register_netdevice(struct net_device *)来实现的。

3.3　文件系统简介

文件系统是操作系统用于明确存储设备或分区上的文件的方法和数据结构；即在存储设备上组织文件的方法。操作系统中负责管理和存储文件信息的软件机构称为文件管理系统，简称文件系统。从系统角度来看，文件系统是对文件存储设备的空间进行组织和分配，负责文件存储并对存入的文件进行保护和检索的系统。具体地说，它负责为用户建立、存入、读出、修改、转储文件，当用户不再使用文件时撤销文件等。

3.3.1　系统结构

在 Linux 系统中，所有的文件和目录都被组织成以一个根节点开始的倒置的树状结构，如图 3-9 所示。文件系统的顶层是由根目录开始的，系统使用"/"来表示根目录。在根目录之下的既可以是目录，也可以是文件，而每一个目录中又可以包含(子)目录或文件，就这样构成一个大的文件系统。

1. Linux 文件系统的优点

（1）便于磁盘空间的管理。

（2）方便数据的组织和查找。

（3）提高磁盘空间的使用率。

图 3-9　树状结构图

注意：在 Linux 系统中使用具有层次的树状文件结构主要是为了方便文件系统的管理与维护。

2. Linux 系统文件和目录命名规则

在 Linux 系统中，文件和目录的命名规则如下：

（1）除了字符"/"之外，所有的字符都可以使用，但是要注意，在目录名或文件名中，使用某些特殊字符并不是明智之举。例如，在命名时应避免使用"<"">""？""*"和非打印字符等。如果一个文件名中包含了特殊字符，例如空格，那么在访问这个文件时就需要使用引号将文件名括起来。

（2）目录名或文件名的长度不能超过 355 个字符。

（3）目录名或文件名是区分大小写的。如 DOG、dog、Dog 和 DOg，是互不相同的目录名或文件名，但使用字符大小写来区分不同的文件或目录，也是不明智的。

（4）与 Windows 操作系统不同，文件的扩展名对 Linux 操作系统没有特殊的含义，换句话说，Linux 系统并不以文件的扩展名来区分文件类型。例如，dog.exe 只是一个文件，其扩展名 exe 并不代表此文件就一定是可执行文件。

注意：在 Linux 系统中，硬件设备也是文件，也有各自的文件名称。

3. Linux 系统文件或目录定位方法

程序可以通过文件名和目录名从树结构的任何地方开始搜查并快速定位所需的文件或目录。定位文件名或目录位置的方法有绝对路径和相对路径两种。

（1）绝对路径：以一个正斜线"/"开始。绝对路径包括从文件系统的根节点到要查找的目录或文件所必须遍历的每一个目录的名字，它是文件位置的路标方向，因此在任何情况下都可以使用绝对路径找到所需的文件。

（2）相对路径：不是以正斜线"/"开始，它可以包含从当前目录到要查找的目录或文件所必须遍历的每一个目录的名字。相对路径大部分情况下都要比绝对路径短。

3.3.2　文件类型

在 Linux 中一切都是文件，而且文件都有其所属类型。如何得知具体的文件类型呢？在 Linux 中可以使用以下命令进行查看：

```
ls -l path
```

文件的属性通常会以如下形式进行显示：

```
drwxr-xr-x
```

以上代码中各字母的意思如下：

（1）第 1 个字母：代表文件类型。

（2）第 3~4 字母：代表用户的权限。

（3）第 5~7 字母：代表用户组的权限。

（4）第 8~10 字母：代表其他的用户的权限。

在 Linux 中常见的文件类型有 7 种，如表 3-3 所示。

表 3-3　文件类型

文 件 属 性	文 件 类 型
-	普通文件，即 file
d	目录文件
b	block device，即块设备文件，如硬盘；支持以 block 为单位进行随机访问
c	character device，即字符设备文件，如键盘支持以 character 为单位进行线性访问
l	symbolic link，即符号链接文件，又称软链接文件
p	pipe，即命名管道文件
s	socket，即套接字文件，用于实现两个进程进行通信

- 普通文件：如文本文件、二进制的可执行文件等，可用 cat、less、more、vi、emacs 来查看内容，用 mv 来改名。
- 目录文件：包括文件名、子目录名及其指针。它是 Linux 储存文件名的唯一空间，可用 ls 列出目录文件。
- 连接文件：是指向同一索引节点的目录。可以用 ls 来查看，连接文件的标志用 l 开头，而文件面后以 "->" 指向所连接的文件。
- 特殊文件：Linux 的一些设备如磁盘、终端、打印机等都在文件系统中表示出来，则一类文件就是特殊文件，常放在/dev 目录内。

3.3.3　Linux 目录及功能

在 Linux 文件系统中有两个特殊目录，一个是用户所在的工作目录，即当前目录，可用一个点 "." 表示；另一个是当前目录的上一层目录，也叫父目录，可以使用两个点 ".." 表示。

如果一个目录或文件名是以一个点开始，就表示这个目录或文件是一个隐藏目录或文件。隐藏目录或文件就是指当以默认方式查找时，系统中不显示该目录或文件。

除了以上所介绍的 Linux 文件系统的重要目录外，还有一些常用目录。在 Linux 文件系统中，通用的目录名用于表示一些常见的功能，如表 3-4 所示。

表 3-4　常见 Linux 目录名称

目　　录	功　　能
/	虚拟系统的根目录，这里一般不存储文件
/bin	二进制目录，用于存放用户级的 GNU 工具（如 cat、ls 和 rm 等）
/boot	启动目录，存放 Linux 操作系统的内核和系统启动时所使用的文件
/dev	设备目录，创建设备节点，存放计算机中所有的设备，包括硬件
/etc	系统配置文件目录，只有 root 用户可以修改该文件
/home	主目录，创建用户目录
/lib	库目录，存放系统和应用程序的库文件
/media	媒体目录，可移动媒体设备的常用挂载点
/mnt	挂载目录，另一个可移动媒体设备的常用挂载点
/opt	可选目录，常用于存放第三方软件包和数据文件
/proc	进程目录，常在内存中，不占用任何磁盘空间，存放现有硬件及当前进程的相关信息
/root	root 用户的主目录
/sbin	系统二进制目录，存放许多 GNU 管理员级工具
/run	运行目录，存放系统运行时的运行数据
/srv	服务目录，存放的是所有与服务器相关的服务，即一些服务启动之后，这些服务需要访问的目录
/sys	系统目录，存放系统硬件信息的相关文件
/tmp	临时目录，普通用户或程序可以将临时文件存入该目录以方便与其他用户或程序交互信息。该目录所有的用户都可以进行访问，因此，重要的信息不应该存放在该目录中
/user	用户二进制目录，存放系统的应用程序和与命令相关的系统数据，其中包括系统的一些函数库及图形界面所需的文件等
/var	可变目录，存放的是系统运行过程中经常变化的文件，如 log 日志文件等

注意：在 Linux 系统中，为了方便管理和维护，常用目录全部采用文件系统层析标准（Filesystem Hierarchy Standard，FHS）的文件结构。FHS 仅仅定义根目录（/）下的各个主要目录应该存放的子目录或文件，包括两层规范：第一层为根目录下的各个目录应该存放哪些类型的子目录或文件，例如在/bin 目录中存放的是可执行文件；第二层主要是针对/user 和/var 这两个目录的子目录定义的，例如在/user/share 目录中存放的应该是共享数据。

3.4　系统服务管理工具 systemd

systemd 是一种新的系统和服务管理器，当 Linux 系统启动时，systemd 是启动的第一个进程（代替了早期版本的 init 进程）；当 Linux 系统关闭时，systemd 也是最后一个结束的进程。systemd 控制着启动的最后阶段并为使用系统做准备，同时也通过并行地装入多个服务而加快启动的速度。

Systemd 允许用户管理在系统上的各种类型单元，包括服务（name.service）、目标（name.target）、设备（name.device）、文件系统加载点（name.mount）和套接字（name.socket）等。每个 systemd 单元是由相应的单元配置文件所定义的，它们分别存放的目录如下。

- /user/lib/systemd/system：以安装的 RPM 软件包发行的 systemd 单元。
- /run/systemd/system：在运行期间创建的 systemd 单元。
- /etc/systemd/system：由系统管理员所创建和管理的 systemd 单元，这些目录要优先于那些运行期间所创建的目录。

注意：在 CentOS7 版本的 Linux 系统中，init 脚本已被 systemd 的服务单元所取代，服务单元的扩展名为 ".service"。

3.4.1　启动、停止、重启服务

1. 启动服务

启动服务需要使用命令如下：

```
systemctl start name.service
```

【例 3-1】启动 Apache HTTP 服务器，即 httpd 服务。

步骤 1：开启虚拟机，进入系统页面，在"应用程序"菜单栏中选择"系统工具"选项，然后在该选项菜单栏中单击"终端"按钮，如图 3-10 所示。

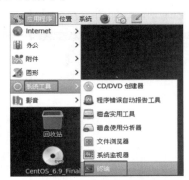

图 3-10　选择"终端"

步骤 2：进入终端页面，首先需要切换用户到 root，如图 3-11 所示。

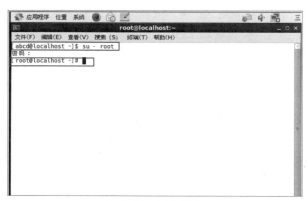

图 3-11　切换用户

步骤 3：在用户为 root 的终端页面中输入启动服务命令行，如图 3-12 所示。

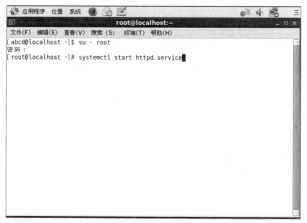

图 3-12　启动服务命令行

2. 停止服务

停止服务，必须以 root 身份使用如下命令：

```
systemctl stop name.service
```

在【例 3-1】的基础上输入停止服务命令行，如图 3-13 所示。

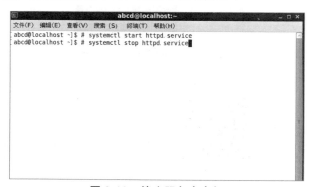

图 3-13　停止服务命令行

3. 重启服务

重启服务，有 restart、try-start 和 reload 三种选项。restart 用于该服务在运行中的重启服务，如果该服务没有运行，它将重新启动该服务。Try-start 只用于服务已经在运行中时重启该服务。而 reload 则会重新加载配置文件。

这三者的命令行分别如下：

```
# systemctl restart name.service
# systemctl try-start name.service
# systemctl reload name.service
```

在终端输入相应的重启服务命令行，如图 3-14 所示。

图 3-14   重启服务命令行

3.4.2   查看、禁止、启用服务

（1）检查服务状态，可以使用 status 选项，命令如下：

```
# systemctl status name.service
```

（2）可以使用 enable/disable 选项来控制一个服务是否开机启动，命令如下：

```
# systemctl enable name.service
# systemctl disable name.service
```

3.4.3   systemd 命令和 sysvinit 命令对比

之前的 Linux 操作系统是使用 service 应用程序来启动和停止服务，但在最新版本的 Linux 系统中，系统提供了一个全新的应用程序 systemctl，它可以取代原来的 service 工具。service 应用程序和 systemctl 应用程序管理和维护服务命令的对照如表 3-5 所示。

表 3-5   管理和维护服务命令对照表

service 功能	systemctl 功能	作 用
service name start	systemctl start name	启动服务

Linux 从入门到项目实践（超值版）

续表

service 功能	systemctl 功能	作　用
service name stop	systemctl stop name	关闭服务
service name restart	systemctl restart name	重启服务，不管当前是启动还是关闭状态
service name condrestart	systemctl try-restart name	也是重启，首先检查当前服务在不在运行，在运行状态可以重启服务，不在运行状态无法重启
service name reload	systemctl reload name	重新载入配置信息而不中断服务
service name status	systemctl status name	查看服务的运行状态
service --status-all	systemctl list-units --type service --all	列出所有正在运行的、类型为 service 的 unit

　　systemctl 这一工具不但可以完全取代 service 工具，而且它还可以取代 chkconfig 工具。在之前版本的 Linux 操作系统中，Linux 系统是使用 chkconfig 应用程序来开启和禁止服务，而在新版本的 Linux 系统中，systemctl 可以完全取代原来的 chkconfig 工具。chkconfig 应用程序和 systemctl 应用程序开启和禁止服务命令的对照如表 3-6 所示。

表 3-6　开启和禁止服务命令对照表

chkconfig 功能	systemctl 功能	用　途
chkconfig name on	systemctl enable name	设置服务为开机启动（自启）
chkconfig name off	systemctl disable name	设置服务为关闭开机启动（自启）
chkconfig --list name	systemctl status name systemctl is-enabled name	检查服务在当前环境是启用还是禁用
chkconfig --list	systemctl list-unit-files --type service	输出在各个运行级别下所有服务的启动和禁用情况

　　systemctl 除了管理服务之外，还可以管理系统电源，例如对系统进程重启、关机和休眠的操作，如表 3-7 所示。

表 3-7　管理系统电源命令表

systemctl 命令	含　义
systemctl power off	关闭系统
systemctl reboot	重启系统
systemctl suspend	进入待机模式
systemctl hibernate	进入休眠模式
systemctl hybrid-sleep	进入混合休眠模式

3.5　就业面试技巧与解析

　　本章主要讲解了 Linux 系统的基本结构，包括计算机硬件的管理、Linux 内核、文件系统的组成以及系统服务的管理工具，其中，Linux 内核是操作系统的核心部分，它控制着计算机硬件的一切工作。

3.5.1　面试技巧与解析（一）

面试官：Linux 系统内核主要由哪几部分组成？

应聘者：Linux 系统内核主要由以下几部分组成：

（1）内存管理。Linux 操作系统采用的是虚拟内存管理技术，使每个进程都有各自互不干扰的进程地址存储空间。用户所看到和所接触到的都是虚拟的地址，并不能看到实际的物理内存地址，因此利用虚拟地址不仅能保护操作系统，而且方便用户程序使用比实际物理内存较大的地址空间。

（2）进程管理。在自身的虚拟地址空间运行的一个独立的程序，从操作系统的角度来看，所有在系统上运行的东西，都可以称为一个进程。进程虽然有程序产生，但是它并不是程序。

（3）文件系统。文件系统是操作系统用于明确存储设备或分区上的文件的方法和数据结构；即在存储设备上组织文件的方法。操作系统中负责管理和存储文件信息的软件机构称为文件管理系统，简称文件系统。从系统角度来看，文件系统是对文件存储设备的空间进行组织和分配，负责文件存储并对存入的文件进行保护和检索的系统。

（4）设备驱动程序。设备驱动程序是 Linux 内核的主要部分。设备驱动程序就是应用程序与实际硬件之间的一个软件层，相同的硬件，不同的驱动程序可能提供不同的功能。

（5）网络接口。在 Linux 中，所有的网络通信都发生在软件接口和物理网络设备之间，网络接口配置文件用于控制系统中的软件网络接口，并通过接口实现对网络设备的控制。

3.5.2　面试技巧与解析（二）

面试官：简述文件和目录的命名规则？

应聘者：

在 Linux 系统中，文件和目录的命名规则如下：

（1）除了字符 "/" 之外，所有的字符都可以使用，但是要注意，在目录名或文件名中，使用某些特殊字符并不是明智之举。例如，在命名时应避免使用 "<" ">" "？" "*" 和非打印字符等。如果一个文件名中包含了特殊字符，例如空格，那么在访问这个文件时就需要使用引号将文件名括起来。

（2）目录名或文件名的长度不能超过 355 个字符。

（3）目录名或文件名是区分大小写的。如 DOG、dog、Dog 和 DOg，是互不相同的目录名或文件名，但使用字符大小写来区分不同的文件或目录，也是不明智的。

（4）与 Windows 操作系统不同，文件的扩展名对 Linux 操作系统没有特殊的含义，换句话说，Linux 系统并不以文件的扩展名来区分文件类型。例如，dog.exe 只是一个文件，其扩展名 exe 并不代表此文件就一定是可执行文件。

第 4 章

Linux 常用命令

 学习指引

Linux 操作系统和 Windows 操作系统一样，也提供了类似的图形界面，但 Linux 用户通常习惯使用命令来操作系统，尤其是在对服务器进行管理和维护时。本章主要学习 Linux 系统中命令的格式、常用命令以及如何使用这些命令。

 重点导读

- Linux 命令的格式。
- 系统管理与维护命令。
- 文件管理与编辑命令。
- 压缩与解压命令。
- 磁盘管理与维护命令。
- 网络设置与维护命令。
- 文本编辑工具。

4.1 Linux 命令的格式

学习 Linux 命令之前，需要先了解 Linux 命令的格式。

Linux 命令的格式语法结构非常简单，一般包括命令、选项、参数，具体的命令的语法格式如下：

```
命令 [选项] [参数]
（Command [options] [arguments]）
```

上述 3 项内容的具体含义如下：

命令：指示 Linux 操作系统需要执行什么。

选项：表明命令需要运行的方式，即可以调整命令的功能。如果没有选项，那么命令只能执行最基本的功能；而加入选项之后，则可以显示更加丰富的数据信息。Linux 的选项又分为短格式选项 "-l" 和长格式选项 "--all"。短格式选项是英文的简写，用一个减号调用，如：

```
[root@localhost ~]# ls -l
```

而长格式选项是英文完整单词，一般用两个减号调用，如：

```
[root@localhost ~]# ls --all
```

注意：一般情况下，短格式选项是长格式选项的缩写，也就是一个短格式选项会有对应的长格式选项。

选项部分通常是以 "-" 字符开头的。

参数：命令由于什么原因影响操作，如一个文件、目录或文字等。参数是命令的操作对象，一般文件、目录、用户和进程等都可以作为参数被命令操作。

注意：命令行中的每一项之间需要使用一个或多个空格分隔开。下方括号中的内容是可选的，即可有可无的。

4.2　系统管理与维护命令

本小节将要学习 Linux 系统最基础的命令，系统通过使用该命令来完成一些基础的日常工作，这些命令就是系统管理和维护命令。

4.2.1　pwd 命令

在 Linux 文件系统中有许多目录，当用户执行一条命令但没有表明该命令所在的目录时，Linux 系统就会首先在当前目录（目前的工作目录）搜索这个命令。因此，用户在执行命令之前，常常需要确定目前所在的工作目录，即当前目录。

当用户登录 Linux 系统之后，其当前目录就是它的主目录。

Linux 系统中的 pwd 命令就是用来显示当前工作目录的名称，它是 Print Working Directory（打印工作目录）的缩写，命令的基本格式如下：

```
pwd [选项]
```

【例 4-1】pwd 命令的使用。

步骤 1：使用 whoami 命令确定现在的用户名称（whoami 命令用于确定当前登录的用户），使用命令如下：

```
[abcd@localhost ~]$ whoami
```

显示结果表明当前用户为 "abcd"，如图 4-1 所示。

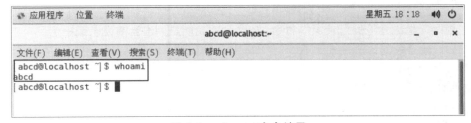

图 4-1　whoami 命令结果

步骤 2：使用 pwd 命令来确定现在所在的工作目录，命令如下：

```
[abcd@localhost ~]$ pwd
```

显示结果表明"abcd"用户的当前目录就是它的主目录/home/abcd，如图 4-2 所示。

图 4-2　pwd 命令结果

4.2.2　cd 命令

Linux 命令可以分为 Shell 内置命令和外部命令两种。Shell 内置命令，是指 Shell 本身自带的命令，这些命令没有执行文件；外部命令，是单独开发的命令，因此这些命令会有执行文件。Linux 系统中的大部分命令都是外部命令，而 cd 命令则是一个典型的 Shell 内置命令，所以 cd 命令没有执行文件所在的路径。

cd（Change Directory）命令的作用是可以切换当前工作目录。

cd 命令的语法格式如下：

```
[abcd@localhost ~]$ cd[相对路径或绝对路径]
```

cd 命令后面还可以加特殊符号，表示固定的含义，如表 4-1 所示。

表 4-1　cd 命令特殊符号及功能

特 殊 符 号	功　　能
~或空格	切换到当前登录用户的主目录
~用户名	切换到指定用户的主目录
-	切换用户之前的工作目录
.	代表当前目录
..	进入上一级目录

4.2.3　ls 命令

ls 是 list 的缩写，是最常见的目录操作命令。ls 命令的功能是列出当前目录或指定目录中的内容（显示目录与文件信息）。ls 命令的语法格式如下：

```
ls [选项] [文件/目录]
ls [options] [files/directories]
```

选项（options）：以"-"开始的选项，可以同时使用多个选项。

文件/目录（files/directories）：文件或目录，也可以同时使用多个文件或多个目录。

ls 命令常用的选项及各自的功能如表 4-2 所示。

表 4-2　ls 命令常用选项和功能

选　项	功　能
-a	显示所有的文件，包括隐藏文件（开头为 "." 的文件）和目录信息也全部显示出来，是最常用的选项之一
-A	显示全部的文件，连同隐藏文件，但不包括 "."（当前目录）与 ".."（父目录）
-d	显示目录本身的信息，而不是列出目录下的文件信息
-f	ls 命令已经默认以文件名排序，但使用 "-f" 选项会直接列出结果，而不会进行排序
-F	在文件或目录名后加上文件类型的指示符号，例如："*" 代表可运行文件，"/" 代表目录，"|" 代表 FIFO 文件
-h	用人们能够读懂的方式显示文件或目录的大小，例如：5KB、150MB、1GB 等
-l	使用长格式显示出文件和目录信息
-n	以 UID 和 GID 分别代替文件用户名和群组名显示出来
-r	将排序结果反向输出。例如：若原本文件名由小到大，输出结果则为由大到小
-R	连同子目录内容一起显示出来，等于将该目录下的所有文件都显示出来
-S	以文件容量大小排序，而不是以文件名排序
-t	以修改时间排序（默认是文件名称排序），而不是以文件名排序
-u	显示文件或目录最后被访问的时间
--color=never	never 表示不根据文件的特性显示颜色
--color=always	always 表示显示颜色，ls 默认采用这种方式
--color=auto	auto 表示让系统自行依据配置来判断是否给予颜色
--full-time	以完整时间模式（包括年、月、日、时、分）输出

　　注意：当 ls 命令不使用任何选项时，默认只会显示非隐藏文件的名称，并以文件名进行排序，同时会根据文件的具体类型给文件名配色（蓝色显示目录，白色显示一般文件）。除此之外，如果要使用 ls 命令显示更多内容，就需要使用表 4-1 相应的选项。

　　【例 4-2】 用 ls 列出当前目录。

　　步骤 1：使用 mkdir 命令（在 4.4.2 节中将详细介绍）在当前目录下创建一个 hello 的子目录，如下所示：

```
[abcd@localhost ~]$ mkdir hello
```

　　步骤 2：分别使用以下命令在当前目录中创建两个文件，它们的文件名分别为 dog 和 cat2010，如下所示：

```
[abcd@localhost ~]$ ls -l / > dog
[abcd@localhost ~]$ cal 2015 > cat2010
```

　　步骤 3：用最简单的 ls 命令列出当前目录，即 abcd 的家目录中所有的文件和目录，如图 4-3 所示。

　　【例 4-3】 显示隐藏文件。

　　打开终端页面，输入命令如下：

```
[abcd@localhost ~]$ ls -a
```

　　输出结果如图 4-4 所示。

图 4-3　ls 命令输出结果

图 4-4　隐藏文件显示结果

4.2.4　date 和 cal 命令

（1）date 命令用来显示系统当前的日期和时间。我们要想获取当前的日期和时间，可以在 Linux 系统中运行如下命令：

```
[abcd@localhost ~]$ date
```

运行结果如图 4-5 所示。

图 4-5　date 命令运行结果

（2）cal（calendar）命令主要用于查看日历，如果后面只有一个参数，则表示年份，有两个参数，则表示月份和年份。

cal 命令常用的选项及各自的功能如表 4-3 所示。

表 4-3　cal 命令常用选项及功能

选　项	功　能
-1/-one	只显示当月（一个月）日期
-4/-three	显示前一个月、当月和下个月日期
-s/-sunday	显示周日作为一个星期的第一天（默认格式）
-m/-monday	显示星期一作为一个星期的第一天
-j/-julian	显示在当年中的第几天（默认显示当月在一年中的天数）
-y/-year	输出整年的月份

【例 4-4】显示当月日历。

打开终端页面，输入命令如下：

```
[abcd@localhost ~]$ cal
```

输出结果如图 4-6 所示。

【例 4-5】自定义参数。

在终端页面中输入命令如下：

```
[abcd@localhost ~]$ cal 5 1997
```

第一个参数 5 表示月份，第二个参数 1997 表示年份，输出结果如图 4-7 所示。

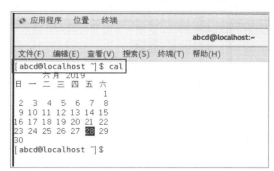

图 4-6　显示当月日历

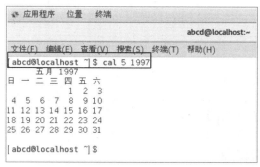

图 4-7　自定义参数显示

4.2.5　su 和 passwd 命令

（1）su（switch user）命令是可以将当前用户切换到一个指定的其他用户。

注意： su 命令可以从普通用户切换到 root 用户，也可以从一个普通用户切换到另一个普通用户，还可以从 root 用户切换到一个普通用户。

【例 4-6】从普通用户切换到 root 用户。

在终端页面中输入命令如下：

```
[abcd@localhost ~]$ su - root
```

输出结果如图 4-8 所示。

从图 4-8 中可以看出，输入 su 命令切换到 root 用户时，需要输入 root 密码。当输入正确的 root 密码之后系统会出现 root 用户的提示符 "#"。

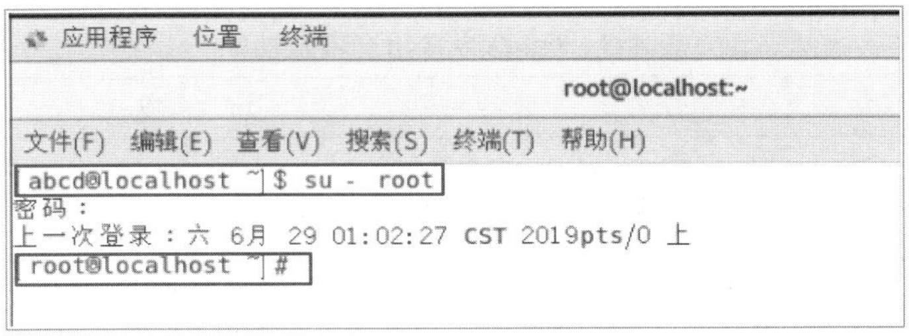

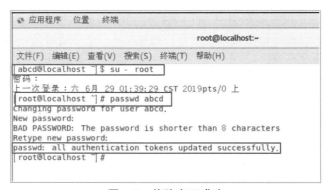

图 4-8　普通用户到 root 用户的切换

（2）passwd 命令：可以用来修改用户密码，该用户既可以是普通用户也可以是 root 用户。同时还可以查询某一用户密码的状态，仅 root 用户可以使用。

passwd 命令的基本格式如下：

```
[abcd@localhost ~]$ passwd [选项] [用户名]
```

passwd 命令常用的选项及各自的功能如表 4-4 所示。

表 4-4　passwd 命令常用选项及功能

选　　项	功　　能
-S	查询用户密码的状态，仅 root 用户可以使用
-l	暂时锁定用户，仅 root 使用此选项
-u	解锁用户，和 -l 选项相对应，也是只能 root 用户使用
-stdin	可以将通过管道符输出的数据作为用户的密码，主要在批量添加用户时使用
-n	设置该用户修改密码后，多长时间不能再次修改密码
-x	设置该用户的密码有效期
-i	设置用户密码失效日期

【例 4-7】修改 abcd 用户密码。

步骤 1：输入 su 命令切换到 root 用户，命令如下：

```
[abcd@localhost ~]$ su - root
```

步骤 2：输入 passwd 命令，修改用户 abcd 密码，命令如下：

```
[root@localhost ~]# passwd abcd
```

步骤 3：根据提示输入新密码，再次确认密码，最后有修改成功提示，输出结果如图 4-9 所示。

图 4-9　修改密码成功

4.2.6　man 命令

通过 man（manual：手册）命令可以快速查询其他每个 Linux 命令的详细描述和使用方法，man 手册一般保存在/user/share/man 目录下。man 是最常见的帮助命令，也是 Linux 最主要的帮助命令。man 命令格式如下：

```
[abcd@localhost ~]$ man [选项] [命令]
```

【例 4-8】man 命令的使用。

在终端页面中输入命令如下：

```
[abcd@localhost ~]$ man ls
```

输出结果如图 4-10 所示。

图 4-10　输出结果

在执行 man 命令时，命令的开头会有一个数字标识这个命令的帮助级别。例如：

```
LS(1) User Commands LS(1)
```

注意：　"1"表示这是 ls 的 1 级别的帮助信息。

man 命令的帮助级别及功能如表 4-5 所示。

表 4-5　man 命令的帮助级别及功能

级　　别	功　　能
1	用户命令：普通用户可以使用的系统命令
2	内核可以调用的函数和工具的帮助
3	C 语言函数的帮助
4	设备和特殊文件的帮助
5	文件的说明，查询命令的文件说明
6	游戏的帮助（个人版的 Linux 中是有游戏的）
7	杂项的帮助

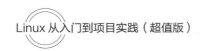

续表

级　别	功　能
8	管理命令：查询只有 Linux 系统的管理员 root 用户可以使用的命令说明
9	内核的帮助

4.2.7　who 和 w 命令

（1）who 命令主要用于查看当前在系统上工作的用户有哪些。who 命令格式如下：

```
[abcd@localhost ~]$ who
```

在终端页面中输入该命令，运行结果如图 4-11 所示。

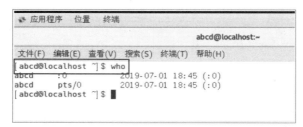

图 4-11　who 命令运行结果

（2）w 命令与 who 命令类似，但 w 命令主要用于显示登录到系统的用户情况。w 命令不但可以显示有哪些用户登录到该系统，还可以显示出这些用户当前正在进行的工作。

w 命令格式如下：

```
[abcd@localhost ~]$ w
```

输出结果如图 4-12 所示。

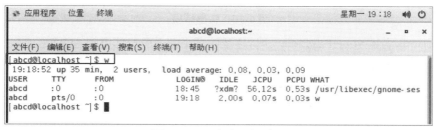

图 4-12　w 命令运行结果

从图 4-12 中可以看到当前用户正在进行的工作，显示结果的第 1 行从左到右依次为当前时间、系统启动到现在的时间、登录用户的数目、系统在最近 1 分钟、5 分钟和 15 分钟的平均负载；然后是每个用户的各项数据，项目显示顺序从左至右依次为登录账号、终端名称、远程主机名、登录时间、空闲时间、JCPU、PCPU、当前正在运行进程的命令行。

4.2.8　uname 命令

uname（UNIX name）命令用于显示操作系统的信息。

在终端页面中输入如下命令：

```
[abcd@localhost ~]$ uname
```

显示结果则是所使用的操作系统是 Linux。

```
Linux
```

uname 命令常用的选项及作用如表 4-6 所示。

表 4-6　uname 命令常用选项及作用

选　　项	作　　用
-n	nodename：显示所使用系统的主机名
-i	information：显示所使用系统的硬件平台名
-r	release：显示操作系统的版本信息
-s	system：显示操作系统名
-m	machine：显示机器硬件名
-p	processor：显示中央处理器的类型
-a/--all	显示所有信息
--help	显示帮助

【例 4-9】使用-n 和-i 组合的 uname 命令。

在终端页面输入如下命令：

```
[abcd@localhost ~]$ uname -n -i
```

显示结果如图 4-13 所示。

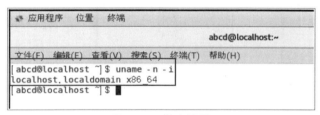

图 4-13　输出结果

4.2.9　last 命令

last 命令用于查看当前和过去登录系统用户的相关信息。基本格式如下：

```
[abcd@localhost ~]$ last [选项]
```

last 命令常用的选项及含义如表 4-7 所示。

表 4-7　last 命令常用选项及含义

选　　项	含　　义
-a	登录系统的主机名或 IP 地址显示在最后 1 行
-R	不显示登录系统的主机名或 IP 地址
-x	显示系统关机、重新开机以及执行等级的改变等信息
-n 显示列数	信息的显示列数
-d	将显示的 IP 地址转换成主机名称

使用 last 命令显示输出结果，如图 4-14 所示。

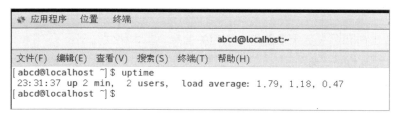

图 4-14　last 命令输出结果

4.2.10　uptime 和 free 命令

（1）uptime 命令主要用于显示系统已经运行的时间、当前登录的用户数量和系统的平均负载。格式如下：

```
[abcd@localhost ~]$ uptime
```

【例 4-10】uptime 命令的使用。

在终端页面输入如下命令：

```
[abcd@localhost ~]$ uptime
```

输出结果如图 4-15 所示。

```
应用程序　位置　终端
                              abcd@localhost:~
文件(F)　编辑(E)　查看(V)　搜索(S)　终端(T)　帮助(H)
[abcd@localhost ~]$ uptime
 23:31:37 up 2 min,  2 users,   load average: 1.79, 1.18, 0.47
[abcd@localhost ~]$
```

图 4-15　uptime 命令的输出结果

以上信息显示出当前系统的时间为 23:31:37、已经运行 2 分钟，当前有两个用户在登录，最近 1 分钟、5 分钟和 15 分钟内系统的平均负载。

（2）free 命令用来显示系统内存的状态，包括系统的物理内存、虚拟内存（swap 交换分区）、共享内存和系统缓存的使用情况。free 命令的语法格式如下：

```
[abcd@localhost ~]$ free [选项]
```

free 命令常用的选项及作用如表 4-8 所示。

表 4-8　uname 命令常用选项及作用

选　　项	作　　用
-b	以 Byte（字节）为单位，显示内存的使用情况
-k	以 KB 为单位，显示内存的使用情况
-m	以 MB 为单位，显示内存的使用情况
-g	以 GB 为单位，显示内存的使用情况
-t	在输出的最终结果中，输出内存和 swap 分区的总量
-s（间隔秒数）	根据指定的间隔时间，持续显示内存使用情况

4.2.11　dmesg 命令

　　dmesg 命令用于显示开机信息，常用于查看系统的硬件信息。无论是在系统的启动过程中，还是在系统的运行过程中，由内核产生的信息，都会被存储在系统缓冲区中，如果开机时来不及查看相关信息，可以使用 dmesg 命令将信息显示出来。

　　dmesg 命令的基本格式如下：

```
[abcd@localhost ~]$ dmesg
```

　　输出结果如图 4-16 所示。

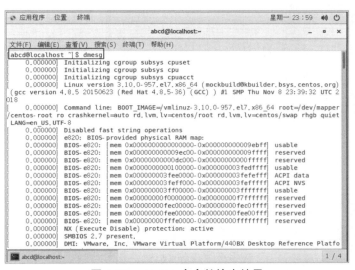

图 4-16　dmesg 命令的输出结果

　　注意：dmesg 命令的参数有 3 种：①-c：显示信息完成后清除环缓冲内的内容；②-s：缓冲区大小，定义一个缓冲区用于查询内核环缓冲区，默认大小为 8196；③-n 级别：设置级别为记录控制台启动信息的级别。

4.2.12　ps 和 top 命令

　　（1）ps（Process Status）命令主要用于监控进程，通过此命令可以查看系统中所有运行进程的详细信息。ps 命令的基本格式如下：

```
[abcd@localhost ~]$ ps [选项]
```

ps 命令常用的选项及作用如表 4-9 所示。

表 4-9　ps 命令常用选项及作用

选　　项	作　　用
a	显示一个终端的所有进程
u	显示进程的归属用户及内存的使用情况
x	显示没有控制终端的进程
-l	长格式显示更加详细的信息
-e	显示所有进程

注意：aux 和-axu 都能显示终端的所有进程。aux 使用的是 BS 操作系统格式；-axu 则使用的是 Linux 标准命令格式。

在终端页面输入如下命令：

```
[abcd@localhost ~]$ ps aux
```

输出结果如图 4-17 所示。

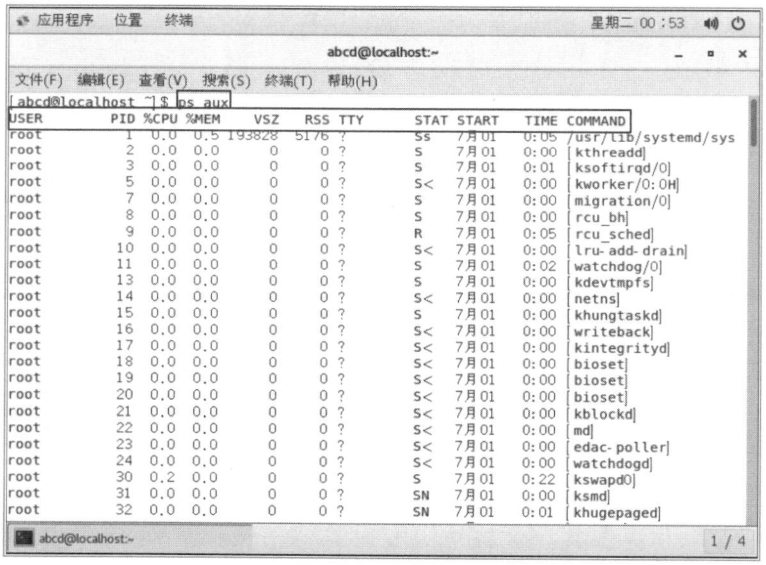

图 4-17　全部进程信息

在命令的输出信息中，USER 代表进程的执行用户；PID 代表进程的唯一编号；%CPU 表示进程的 CPU 占有率；%MEM 表示进程的内存占有率；VSZ 代表进程使用的虚拟内存的大小（KB）；RSS 代表进程使用的真实内存大小（KB）；TTY 表示终端；STAT 代表进程的状态：D 为不可中断的进程，R 为正在运行的进程，S 为正在睡眠的进程，T 为停止或被追踪的进程，X 为死掉的进程，Z 为僵死进程；START 代表进程启动的时间；TIME 代表进程占有 CPU 的总时间；COMMAND 代表进程命令。

（2）top 命令可以动态地查看进程地运行状态。ps 命令的基本格式如下：

```
[abcd@localhost ~]$ top [选项]
```

top 命令常用的选项及作用如表 4-10 所示。

表 4-10　top 命令常用选项及作用

选　项	作　用
-d 秒数	指定 top 命令每隔几秒进行刷新。默认是 4s
-b	使用批处理模式输出。一般和"-n"选项合用，用于把 top 命令重定向到文件中
-n 次数	指定 top 命令执行的次数。一般和"-"选项合用
-p 进程 PID	仅查看指定 ID 的进程信息
-s	使 top 命令在安全模式中运行，避免在交互模式中出现错误
-u 用户名	监听某个用户的进程

4.3　文件管理与编辑命令

文件管理是操作系统中的重要功能之一。在计算机的操作系统中，用户的程序和数据、操作系统自身的程序和数据、各种输出/输入设备等都是以文件的形式存在的。那么关于文件管理的命令都有哪些呢？让我们一起来学习吧！

4.3.1　mkdir 和 touch 命令

（1）mkdir（make directories）命令主要用于创建新的目录。mkdir 命令的语法格式为：

```
[abcd@localhost ~]$ mkdir [选项] 目录名
```

注意：目录名既可以是相对路径名也可以是绝对路径名。

mkdir 命令常用的选项有-m 和-p。

-m：常用于手动配置所创建目录的权限，不使用默认的权限。

-p：创建在指定路径中所有不存在的目录。例如：创建/cat/best/demo，在默认情况下，需要手动创建各个目录，但使用-p 选项，系统会自动创建/cat、/cat/best 以及/cat/best/demo。

【例 4-11】mkdir 命令创建新目录。

在终端页面输入如下命令：

```
[abcd@localhost ~]$ mkdir test
```

输出结果如图 4-18 所示。

图 4-18　创建新目录

（2）touch 命令不仅可以创建文件（空文件或多个文件），还可以修改文件的时间参数。

在 Linux 系统中，每个文件有 3 个时间参数，分别是文件的访问时间、数据的修改时间以及状态的修改时间。

- 访问时间（atime）：如果文件的内容被读取，紧接着访问时间就会自动更新。
- 数据修改时间（mtime）：当文件的数据发生改变时，该文件的数据修改时间就会随着做出改变。
- 状态修改时间（ctime）：当文件的状态发生变化时，就会相应改变这个时间。

touch 命令的基本格式如下：

```
[abcd@localhost ~]$ touch [选项] 文件名
```

touch 命令常用的选项及作用如表 4-11 所示。

表 4-11　touch 命令常用选项及作用

选　　项	作　　用
-a	只修改文件的访问时间
-c	只修改文件的时间参数（3 个时间参数都改变），如果文件不存在，则不建立新文件
-d	后面可以跟欲修订的日期，而不用当前的日期，即把文件的 atime 和 mtime 时间改为指定的时间
-m	只修改文件的数据修改时间
-t	命令后面可以跟欲修订的时间，而不用目前的时间，时间书写格式为 YYMMDDhhmm

注意：touch 命令可以只修改文件的访问时间，也可以只修改文件的数据修改时间，但是不能只修改文件的状态修改时间。

4.3.2　rm 和 rmdir 命令

（1）rm 命令可以把系统中的文件或目录永久的删除，并且没有任何消息提示。rm 命令语法格式如下：

```
[abcd@localhost ~]$ rm [选项] 文件或目录
```

常用选项如下。

- -i：删除文件或目录之前有提示信息。
- -r：当删除目录时，删除该目录中所有的内容，包括子目录中的全部内容。
- -f：强制删除并不询问。

【例 4-12】rm 命令删除文件。

在终端页面输入如下命令：

```
[abcd@localhost ~]$ rm -i dog
```

输出结果如图 4-19 所示。

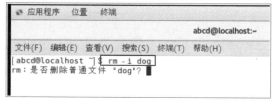

图 4-19　删除文件

rm 在执行 rm -i 命令时，也就是在删除一个文件之前会先询问是否删除。

（2）rmdir 命令用于删除空目录。在删除目录时需要先删除该目录中的子目录，然后再删除该目录。rmdir 命令语法格式如下：

```
[abcd@localhost ~]$ rmdir 目录名称
```

注意：rmdir 命令的作用是十分有限，因为只能删除空目录，如果目录中有内容，系统就会报错。因此在删除目录时需要先把子目录删除。

4.3.3　cat 命令

cat（concatenate）命令可以用来查看文件中的内容。cat 命令的语法格式如下：

```
[abcd@localhost ~]$ cat [选项] 文件
```

cat 命令常用的选项及作用如表 4-12 所示。

表 4-12　cat 命令常用选项及作用

选　　项	作　　用
-A	显示出隐藏符号
-b	在显示的每一行的最前面加上行号
-s	将两个或更多个相邻的空行合并成一个空行

【例 4-13】cat 命令的使用。

（1）在终端页面输入如下命令：

```
[abcd@localhost ~]$ cat dog
```

输出结果如图 4-20 所示。

（2）在终端页面输入 cat -b dog，输出结果如图 4-21 所示，在每项内容之前加上了行号。

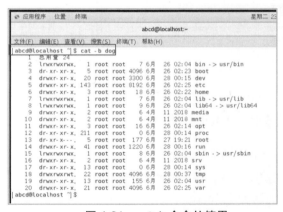

图 4-20　cat 命令查看文件内容　　　　　　　　　图 4-21　cat -b 命令的使用

4.3.4　grep 命令

grep 命令能够在一个或多个文件中搜索某一特定的字符模式，也称为正则表达式，一个模式可以是单一的字符、字符串、单词或句子。

正则表达式是描述字符串的一个模式，正则表达式的构成模仿了数学表达式，通过使用操作符将较小的表达式组合成一个新的表达式。正则表达式可以是一些纯文本文字；也可以是用来产生模式的一些特殊字符。grep 命令支持如表 4-13 所示的几种正则表达式的元字符（也就是通配符）。

表 4-13　正则表达式的通配符

选　　项	含　　义
c*	将匹配 0 个（即空白）或多个字符 c（c 为任一字符）
.	将匹配任何一个字符，且只能是一个字符
[xyz]	匹配方括号中的任意一个字符
[^xyz]	匹配除方括号中字符外的所有字符
^	锁定行的开头
$	锁定行的结尾

　　grep 命令是在每一个文件或中或特定输出上搜索特定的模式，当使用 grep 时，包含指定字符模式的每一行内容，都会被打印（显示）到屏幕上，但是使用 grep 命令并不改变文件中的内容。grep 命令的语法格式如下：

```
[abcd@localhost ~]$ grep [选项] 模式 文件名
```

　　grep 命令常用的选项以及各自的含义如表 4-14 所示。

表 4-14　grep 命令常用选项及含义

选　　项	含　　义
-c	只列出文件中包含模式的行数
-i	忽略模式中的字母大小写
-l	列出带有匹配行的文件名
-n	在每一行的最前面列出行号
-v	列出没有匹配模式的行
-w	把表达式当作一个完整的单字符来搜寻，忽略那些部分匹配的行

4.3.5　more 命令

　　more 命令可以使文件中的内容分页显示。more 命令的语法格式如下：

```
[abcd@localhost ~]$ more 文件名
```

　　当进入 more 命令后，屏幕上只显示一页的内容，可以在屏幕的底部看到"--more--（n%）"的字样，其中 n 表示已经显示文件内容的百分比。

　　more 命令的交互指令及功能如表 4-15 所示。

表 4-15　more 命令的交互指令及功能

选　　项	功　　能
空格键	向下移动一个屏幕
Enter 键	移动一行
b	向上移动一个屏幕
h	显示帮助菜单
/字符串	向前搜索字符串

续表

选　项	功　能
n	发现字符串的下一次出现
q	退出 more 命令并返回操作系统提示符下
v	在当前行启动一个编辑器

【例 4-14】more 命令的使用。

在终端页面输入如下命令：

```
[abcd@localhost ~]$ more cat2010
```

输出结果如图 4-22 所示。

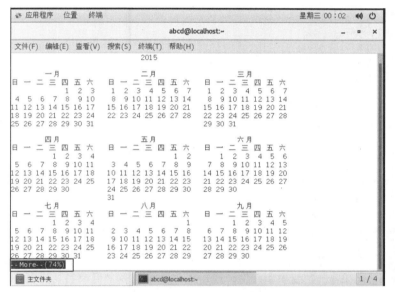

图 4-22　more 命令的使用

4.3.6　file 命令

file 命令可以通过查看文件的头部信息来识别文件的类型，同时还可以用来辨别文件的编码格式。file 命令的语法格式如下：

```
[abcd@localhost ~]$ file 文件名
```

file 命令的参数及功能如表 4-16 所示。

表 4-16　file 命令的参数及功能

参　数	功　能
-b	列出文件辨识结果时，不显示文件名称
-c	详细显示指令执行过程，便于排错或分析程序执行的情形
-f	列出文件中文件名的文件类型
-F	使用指定分隔符号替换输出文件名后的默认的“：”分隔符

续表

参　　数	功　　能
-i	输出 mime 类型的字符串
-L	查看对应软链接对应文件的文件类型
-z	尝试去解读压缩文件的内容
--help	显示命令在线帮助
-version	显示命令版本信息

【例 4-15】file 命令的使用。

在终端页面输入如下命令：

```
[abcd@localhost ~]$ file dog
```

输出结果如图 4-23 所示。

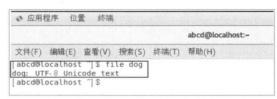

图 4-23　file 命令查看文件类型

4.3.7　cp 命令

cp（copy）命令主要用来复制文件或目录，就是将文件复制成一个指定的目的文件或复制到一个指定的目标目录中。cp 命令的语法格式如下：

```
[abcd@localhost ~]$ cp [选项] 源文件 目标文件
```

源文件（source）：可以是一个或多个文件，也可以是一个或多个目录名。

目标文件（target）：可以是一个文件或目录。

cp 命令的选项及功能如表 4-17 所示。

表 4-17　cp 命令的选项及功能

选　　项	功　　能
-i	防止覆盖已经存在的文件或目录，在覆盖之前有信息提示
-r	递归复制，用于复制目录
-p	复制后目标文件保留源文件的属性
-f	若目标文件已经存在，系统并不询问而是强制复制，即直接覆盖原有的文件
-u	若目标文件比源文件有差异，则使用该选项可以更新目标文件，此选项可用于对文件的升级和备用

4.3.8　mv 命令

mv（move）命令，既可以在不同的目录之间移动文件或目录，也可以对文件和目录进行重命名。mv 命令的语法格式如下：

```
[abcd@localhost ~]$ mv [选项] 源文件 目标文件
```

mv 命令的选项及功能如表 4-18 所示。

表 4-18 mv 命令的选项及功能

选　　项	功　　能
-f	强制覆盖，如果目标文件已经存在，则不询问，直接强制覆盖
-i	交互移动，如果目标文件已经存在，则询问用户是否覆盖（默认选项）
-n	如果目标文件已经存在，则不会覆盖移动，而且不询问用户
-v	显示文件或目录的移动过程
-u	若目标文件已经存在，但两者相比，源文件更新，则会对目标文件进行升级

4.3.9 find 命令

find 命令可以在命令的层次结构中查找文件和目录。它可以使用文件名、文件大小、修改时间和类型等条件进行查找。find 命令的语法格式如下：

```
[abcd@localhost ~]$ find 搜索路径 [选项] 搜索内容
```

find 命令有两个参数分别用来指定搜索路径和搜索内容。

find 命令的选项如下：

（1）按照文件名搜索。

- name：按照文件名搜索；
- -iname：按照文件名搜索，不区分文件名大小；
- -inum：按照 inode 号搜索。

注意：在使用 find 命令进行搜索时，搜索的文件名必须和搜索的内容一致才能找到；Linux 中的文件名是区分大小写的，因此可以用-iname 来搜索；每个文件都有 inode 号，如果我们知道 inode 号，也可以按照 inode 号来搜索文件。

（2）按照文件大小搜索。

- -size[+|-]n：按照指定大小搜索文件，查找大小大于+n、小于-n 或等于 n 的文件。n 代表 512 字节大小的数据块个数。

（3）按照修改时间搜索。

- -atime [+|-]n：按照文件访问时间搜索，查找访问时间已经超过+n 天、低于-n 天或正好等于 n 天的文件。
- -mtime [+|-]n：按照文件更改时间搜索，查找更改时间是在+n 天之前、不到-n 天或正好在 n 天之前的文件。

（4）按照所有者和所属组搜索。

- uid 用户 ID：按照用户 ID 查找所有者是指定 ID 的文件。
- -gid 组 ID：按照用户组 ID 查找所属组是指定 ID 的文件。
- -user 用户名：按照用户名查找所有者是指定用户的文件。
- -group 组名：按照组名查找所属组是指定用户组的文件。
- -nouser：查找没有所有者的文件。

（5）按照文件类型搜索。

- -type d：查找目录。
- -type f：查找普通文件。
- -type l：查找软链接文件。

（6）逻辑运算符。

- -a：意思为"and 逻辑与"。-a 代表逻辑与运算，-a 的两个条件都成立，find 搜索的结果才成立。
- -o：意思为"or 逻辑或"。-o 选项代表逻辑或运算，-o 的两个条件只要其中一个成立，find 命令就可以找到结果。
- -not：意思为"not 逻辑非"。-not 是逻辑非，也就是取反。

4.4　压缩与解压命令

在 Windows 操作系统中，可以使用相应的软件对文件进行压缩或者解压，而在 Linux 操作系统中，文件的压缩与解压需要使用压缩与解压命令。

4.4.1　zip/unzip 命令

（1）zip 命令用于压缩文件或目录，压缩完成之后生成".zip"的文件类型。

zip 命令的语法格式如下：

```
[abcd@localhost ~]$ zip [选项] 压缩包名 源文件
```

zip 命令的选项及功能如表 4-19 所示。

表 4-19　zip 命令的选项及功能

选　项	功　能
-r	递归压缩目录，将目录下的所有文件和子目录全部压缩
-m	将文件压缩之后，删除原始文件
-v	显示详细的压缩过程信息
-q	在压缩的时候不显示命令的执行过程
-压缩级别	"压缩级别"为 1~9 的数字，1 代表压缩速度更快，9 代表压缩效果更好
-u	更新压缩文件，即往压缩文件中添加新文件

【例 4-16】zip 命令的使用，压缩文件 cat2010。

在终端页面输入如下命令：

```
[abcd@localhost ~]$ zip cat.zip cat2010
```

输出结果如图 4-24 所示。

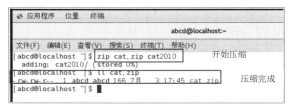

图 4-24　压缩文件

（2）unzip 命令主要用于查看和解压缩 zip 文件。unzip 命令的语法格式如下：

```
[abcd@localhost ~]$ unzip [选项] 压缩包名
```

unzip 命令的选项及功能如表 4-20 所示。

表 4-20　unzip 命令的选项及功能

选　项	功　　能
-d 目录名	将压缩文件解压到指定目录下
-n	解压时并不覆盖已经存在的文件
-o	解压时覆盖已经存在的文件，并且无须用户确认
-v	查看压缩文件的详细信息，包括压缩文件中包含的文件大小、文件名以及压缩比等，但并不做解压操作
-t	测试压缩文件有无损坏，但并不解压
-x 文件列表	解压文件，但不包含文件列表中指定的文件

注意：不论是文件压缩包，还是目录压缩包，都可以直接进行解压缩。

4.4.2　gzip/gunzip 命令

（1）gzip 命令只能用于压缩文件，不能压缩目录。如果指定目录，也只能压缩目录内的所有文件。zip 命令的语法格式如下：

```
[abcd@localhost ~]$ gzip [选项] 源文件
```

gzip 命令的选项及功能如表 4-21 所示。

表 4-21　gzip 命令的选项及功能

选　项	功　　能
-c	将压缩数据输出到标准输出中，并保留源文件
-d	对压缩文件进行解压缩
-r	递归压缩指定目录下和子目录下的所有文件
-v	对于每个压缩和解压缩的文件，显示相应的文件名和压缩比
-l	对每一个压缩文件，显示压缩文件的大小、未压缩文件的大小、压缩比和未压缩文件的名称
-数字	指定压缩的等级，1 压缩等级最低，压缩比最差；9 压缩比最高

注意：命令中的源文件，当进行压缩操作时，指的是普通文件；当进行解压缩操作时，指的是压缩文件。

（2）gunzip 命令主要用于解压被 gzip 压缩过的文件，其扩展名为 ".gz"。gunzip 命令的语法格式如下：

```
[abcd@localhost ~]$ gunzip [选项] 文件
```

gunzip 命令的选项及功能如表 4-22 所示。

表 4-22　gunzip 命令的选项及功能

选　项	功　　能
-r	解压缩指定目录和子目录下的所有文件
-c	把解压缩后的文件输出到标准输出设备

续表

选　　项	功　　能
-f	强制解压缩文件，不管文件是否已存在
-l	列出压缩文件内容
-v	显示命令执行过程
-t	测试压缩文件是否正常，不做解压缩操作

4.4.3　bzip2/bunzip2 命令

（1）bzip2 命令也只能对文件进行压缩或解压缩，当它执行并完成压缩任务后，会生成一个以 ".bz2" 为后缀的压缩包。".bz2" 是 Linux 的另一种压缩文件的类型。

bzip2 命令的语法格式如下：

```
[abcd@localhost ~]$ bzip2 [选项] 源文件
```

bzip2 命令的选项及功能如表 4-23 所示。

表 4-23　bzip2 命令的选项及功能

选　　项	功　　能
-d	执行解压缩，该选项后的源文件是标记有 ".bz2" 后缀的压缩包文件
-k	bzip2 在压缩或解压缩任务完成后，会删除原始文件
-f	bzip2 在压缩或解压缩时，若输出文件与现有文件同名，默认不会覆盖现有文件，若使用此选项，则会强制覆盖现有文件
-t	测试压缩包文件的完整性
-v	压缩或解压缩文件时，显示详细信息
-数字	用于指定压缩等级，1 压缩等级最低，压缩比最差；9 压缩比最高

注意：bzip2 不可以直接对目录进行压缩操作。

（2）bunzip2 命令主要用于解压 ".bz2" 格式的压缩包文件。bunzip2 命令只能用于解压文件，当解压目录时，也只是解压该目录和子目录下的所有文件。

bzip2 命令的语法格式如下：

```
[abcd@localhost ~]$ bunzip2 [选项] 源文件
```

bunzip2 命令的选项及功能如表 4-24 所示。

表 4-24　bunzip2 命令的选项及功能

选　　项	功　　能
-k	解压缩后，默认会删除原来的压缩文件。使用此参数，可以保留该文件
-f	解压缩时，若输出的文件与现有文件同名时，默认不会覆盖现有的文件。使用此选项可以覆盖现有文件
-v	显示命令执行过程
-L	列出压缩文件内容

4.4.4　tar 命令

tar 是最常用的打包命令，它可以将文件保存到一个单独的磁带或磁盘中来进行归档，同时还可以从归档文件中还原所需文件，也就是解包文件。通过 tar 命令打包的文件都是以 ".tar" 结尾。

（1）tar 命令打包操作的语法格式：

```
[abcd@localhost ~]$ tar [选项] 压缩包
```

tar 命令在进行打包操作时的选项及功能如表 4-25 所示。

表 4-25　tar 命令打包操作时的选项及功能

选　　项	功　　能
-c	将多个文件或目录进行打包
-A	追加 tar 文件到归档文件
-f 包名	指定包的文件名
-v	显示打包文件的过程

注意：tar 命令在进行打包文件时可以不在选项前面加 "-"。

（2）tar 命令解包操作的与法格式：

```
[abcd@localhost ~]$ tar [选项] 源文件
```

tar 命令在进行解包操作时的选项及功能如表 4-26 所示。

表 4-26　tar 命令解包操作时的选项及功能

选　　项	功　　能
-x	对 tar 包做解包操作
-f	指定要解压的 tar 包的包名
-t	查看 tar 包中有哪些文件或目录，不进行解包操作
-C 目录	指定解包位置
-v	显示解包的具体过程

4.5　磁盘管理与维护命令

在 Linux 系统中，文件系统是创建在硬盘上的，硬盘的管理与维护也是需要命令来完成。本小节将介绍关于磁盘管理与维护的命令。

4.5.1　df 命令

df 命令主要用于显示 Linux 系统中各文件系统的硬盘使用情况。

df 命令的与法格式如下：

```
[abcd@localhost ~]$ df [选项] [文件名或目录]
```

df 命令的选项及功能如表 4-27 所示。

表 4-27　df 命令的选项及功能

选　　项	功　　能
-a	显示所有文件系统信息
-m	以 MB 为单位显示容量
-k	以 KB 为单位显示容量，默认以 KB 为单位
-h	使用人们所熟悉的 KB、MB 或 GB 等单位显示容量
-T	显示该分区的文件系统名称
-i	以含有 inode 的数量来显示

不使用任何选项的 df 命令，默认会将系统内所有的文件系统信息以 KB 为单位显示出来。

【例 4-17】df 命令的使用。

在终端页面输入如下命令：

```
[abcd@localhost ~]$ df
```

输出结果如图 4-25 所示。

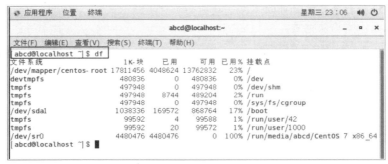

图 4-25　df 命令输出结果

由图 4-25 可以看出以下几点。

- 文件系统（Filesystem）：表示该文件系统的设备文件位置；
- 1K-块（1k-blocks）：表示文件系统的大小，能容纳多少个 1024 字节大小的块。默认以 KB 为单位；
- 已用（Used）：已使用的硬盘空间大小（1024 字节）；
- 可用（Available）：剩余硬盘空间大小（1024 字节）；
- 已用%（Use%）：硬盘空间使用率即已用空间所占的比例；
- 挂载点（Mounted on）：文件系统的挂载点，也就是硬盘挂载的目录位置。

4.5.2　du 命令

du 命令可以显示某个特定目录的磁盘使用情况，同时还可以判断系统上某个目录下是否有超大文件。

在通常情况下，du 命令会显示当前目录下所有的文件、目录以及子目录的磁盘使用情况，它会以磁盘块为单位显示每个文件或目录占用了多少存储空间。

du 命令的语法格式如下：

```
[abcd@localhost ~]$ du [选项] [文件名或目录]
```

du 命令的选项及功能如表 4-28 所示。

表 4-28　du 命令的选项及功能

选　项	功　能
-a	显示每个子文件的磁盘占用量
-c	显示所有已列出文件总的大小
-h	使用人们熟悉的单位显示磁盘占用量，例如 KB、MB 或 GB 等
-s	统计总磁盘占用量，而不列出子目录和子文件的磁盘占用量

【例 4-18】du 命令的使用。

在终端页面输入如下命令：

```
[abcd@localhost ~]$ du
```

输出结果部分截图如图 4-26 所示。

图 4-26　du 命令输出结果

注意：输出最左边的数值是每个文件或目录占用的磁盘块数。

4.5.3　fsck 命令

fsck 命令用于检查文件系统并尝试修复出现的错误。fsck 命令的语法格式如下：

```
[abcd@localhost ~]$ fsck [选项] 分区设备文件名
```

fsck 命令的选项及功能如表 4-29 所示。

表 4-29　fsck 命令的选项及功能

选　项	功　能
a	自动修复文件系统，没有任何提示信息
-r	在修改文件前会进行询问，让用户确认并决定处理方式
-A（大写）	按照/etc/fstab 配置文件的内容，检查文件内罗列的全部文件系统
-t 文件系统类型	指定要检查的文件系统类型

续表

选　　项	功　　能
-C（大写）	显示检查分区的进度条
-f	强制检测，一般 fsck 命令如果没有发现分区有问题，则是不会检测的。如果强制检测，那么不管是否发现问题，都会检测
-y	自动修复，和-a 作用相同，但有些文件系统只支持-y

【例 4-19】使用 fsck -r 命令。

在终端页面输入如下命令：

```
[abcd@localhost ~]$ fsck -r /dev/sda1
```

输出结果如图 4-27 所示。

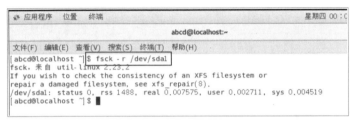

图 4-27　fsck-r 命令输出结果

注意： 在使用 fsck 命令修改某文件系统时，文件系统对应的磁盘分区一定要处于卸载状态，磁盘分区在挂载状态下进行修复是非常不安全的，数据可能会遭到破坏，也有可能会损坏磁盘。

4.6　文本编辑工具 Vim

Vim 编辑器是由 vi 发展演变而来的文本编辑器，它是一个基于文本界面的编辑工具，使用简单且功能强大。在 Linux 系统中的编写文档需要依靠 Vim 文本编辑器来实现。

4.6.1　Vim 编辑器简介

Vim 是 vi improved 的缩写，从字母本身也可以看出 Vim 是改进型的 vi。Vim 编辑器是 UNIX 系统最初的编辑器，是一种开源的 vi 编辑器而且加入了许多扩展的特性，它使用控制台图形模式来模拟文本编辑窗口，允许查看文件中的行、在文件中移动、插入、编辑和替换文本。

Vim 是一个程序开发工具，而不只是一个正文编辑器，因为 Vim 中增加了许多附加功能，例如字符串模式搜索、运行 Linux 命令或其他程序、进行多个文件的编辑等，所以许多 Linux 的程序开发人员也喜欢使用 Vim 编辑器。

4.6.2　Vim 工作模式

Vim 的工作模式有多种，但常用的工作模式主要有命令模式、输入模式和编辑模式 3 种。命令模式可以通过输入特定的指令实现该功能；输入模式可以实现基本的光标移动和快捷键操作；编辑模式可以实现文本的编辑功能。这 3 种模式可以随意切换，如图 4-28 所示。

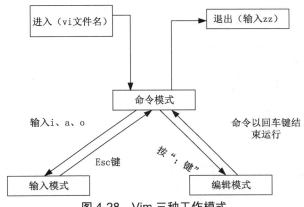

图 4-28　Vim 三种工作模式

1. 命令模式

使用 Vim 编辑文件时，默认处于命令模式。在此模式下，可使用方向键（上、下、左、右键）或 k、j、h、i 移动光标的位置，还可以对文件内容进行复制、粘贴、替换、删除等操作。在 CentOS7 系统中 Vim 处于命令模式的状态示意，如图 4-29 所示。

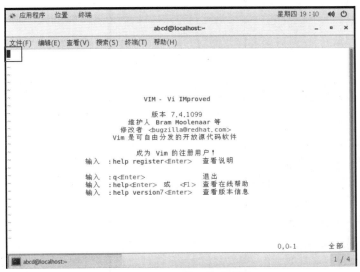

图 4-29　Vim 处于命令模式

2. 输入模式

在输入模式下，Vim 可以对文件执行写操作。使 Vim 进行输入模式的方式是在命令模式状态下输入 i、I、a、A、o、O 等插入命令，当编辑文件完成后按 Esc 键即可返回命令模式。

各指令的具体功能如表 4-30 所示。

表 4-30　插入命令及功能

选　　项	功　　能
i	在当前光标所在位置插入要输入的文本，光标后的文本相应向右移动
I	在光标所在行的行首插入要输入的文本，行首是该行的第一个非空白字符，相当于光标移动到行首执行 i 命令

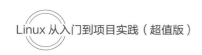

续表

选　项	功　能
o	在光标所在行的下面插入新的一行。光标停在空行首，等待输入文本
O	在光标所在行的上面插入新的一行。光标停在空行的行首，等待输入文本
a	在当前光标所在位置之后插入随后输入的文本
A	在光标所在行的行尾插入随后输入的文本，相当于光标移动到行尾再执行 a 命令

Vim 处于输入模式状态下的示意图如图 4-30 所示。

图 4-30　Vim 处于输入模式

3. 编辑模式

编辑模式用于对文件中的指定内容执行保存、查找或替换等操作。使 Vim 切换到编辑模式的方法是在命令模式状态下按 "：" 键，Vim 窗口的左下方出现一个 "：" 符号，此时可以输入相关指令进行操作。Vim 进入编辑模式后的状态图，如图 4-31 所示。

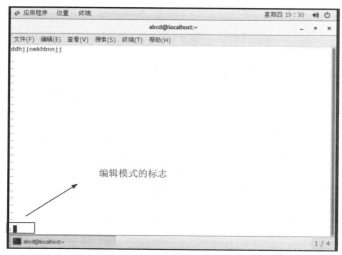

图 4-31　Vim 处于编辑模式

4.6.3　Vim 的基本操作

1. 打开文件

Vim 打开文件使用命令如下：

```
[abcd@localhost ~]$ vim 文件
```

刚打开文件时 Vim 处于命令模式，此时文件的下方会显示文件的一些信息，包括文件的总行数、字符数以及当前光标所在的位置等，此时可以使用插入命令进入输入模式对文件进行编辑。例如打开 dog 文件，如图 4-32 所示。

图 4-32　打开 dog 文件

2. 编辑文本

Vim 编辑文本包括查找、替换、删除与复制操作。

（1）查找文本。当文档很长时，可以通过查找功能快速定位要查找的内容，在 Vim 中通过在输入模式下输入"/"关键词，实现自上往下的查找功能。Vim 查找目标文本的快捷键如表 4-31 所示。

表 4-31　Vim 查找目标文本快捷键

快　捷　键	功　　　能
/abc	从光标所在位置向前查找字符串 abc
/^abc	查找以 abc 为行首的行
/abc$	查找以 abc 为行尾的行
?abc	从光标所在为主向后查找字符串 abc
n	向同一方向重复上次的查找指令
N	向相反方向重复上次的查找指定

注意：要查找的字符串是严格区分大小写的；如果在字符串中出现特殊符号，则需要加上转义字符"\"；如果在文件中并没有找到所要查找的字符串，则在文件底部会出现"Pattern not found"提示。

（2）替换文本。在输入模式下，输入"："进入命令模式完成替换命令。Vim 替换文本的快捷键如表 4-32 所示。

表 4-32　Vim 替换文本快捷键

快 捷 键	功　　能
R	替换光标所在位置的字符
R	从光标所在位置开始替换字符，其输入内容会覆盖掉后面等长的文本内容，按 Esc 键结束
:s/a1/a2/g	将当前光标所在行中的所有 a1 用 a2 替换
:n1,n2s/a1/a2/g	将文件中 n1 到 n2 行中所有 a1 都用 a2 替换
:g/a1/a2/g	将文件中所有的 a1 都用 a2 替换

（3）删除与复制。Vim 删除与复制快捷键如表 4-33 所示。

表 4-33　Vim 删除与复制快捷键

快 捷 键	功　　能
x	删除光标当前的字符
dd	删除光标所在的一整行
ndd	删除 n 行文本
d$	删除光标至行尾的内容
p	将剪贴板中的内容复制到当前行之后
P	将剪贴板中的内容复制到当前行之前
yy	复制当前行

注意：被删除的内容并没有真正删除，而是都放在了剪贴板中。将光标移动到指定位置处，按下 p 键，就可以将刚才删除的内容又粘贴到此处。

3. 保存和退出

Vim 的保存和退出是在编辑模式中进行的，可以通过输入特定的指令实现保存与退出功能。Vim 常用的保存与退出指令如表 4-34 所示。

表 4-34　Vim 常用保存与退出指令

指　　令	功　　能
:wq	保存并退出 Vim 编辑器
:q!	不保存且强制退出 Vim 编辑器
:w	保存但是不退出 Vim 编辑器
:w!	强制保存文本
:x	保存并退出 Vim 编辑器
:w b.txt	另存为 b.txt 文件
ZZ	直接退出 Vim 编辑器

4.7 就业面试技巧与解析

本章主要讲解了 Linux 系统中的常用命令，其中包括系统管理与维护命令、文件管理与编辑命令、压缩与解压命令、磁盘管理与维护命令以及文本编辑工具等，学习完本章内容我们对 Linux 的常用命令是否已经掌握呢？下面让我们来检验一下吧！

4.7.1 面试技巧与解析（一）

面试官：怎样使用 man 命令来获取某个命令的帮助信息？

应聘者：通过 man（manual：手册）命令可以快速查询其他 Linux 命令的详细描述和使用方法，在 Linux 系统中每一个命令都有与之相对应的说明文件，这些文件叫作 man pages。

man 手册一般保存在/user/share/man 目录下。man 是最常见的帮助命令，也是 Linux 最主要的帮助命令。man 命令的语法格式如下：

```
man[<option | number>[command | filename]
```

其中，option 是要显示的关键字，number 是要显示的章节号，command 是要了解的命令，filename 是文件名。

在执行 man 命令时，命令的开头会有一个数字标识这个命令的帮助级别（1～9）。其中经常使用的有第 1、5、8 部分。

第 1 部分为用户命令，包括一般用户可以使用的命令说明，如图 4-33 所示。

使用命令如下：

```
[abcd@localhost ~]$ man su
```

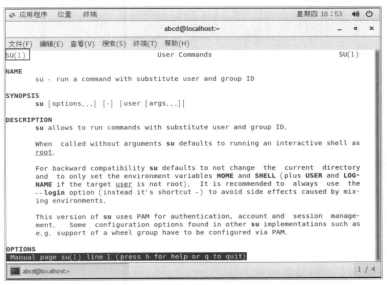

图 4-33 用户命令

第 5 部分为文件的说明，用来查询命令的文件说明，如图 4-34 所示。

使用命令如下：

```
[abcd@localhost ~]$ man 5 passwd
```

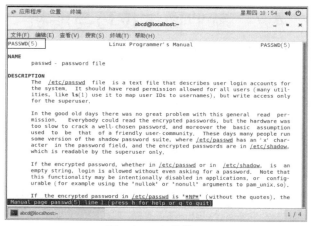

图 4-34　文件说明

第 8 部分为管理命令，即查询只有 Linux 管理员 root 用户可以使用的命令说明，如图 4-35 所示。使用命令如下：

```
[abcd@localhost ~]$ man lvm
```

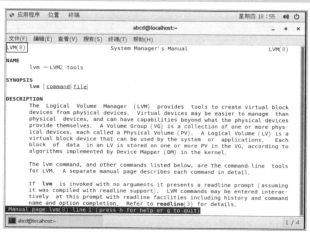

图 4-35　管理命令

4.7.2　面试技巧与解析（二）

面试官：简述 df 命令和 du 命令的区别。

应聘者：df 命令用于显示 Linux 系统中各文件系统的硬盘使用情况。而 du 命令可以显示某个特定目录的磁盘使用情况，同时还可以判断系统中某个目录下是否有超大文件。

有时通过 du 命令和 df 命令统计分区的使用情况时，得到的数据是不一样的。这是因为 df 命令是从文件系统的角度考虑的，通过统计文件系统中未分配的空间来确定文件系统中已经分配的空间大小。换句话说就是在使用 df 命令统计分区时，不仅要考虑文件占用的空间，还要统计被命令或程序占用的空间。而 du 命令是面向文件的，只会计算文件或目录占用的磁盘空间。也就是说，df 命令统计的分区更准确，是真正的空闲空间。

第②篇

核心应用

在学习了 Linux 操作系统的基础知识之后，读者应该已经能够熟练使用 Linux 操作系统的基本命令了。本篇将带领读者学习 Linux 操作系统的核心应用，包括 Bash Shell 基础和使用命令来对系统进行管理。Linux 对系统的管理又包括用户权限管理、文件系统管理以及系统进程和内存管理等。通过本篇的学习，读者将对 Linux 操作系统有更深刻的理解，管理操作系统的能力也将会有进一步的提高。

- 第 5 章　Bash Shell 基础
- 第 6 章　Linux 用户权限管理
- 第 7 章　Linux 文件系统管理
- 第 8 章　Linux 系统进程和内存管理

第5章
Bash Shell 基础

 学习指引

本章主要介绍了 Bash 和 Shell 的工作原理、发展过程等内容，这些内容在本书中占有重要的地位，因此，读者在学习的过程中要认真对待，这对后面章节的学习有很大帮助。

重点导读

- Bash 的发展过程。
- Shell 工作原理。
- Shell 通配符。
- Bash 的系统配置和命令。
- Shell 的变量功能。
- Bash Shell 的操作环境。

5.1 认识 Bash Shell

通过前面的学习，我们知道管理整个计算机硬件的是操作系统的核心，然而核心也是需要被保护的，保护核心需要和其有良好的沟通和配合，那如何能与核心沟通呢？我们一般只能通过 Shell 来跟核心进行沟通，从而让核心来完成我们想要完成的工作。那么什么是 Shell？在学习 Bash Shell 之前我们先了解一下什么是 Shell。

5.1.1 什么是 Shell

由于计算机不能识别人类的语言文字，只认识由 0 和 1 组成的机器编码。那么人类应该怎样和计算机进行交流呢？命令解释器就是其中的一种交流方式，人类通过输入计算机命令到命令解释器，然后由命令解释器将这些命令翻译成计算机的机器指令交给计算机去执行。在 Linux 操作系统中，命令解释器就是 Shell。

Shell 是操作系统的最外层，我们可以通过 Shell 与内核进行交流，以便于更好地使用计算机资源。Shell 通过合并一系列的编程语言，并将这些语言解释和传递给计算机内核，从而达到控制进程、文件、启动和

其他程序的目的，也就是说 Shell 提示用户输入信息，然后由 Shell 向操作系统解释该输入的信息，操作系统完成该操作后由 Shell 传递给用户处理结果。

　　Shell 管理着用户和操作系统之间的交互，是用户与操作系统之间沟通的桥梁。用户既可以输入命令执行，又可以利用 Shell 脚本编程去运行。

　　由于 Linux 的开放性，使得在 Linux 系统下对 Shell 的选择有很多，常见的有 Bourne Shell（/bin/sh）、Bourne Again Shell（/bin/Bash）、C Shell（/usr/bin/csh）和 K Shell（/usr/bin/ksh）等。其中最常用的 Shell 是 Bash，也就是 Bourne Again Shell（/bin/Bash），也是大多数 Linux 系统默认的 Shell。

　　注意：不同的 Shell 语言的语法不同，所以不能交换使用。

　　Shell 的特性有以下三点：

　　（1）运行程序。Shell 类似于一个程序启动器，Shell 将程序载入内存并运行。

　　（2）管理输入和输出。使用"<""">"和"|"符号可以将输入和输出重定向。这样就可以通过 Shell 将进程的输入和输出连接到一个文件或者其他进程。

　　（3）可编程。

5.1.2　Bash 的发展过程

　　Bash 是一个由 GUN 项目编写的 UNIX Shell，它是 Bourne-Again Shell 的缩写，简称为 Bash。

　　最早出现的 Shell 是 Bourne Shell，简称为 bsh，可以说它是目前所有 Shell 的前辈，是由 Steven Bourne 进行开发的。因此为了纪念这位伟人，命名为 Bourne Shell。

　　C Shell 由 Bill Joy 开发，因为它的语言和 C 语言比较相似，所以被称为 C Shell，简称为 csh。C Shell 和 Bourne Shell 相比较，C Shell 中添加了命令行历史、作业控制等功能。

　　Korn Shell 是由 David Korn 开发的，简称 ksh。它具有类似 C Shell 的加强功能，例如：命令的行编辑、命名历史和作业控制等功能。

　　Z Shell 简称 ash，包括了 Korn Shell 的加强功能。

　　TC Shell 简称 tcsh，它与 C Shell 是完全兼容的，但比 C Shell 多了附加的功能。

　　最后是 Bash，它不仅与 Bourne Shell 兼容，还新增加了 csh、ksh 和 tcsh 中没有的功能，例如：命令历史、命令行编辑及别名等。

　　Bash 的发展过程如图 5-1 所示。

　　Linux 操作系统默认的 Shell 是 Bash。

　　如何查看系统中的 Shell 呢？可以有如下几种方式的命令来实现：

　　（1）可以使用 cat /etc/Shells 命令查找 Linux 操作系统中所有的 Shell。

　　输入命令如下：

```
[abcd@localhost ~]$ cat /etc/Shells
```

输出结果如图 5-2 所示。

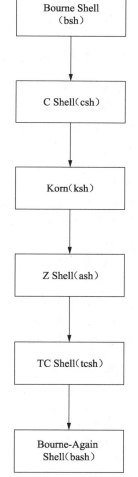

图 5-1　Bash 的发展过程

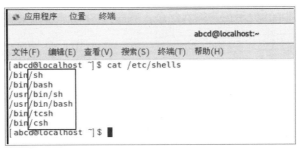

图 5-2　所有的 Shell

（2）可以使用/etc/passwd 命令以查看文件的方式查询用户默认的 Shell，在查询出的/etc/passwd 中每个用户记录的最后一列就是该用户的默认 Shell。

（3）可以输入 sh 命令切换到 Bourne Shell；使用 ksh 命令切换到 Korn Shell。

5.1.3　Shell 的工作原理

当用户以命令行方式登录 Linux 操作系统，即进入了 Shell 应用程序。这时，可以将 Shell 当成用户与内核之间的一个接口，但 Shell 主要是一个命令解释器，它能够接受并解释用户输入的命令，然后传递给内核，最后由内核来执行输入的命令。

Shell 运行程序的执行流程步骤如下：

首先，读取用户输入的命令行。

其次，分析命令，以命令名作为文件名，并将其他参数改造为系统调用 execve()内部处理所要求的形式。

最后，由终端进程调用 fork()建立一个子进程。

终端进程本身用系统调用 wait()的方式来等待子进程的完成。当子进程运行时需要调用 execve()，子进程将会根据命令名到目录中查找由命令解释程序构成的文件，将它调入内存，执行这个程序即解释这条命令。

如果命令末尾有“&”后台命令符号，则终端进程不需要使用系统调用 wait()等待，就会出现提示符，让用户输入下一个命令，然后接着执行步骤①；如果命令末尾没有“&”命令符号，则终端进程需要一直等待，当子进程（即运行命令的进程）完成处理后停止等待，然后需要向父进程即终端进程报告，当终端进程醒来之后，需要进行判定，终端进程发提示符，让用户输入新的命令，接着执行以上步骤。

Shell 的运行程序流程图如图 5-3 所示。

图 5-3　Shell 运行程序流程图

5.1.4　Shell 的通配符

当在 Shell 下执行命令程序时，命令程序通常需要使用文件名，而 Shell 提供了特殊字符来帮助快速搜索想要查找的文件名。这些特殊的字符就是"通配符"。通配符是一类键盘字符，当查找文件夹时，常常使用通配符代替一个或多个真正的字符。

注意：通配符允许用户根据字符的模式选择文件名。通配符可以与任意一个以文件名为参数的命令一起使用，并且通配符不但可以在命令行程序中起作用，还可以在 GUI 程序中起作用。

通配符有时也称为元字符，所谓元字符就是描述其他字符（数据）的字符。在 Linux 系统中的常用通配符如表 5-1 所示。

表 5-1　常用通配符

字　　符	作　　用
*	可以匹配 0 个或多个字符（任意字符）
?	匹配任意一个字符（只能是一个）
[]	匹配中括号中任意一个字符。例如，[abc]代表匹配方括号中的任意一个字符，或者是 a，或者是 b，或者是 c
[-]	匹配中括号中任意一个字符，"-"代表一个范围。例如，[a-z]代表匹配字符 a～z 范围内的所有字符
[^]	逻辑非，表示匹配不属于中括号内的一个字符。例如，[^0-9]代表匹配一个不是数字的字符；[^abc]代表匹配不包括方括号中的字符的所有字符

【例 5-1】查看 sda 开头的所有设备文件。

（1）在终端页面输入命令如下：

```
[abcd@localhost ~]$ ls /dev/sda*
```

（2）输出结果如图 5-4 所示。

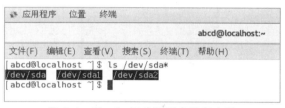

图 5-4　以 sda 开头的所有设备文件

【例 5-2】查看 sda 后面包含[0-9]数字的设备文件。

（1）在终端页面输入命令如下：

```
[abcd@localhost ~]$ ls /dev/sda[0-9]
```

（2）输出结果如图 5-5 所示。

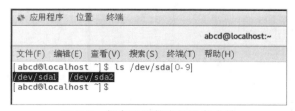

图 5-5　包含[0-9]数字的设备文件

另外，在 Linux 操作系统中还支持一些特殊通配符，如表 5-2 所示。

表 5-2　特殊通配符

字　　符	作　　用
\（反斜杠）	转义后面单个字符
''（单引号）	转义所有字符
""（双引号）	变量依然生效
"（反引号）	执行命令语句

注意：反斜杠、单引号、双引号和反引号将在后面第 5.2.5 小节中详细讲解。

5.2　变量

变量是所有的编程语言必不可少的组成部分，变量常常用来存放各种数据。脚本语言在定义变量时可以直接赋值而不需要指明类型。Shell 在进行编程时就不需要事先声明变量，当给变量赋值时，实际上就是定义了变量，在 Linux 支持的所有 Shell 中，都可以用赋值符号(=)为变量赋值。

5.2.1　什么是变量

变量是计算机语言中能储存计算结果或能表示值的内存单元，其中存放的值是可以改变的。当 Shell 脚本需要保存文件名或数字时，就把文件名或数字存放在一个变量中，而每个变量都会有自己的名字，所以很容易就能找到它。

（1）在 Shell 中定义变量的语法格式如下：

```
[abcd@localhost ~]$ name=[value]
```

如果 value 没有指定为何值，变量将被赋值为空字符，变量定义后可以使用<$变量名称>来调用变量的值。变量名称为字母、下划线以及数字的组合，但不能以数字作为首字母开头；变量名称也没有要求大小写，但建议统一使用大写或小写来防止出错。

（2）定义变量的方式通常有以下三种：

```
[abcd@localhost ~]$ name=value
[abcd@localhost ~]$ name='value'
[abcd@localhost ~]$ name="value"
```

在 Bash Shell 中，每一个变量的值都是字符串，无论在给变量赋值时有没有使用引号，值都会以字符串的形式存储。

例如：定义变量 name 的值为 sc，通过 echo 命令来查询变量的值。

```
[abcd@localhost ~]$ name=sc
[abcd@localhost ~]$ echo $name
sc
```

（3）变量可以通过变量名访问。变量名的命名规则如下：

① 变量名可以由字母、数字和下画线组成，但是不能以数字开头。

② 在 Bash 中，变量的默认类型都是字符串型，如果要进行数值运算，则必须指定变量类型为数值型。

③ 变量用等号 "=" 连接时，等号左右两侧不允许有空格。这是 Shell 语言特有的格式要求。在绝大多数的其他语言中，"=" 左右两侧是可以有空格，但是在 Shell 中命令的执行格式是 "命令 [选项] [参数]"，如果在 "=" 左右两侧加入空格，那么 Linux 系统会报错。

④ 变量值中如果有空格，则需要使用单引号或双引号。例如：test= "hello world!"。双引号括起来的内容 "$" 和反引号者都拥有特殊含义，而单引号括起来的内容都是普通字符。

⑤ 在变量值中，可以使用转义符 "\"。

⑥ 如果需要增加变量值，那么可以进行变量叠加。变量叠加可以使用两种格式："$变量名" 或${变量名}。

⑦ 如果要把命令的执行结果作为变量值赋予变量，则需要使用反引号或$()包含命令。

⑧ 环境变量名建议大写，便于区分。

（4）变量的使用

① 使用一个已经定义过的变量，只需在变量名前面加美元符号 "$"。例如：

```
[abcd@localhost ~]$ name=sc
[abcd@localhost ~]$ echo $name
```

② 变量名外面的花括号{}是可选的，可以加也可以不加，加花括号是为了帮助解释器识别变量的边界。例如：

```
[abcd@localhost ~]$ name="Java"
[abcd@localhost ~]$ echo "I am good at ${name}Script"
```

5.2.2　环境变量

Linux 系统中的程序和脚本都是通过环境变量来获取系统信息、存储数据和配置信息。在 Linux 中一般通过环境变量配置操作系统的环境，例如：提示符、查找命令的路径和用户家目录等，这些系统默认的环境变量的变量名是固定的，因此只能修改其变量的值。

环境变量也称全局变量。环境变量可用于定义 Shell 的运行环境，环境变量可以在配置文件中定义与修改，也可以在命令行中设置，但是命令行中的修改操作在终端重启时就会丢失，因此最好在配置文件中修改（用户家目录的 ".Bash_profile " 文件或者全局配置 "/etc/profile"、"/etc/Bashrc" 文件或者 "/etc/profile.d" 文件中定义）。

注意：环境变量和用户自定义变量最主要的区别在于，环境变量是全局变量，而用户自定义变量是局部变量。用户自定义变量只在当前的 Shell 中生效，而环境变量会在当前 Shell 和这个 Shell 的所有子 Shell 中生效。如果把环境变量写入相应的配置文件，那么这个环境变量就会在所有的 Shell 中生效。

（1）查看变量设置的方法使用 set 命令，命令如下：

```
[abcd@localhost ~]$ set
```

输出结果如图 5-6 所示。

还可以进行环境变量的查询和删除。

set 既可以查询所有的变量，也可以查询环境变量，刚刚就是使用 set 命令进行环境变量查询。当然，也可以使用 env 命令进行环境变量的查询，命令如下：

```
[abcd@localhost ~]$ env
```

输出结果如图 5-7 所示。

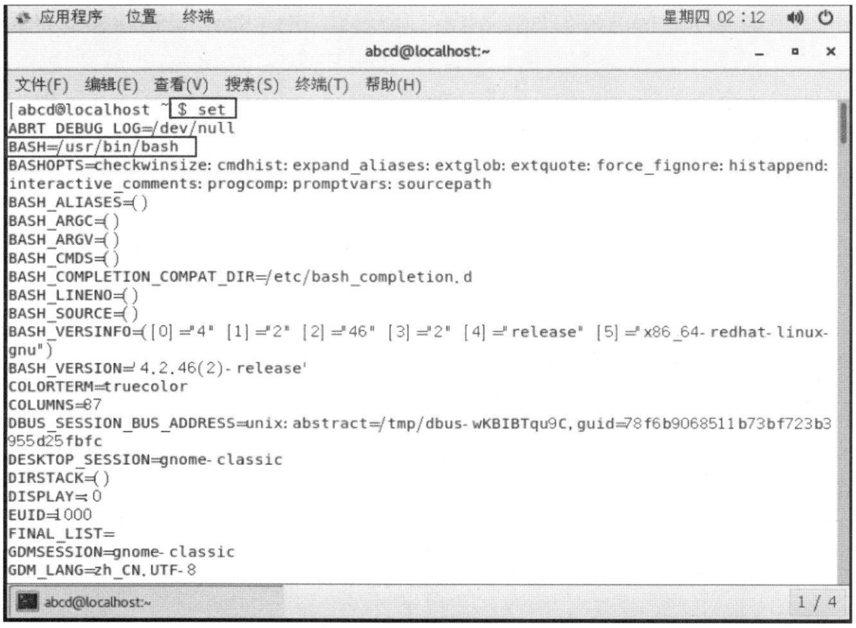

图 5-6　输出结果

图 5-7　env 命令查询结果

注意： env 和 set 命令的区别是，set 命令可以查看所有变量，而 env 命令只能查看环境变量。

环境变量的删除使用 unset 命令，删除环境变量 gender，命令如下：

```
[abcd@localhost ~]$ unset gender
[abcd@localhost ~]$ env | grep gender
```

为了方面读者记忆，以下是设置环境变量的常用指令及说明总结如表 5-3 所示。

表 5-3　环境变量的常用指令及说明

指　　令	说　　明
echo	查看显示环境变量，变量使用时要加上符号 "$"，例如：echo $PATH
export	设置新的环境变量，export 新环境变量名=内容
修改环境变量	修改环境变量没有指令，可以直接使用环境变量名进行修改
env	查看所有环境变量
set	查看本地定义的所有 Shell 变量
unset	删除一个环境变量
readonly	设置只读环境变量

在 Linux 系统中有很多预设的环境变量，但是用户经常使用的却不多。表 5-4 就是用户可能经常使用的环境变量及操作环境的命令。

表 5-4　常用环境变量及操作指令

变量及指令	说　　明
HOME	当前用户的家目录
PWD	用户当前的工作目录
LANG	标识程序将要使用的默认语言
TERM	用户登录终端的类型
PATH	可执行文件（命令）的搜索路径，即搜寻存放程序的一个目录列表
SHELL	用户登录 Shell 路径
USER	用户的用户名
PS1	主命令提示符
PS2	次命令提示符
RANDOM	0~32767 的随机数
reset	当屏幕崩溃即出现乱码时，重新设置终端的命令
which	定位并显示可执行文件（命令）所在路径的变量

5.2.3　PATH 环境变量的设置

PATH 变量的值是用 "："分隔的路径，这些路径就是系统查找命令的路径。当输入一个没有写入路径的程序名时，系统就会到 PATH 变量定义的路径中去寻找是否有可以执行的程序，如果找到则执行，否则会出现 "命令没有发现"的错误提示。

查询 PATH 环境变量的命令如下：

```
[abcd@localhost ~]$ echo $PATH
```

在进行本书学习时所使用的系统中，PATH 环境变量的内容如图 5-8 所示。

由图 5-8 可以看出，在输出中有 8 个可供 Shell 用来查找命令和程序。PATH 中的目录分别使用冒号分隔开。

如果命令或者程序的位置没有放在 PATH 变量中，并且不使用绝对路径，Shell 是没有办法找到指定路

径的，因此会产生错误信息提示，如图 5-9 所示。

图 5-8　PATH 环境变量

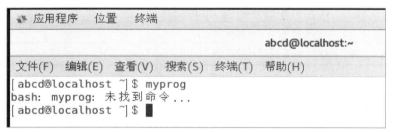

图 5-9　错误信息提示

为了解决应用程序放置可执行文件的目录常常不在 PATH 环境变量所包含的目录中的问题，通常 PATH变量会包含所有存放应用程序的目录。把新的目录添加到现有的 PATH 变量中是最常用的方法，即无须从头定义，只要在 PATH 中的各个目录之间用冒号隔开，需要引用原来的 PATH 值，然后再给字符串添加新的目录就可以了。

【例 5-3】在 PATH 环境变量中添加目录。

```
[abcd@localhost ~]$ echo $PATH
/usr/local/bin:/usr/local/sbin:/usr/bin:/usr/sbin:/bin:/sbin:/home/abcd/.local/bin:/home/abc
d/bin
[abcd@localhost ~]$ PATH=$PATH:/home/christine/Scripts
[abcd@localhost ~]$ echo $PATH
/usr/local/bin:/usr/local/sbin:/usr/bin:/usr/sbin:/bin:/sbin:/home/abcd/.local/bin:/home/abc
d/bin:/home/christine/Scripts
[abcd@localhost ~]$ myprog
The factorial of 5 is120.
```

将目录添加到 PATH 环境变量之后，就可以在虚拟目录结构中的任何位置执行程序了。

```
[abcd@localhost ~]$ cd /etc
[abcd@localhost ~]$ myprog
The factorial of 5 is120.
```

5.2.4　Shell 引号

在 Shell 中通常使用单引号、双引号、反引号和反斜线转换某些 Shell 元字符的含义。

1. 单引号和双引号

在定义变量时，变量的值可以使用单引号 ' '，也可以使用双引号 " "。单引号和双引号主要用于变量值出现空格时。

（1）使用单引号在定义变量的值时，直接输出单引号里面的内容。即使内容中有变量和命令也会把它们原样输出。主要用于定义显示纯字符串的情况。

（2）使用双引号定义变量的值时，不像单引号那样把引号中的变量名和命令原样输出，而是会先解析里面的变量和命令。主要用于字符串中附带有变量和命令并且想将其解析后再输出的变量定义。

注意： 如果变量的内容是数字，那么可以不加引号；如果真的需要原样输出就加单引号；其他没有特别要求的字符串等最好都加上双引号，定义变量时加引号是最常见的使用场景。

单引号和双引号是区别在于，被单引号括起来的字符都是普通字符，就算是特殊字符但也不再有特殊的含义；而被双引号括起来的字符中，"$""\"和反引号是拥有特殊含义的，"$"代表引用变量的值，而反引号代表引用命令。

【例 5-4】 单引号和双引号的使用。

首先定义变量 name 的值为 sc，命令如下：

```
[abcd@localhost ~]$ name=sc
```

输入单引号命令，查看输出结果，命令如下：

```
[abcd@localhost ~]$ echo '$name'
```

使用双引号命令，查看输出结果，命令如下：

```
[abcd@localhost ~]$ echo "$name"
```

输出结果如图 5-10 所示。

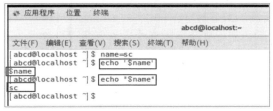

图 5-10　单引号和双引号的输出结果

2. 反引号

Shell 中使用反引号进行命令替换，命令替换使 Shell 可以将命令字符替换为命令执行结果的输出内容。如果需要调用命令的输出，或把命令的输出赋予变量，则命令必须使用反引号，这条命令才会执行，反引号的作用和$（命令）是一样的。

例如：输出今天的日期，两种写法，命令如下：

```
[abcd@localhost ~]$ echo "Today is `date +%D`"
[abcd@localhost ~]$ echo "Today is $(date +%D)"
```

输出结果如图 5-11 所示。

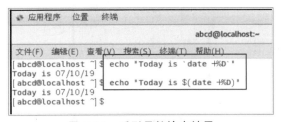

图 5-11　反引号的输出结果

3. 反斜线

反斜线可以将紧随其后的单个字符视为字面意义上的字符。例如："*"在 Shell 中代表任意字符，在查找时经常会使用"*"来查找多个匹配的文件，但有可能需要找的就是"*"本身，此时"*"将会把"*"作为字母意义上的普通字符。

如果在命令的末尾使用"\"回车后，"\"可以将回车的命令提交功能屏蔽，从而将回车认为是换行继续输入命令，以实现命令的多行输入功能。

5.2.5 数组与运算符

1. 数组

数组，就是相同数据类型的元素按一定顺序排列的集合，也就是把有限个类型相同的变量用一个名字命名，然后用编号区分他们的变量的集合，这个名字称为数组名，编号称为下标。

注意：变量和数组都是用来保存数据的，只是变量只能被赋予一个数据值，一旦重复赋值，后一个值就会覆盖前一个值；而数组可以被赋予一组相同类型的数据值。

数组中可以存放多个值。Bash Shell 只支持一维数组（不支持多维数组），初始化时不需要定义数组大小。与大部分编程语言比较相似，数组元素的下标由 0 开始。

Shell 数组用括号来表示，元素用"空格"符号分隔开，命令如下：

```
[abcd@localhost ~]$ name=value1 value2 value3...valuen
```

一般有两种方式创建数组变量，如下所示：

使用 name[subscript]=value 的语法格式定义的变量自动创建索引数组，subscript 必须是大于或等于 0 的整数或表达式；使用 name=(valuel value2 ... valuen)的语法格式创建。

读取数组的一般格式如下：

```
[abcd@localhost ~]$ echo ${数组}
```

【例 5-5】 数组的创建和读取。

先创建数组，命令如下：

```
[abcd@localhost ~]$ name[1]=1
[abcd@localhost ~]$ name[2]=2
[abcd@localhost ~]$ name[3]=3
```

输出以上结果，需要输入以下命令：

```
[abcd@localhost ~]$ echo ${name[1]},${name[2]},${name[3]}
```

输出结果如图 5-12 所示。

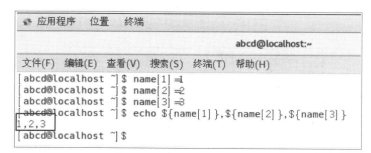

图 5-12　数组的创建和读取

2. 运算符

Shell 支持多种运算符，包括算术运算符、关系运算符、布尔运算符、逻辑运算符、字符串运算符和文件测试运算符。

● 算术运算符

常用的算术运算符及说明如表 5-5 所示。

表 5-5　常用算术运算符及说明

运　算　符	说　　明
+	加法
-	减法
*	乘法
/	除法
%	取余
=	赋值
==	相等。用于比较两个数字，相同则返回 true
!=	不相等。用于比较两个数字，不相同则返回 true

注意：条件表达式要放在方括号中间，并且要有空格，例如：[$a==$b]是错误的，必须写成[$a == $b]。

● 关系运算符

关系运算符只支持数字，不支持字符串，除非字符串的值是数字。

常用的关系运算符及说明如表 5-6 所示。

表 5-6　常用关系运算符及说明

运　算　符	说　　明
-eq	检测两个数是否相等，相等返回 true
-ne	检测两个数是否不相等，不相等返回 true
-gt	检测左边的数是否大于右边的，如果是，则返回 true
-lt	检测左边的数是否小于右边的，如果是，则返回 true
-ge	检测左边的数是否大于等于右边的，如果是，则返回 true
-le	检测左边的数是否小于等于右边的，如果是，则返回 true

例如：当 a=10，b=10 时，命令如下：

```
if [ $a -eq $b ]
then
echo "$a -eq $b : a 等于 b"
else
echo "$a -eq $b: a 不等于 b"
fi
if [ $a -ne $b ]
then
echo "$a -ne $b: a 不等于 b"
else
echo "$a -ne $b : a 等于 b"
fi
if [ $a -gt $b ]
then
```

```
echo "$a -gt $b: a 大于 b"
else
echo "$a -gt $b: a 不大于 b"
fi
if [ $a -lt $b ]
then
echo "$a -lt $b: a 小于 b"
else
echo "$a -lt $b: a 不小于 b"
fi
if [ $a -ge $b ]
then
echo "$a -ge $b: a 大于或等于 b"
else
echo "$a -ge $b: a 小于 b"
fi
if [ $a -le $b ]
then
echo "$a -le $b: a 小于或等于 b"
else
echo "$a -le $b: a 大于 b"
fi
```

输出结果如下所示：

```
10 -eq 20: a 不等于 b
10 -ne 20: a 不等于 b
10 -gt 20: a 不大于 b
10 -lt 20: a 小于 b
10 -ge 20: a 小于 b
10 -le 20: a 小于或等于 b
```

- 布尔运算符

常用的布尔运算符及说明如表 5-7 所示。

表 5-7　常用布尔运算符及说明

运　算　符	说　　明
!	非运算，表达式为 true 则返回 false，否则返回 true
-o	或运算，有一个表达式为 true 则返回 true
-a	与运算，两个表达式都为 true 才返回 true

- 逻辑运算符

常用的逻辑运算符及说明如表 5-8 所示。

表 5-8　常用逻辑运算符及说明

运　算　符	说　　明
&&	逻辑的 AND
||	逻辑的 OR

- 字符串运算符

常用的字符串运算符及说明如表 5-9 所示。

表 5-9 常用字符串运算符及说明

运 算 符	说 明
=	检测两个字符串是否相等，相等返回 true
!=	检测两个字符串是否相等，不相等返回 true
-z	检测字符串长度是否为 0，为 0 返回 true
-n	检测字符串长度是否为 0，不为 0 返回 true
$	检测字符串是否为空，不为空返回 true

- 文件测试运算符

文件测试运算符用于检测 UNIX 文件的各种属性。常用的文件测试运算符及说明如表 5-10 所示。

表 5-10 常用文件测试运算符及说明

运 算 符	说 明
-b file	检测文件是否是块设备文件，如果是，则返回 true
-c file	检测文件是否是字符设备文件，如果是，则返回 true
-d file	检测文件是否存在且是目录，如果是，则返回 true
-f file	检测文件是否存在且是普通文件（既不是目录，也不是设备文件），如果是，则返回 true
-g file	检测文件是否设置了 SGID 位，如果是，则返回 true
-h file	检测文件是否为链接文件
-k file	检测文件是否设置了粘着位(Sticky Bit)，如果是，则返回 true
-p file	检测文件是否是有名管道，如果是，则返回 true
-u file	检测文件是否设置了 SUID 位，如果是，则返回 true
-r file	检测文件是否存在且可读，如果是，则返回 true
-w file	检测文件是否存在且可写，如果是，则返回 true
-x file	检测文件是否存在且可执行，如果是，则返回 true
-s file	检测文件是否存在且非空，不为空返回 true
-e file	检测文件（包括目录）是否存在，如果是，则返回 true

5.3 配置和功能

在学习 Bash Shell 的过程中，我们使用的 Shell 都是默认配置，然而有些时候默认设置并不是完全适用，因此我们可以根据自己的需要重新配置 Bash Shell。

5.3.1 Bash 的内置命令

学习 Shell 的配置之前先了解一下 Bash 的内置命令。

在 Linux 操作系统中有两大命令，分别为内部命令和外部命令。内部命令即内置在 Bash 中的命令；外置命令则不是内置在 Bash 中的命令，它是以可执行文件的方式存储在 Linux 的文件系统中。那么怎么判断该命令是内部命令还是外部命令呢？可以通过使用 type 命令来进行判断。

type 命令的语法格式如下：

```
[abcd@localhost ~]$ type [选项] 命令名
```

type 命令常用的选项及各自的功能如表 5-11 所示。

表 5-11　type 命令常用选项和功能

选　项	功　能
-t	显示文件的类型。file：表示为外部指令；alias：表示该指令为命令别名所设定的名称；builtin：表示该指令为 Bash 内置命令
-a	将所有含 name 指令的命令都列出来，包含 alias
-p	如果后面接的 name 为外部指令时，才会显示完整文件名或者为内部指令

【例 5-6】查询 ls 指令和 pwd 指令是否为内置命令。

在终端页面中依次输入命令如下：

```
[abcd@localhost ~]$ type ls
[abcd@localhost ~]$ type pwd
```

输出结果如图 5-13 所示。

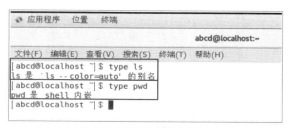

图 5-13　查询是否为内置命令

5.3.2　Bash Shell 的系统配置

在 Linux 系统中重新配置 Bash Shell 可以通过以下几种方式来实现：

1. 利用局部变量配置 Bash Shell

Shell 脚本中的数据以及 Shell 环境的设置全都放在 Shell 变量中，因此可以通过创建 Shell 变量或修改变量中的值来配置 Shell。创建 Shell 局部变量的方法是在操作系统提示符下输入以下命令：

```
[abcd@localhost ~]$ 变量名=变量的值
```

如果想要提取 Shell 变量中的值，可以使用 echo 命令在变量之前加上"$"符号，命令如下：

```
[abcd@localhost ~]$ echo $变量名
```

当以上命令操作完成之后，系统不会给出任何提示，但为了验证命令是否正确执行，可以使用以 set 开始的组合命令来分页显示所有的 Bash Shell 变量信息。命令如下：

```
[abcd@localhost ~]$ set | 变量名
```

【例 5-7】通过局部变量配置 Shell。

创建变量 name1 并赋值为 a，命令如下：

```
[abcd@localhost ~]$ name1=a
```

提取 name1 变量中的值，命令如下：

```
[abcd@localhost ~]$ echo $name1
```

创建变量 name2 并赋值为 b，命令如下：

```
[abcd@localhost ~]$ name2=b
```

提取 name2 变量中的值，命令如下：

```
[abcd@localhost ~]$ echo $name2
```

使用 set 和 grep 的组合命令显示 Bash Shell 变量信息，命令如下：

```
[abcd@localhost ~]$ set | grep name
```

运行结果如图 5-14 所示。

图 5-14　局部变量运行结果

2. 通过别名和函数配置 Bash Shell

alias 命令别名可以把原来特别长的指令简化缩写以提高工作效率。

命令别名查询：

```
[abcd@localhost ~]$ alias
```

设定命令别名：

```
[abcd@localhost ~]$ alias 别名的名字=命令字符串
```

取消别名的命令格式如下：

```
[abcd@localhost ~]$ unalias 别名
```

当创建别名时，需要遵守如下规则：

（1）等号的两边都不能有空格。

（2）如果命令字符串中包含任何选项、元字符或空格，命令就必须使用单引号括起来。

（3）一个别名中的每一个命令必须用分号"；"隔开。

命令的执行顺序如下：

（1）绝对路径或相对路径命令。

（2）别名命令。

（3）执行 Bash 的内部命令。

（4）执行按照环境变量定义的目录查找顺序找到的第一个命令。

3. 通过 set 命令来配置 Bash Shell

可以通过使用没有任何选项的 set 命令来显示所有的变量和它们的值，有以下两种方式：

（1）使用 set 命令显示所有变量，其中既包括局部变量也包括环境变量。

（2）使用 env 命令显示环境变量，其中 env 是 environment（环境）的缩写。

除了以上两种方式外，还可以使用带有 set 的组合命令显示全部可以通过 set -o 命令设置的参数及这些参数的默认值，如图 5-15 所示。

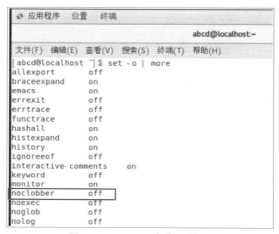

图 5-15　set -o 命令的使用

从图 5-15 中可以看到 noclobber（不毁坏）参数，默认值为 off。当参数 noclobber 的值设置为 on 时，则当使用 ">" 或 ">&" 操作符时不会损毁已经存在的文件，也就是说当使用输出重定向符号 ">" 或 ">&" 时，如果 ">" 或 ">&" 右边的文件已经存在，系统将不会执行这一输出重定向命令，以保证已经存在的文件不会遭到损坏。但是由于这个参数的默认值为 off，所以输出重定向操作将覆盖原有的文件（如果文件已经存在的话）。

为了防止已经存在的文件中的数据被意外的覆盖掉，可以使用 set 命令重新设置 noclobber 参数的值。

【例 5-8】set 命令设置 noclobber 参数。

首先需要使用 cd 命令切换到工作目录，例如 cat2010：

```
[abcd@localhost ~]$ cd cat2010
```

使用 set 命令重新设置 noclobber 参数，命令如下：

```
[abcd@localhost cat2010]$ set -o noclobber
```

使用 set 和 grep 的组合命令列出 noclobber 参数的当前值，命令如下：

```
[abcd@localhost cat2010]$ set -o | grep noclob
```

输出结果如图 5-16 所示。

从图 5-16 中可以看出 noclobber 参数的值已经从 off 变为 on。

3．通过环境变量来设定 Bash Shell 中的其他命令和应用程序

环境变量的设置在 5.3.2 小节中已经详细介绍，这里不再说明。

图 5-16　输出结果

5.3.3　Bash Shell 的功能

1．命令与文件补全（Tab 键）

在 Bash 中，命令与文件补全是非常方便与常用的功能，只要在输入命令或文件时，按 Tab 键就会自动进行补全。当在键盘上按 Tab 键时，如果光标在命令上，Tab 键将补齐一个命令名；如果光标在参数上，Tab 键将补齐一个文件名。

例如：在 Linux 系统中使用 whoami 命令时，如果只记得该命令的前 5 个字符，在 Bash 提示符下输入"whoa"，此时光标在字母 a 的后面，当按下键盘上的 Tab 键之后系统会自动补齐该命令剩余的字符。

2．命令别名的设定（alias）

本功能在 5.3.2 小节中已经详细介绍，这里不再说明。

3．历史命令的修补（history）

Shell 会保留最近输入的命令的历史，可以使用户能够浏览、修改或重新执行之前使用过的命令。history 命令可以列出用户最近输入的命令包括错误命令。

history 命令的语法格式如下：

```
[abcd@localhost ~]$ history [选项] 历史命令保存文件
```

history 命令常用的选项及各自的功能如表 5-12 所示。

表 5-12　history 命令常用选项和功能

选　　项	功　　能
-c	清空历史命令
-w	把缓存中的历史命令写入历史命令保存文件，~/.Bash_history（家目录）

注意：~/.Bash_history 记录的是前一次登入以前所执行过的指令，而至于这一次登入所执行的指令都被暂时包存在内存中，当用户成功地注销系统之后，该指令记忆才会记录到 Bash_history 当中！

例如：在命令行中输入 history 命令。

```
[abcd@localhost ~]$ history
```

输出结果如图 5-17 所示。

4．多命令顺序执行

多命令顺序执行的方法如表 5-13 所示。

图 5-17　history 命令

表 5-13　多命令顺序执行的方法

多命令执行符	格　　式	作　　用
;	命令 1; 命令 2	多条命令顺序执行，命令之间没有任何逻辑关系
&&	命令 1&&命令 2	如果命令 1 正确执行（$?=0），则命令 2 才会执行；如果命令 1 执行不正确（$?≠0），则命令 2 不会执行
II	命令 1||命令 2	如果命令 1 执行不正确（$?≠0），则命令 2 才会执行；如果命令 1 正确执行（$?=0），则命令 2 不会执行

（1）";"多命令顺序执行。

如果使用";"连接多条命令，那么这些命令会一次执行，但是各命令之间没有任何逻辑关系，也就是说，不论哪条命令报错了，后面的命令仍会依次执行。

";"的作用就是不论前一条命令是否正确执行，都不影响后续命令的执行。当我们需要一次执行多条命令，而这些命令之间又没有可逻辑关系时，就可以使用";"来连接多条命令。

（2）"&&"逻辑与。

如果使用"&&"连接多条命令，那么这些命令之间就有逻辑关系了。只有当第一条命令正确执行时，"&&"连接的第二条命令才会执行。由于 Bash 的预定义变量"$?"的支持，当"$?"返回值是 0 时，则证明上一条命令正确执行；当"$?"返回值是非 0 时，则证明上一条命令执行错误。

（3）"||"逻辑或。

如果使用"||"连接多条命令，则只有前一条命令执行错误，后一条命令才能执行。

终端提供了许多快捷键的操作功能。常用快捷键及功能如表 5-14 所示。

表 5-14　常用快捷键及功能

选　　项	功　　能
Ctrl+A	将光标移到命令行的开始处

选　　项	功　　能
Ctrl+E	将光标移到命令行的结尾处
Ctrl+C	强制终止当前命令
Ctrl+D	退出当前终端
Ctrl+L	清屏，相当于 clear
Ctrl+U	删除到命令行的开始处的所有内容
Ctrl+K	删除到命令行的结尾处的所有内容
Ctrl+Y	粘贴
Ctrl+R	在历史命令中搜索
Ctrl+箭头	向左或向右移动一个字
Shift+Ctrl+T	创建一个新的终端窗口
Alt+N	切换到第 n 个选项卡
Shift+Ctrl+C	复制所选的正文
Shift+Ctrl+V	把正文粘贴到提示处
Shift+Ctrl+W	关闭一个选项卡（所在的终端窗口）

5.5　就业面试技巧与解析

本章主要讲解了 Bash Shell 的基础知识，包括 Shell 的工作原理、通配符、Bash 的发展过程、环境变量及配置、Shell 引号、数组与运算符、Bash 内置命令、系统配置等内容。深入学习 Shell 之前，本章内容是基础。

5.5.1　面试技巧与解析（一）

面试官：Shell 中单引号和双引号的区别。

应聘者：在定义变量时，变量的值可以使用单引号‘’，也可以使用双引号“”。单引号和双引号主要用于变量值出现空格时。

（1）使用单引号在定义变量的值时，直接输出单引号里面的内容。即使内容中有变量和命令也会把它们原样输出。主要用于定义显示纯字符串的情况。

（2）使用双引号定义变量的值时，不像单引号那样把引号中的变量名和命令原样输出，而是会先解析里面的变量和命令。主要用于字符串中附带有变量和命令并且想将其解析后再输出的变量定义。

单引号和双引号是区别在于，被单引号括起来的字符都是普通字符，就算是特殊字符但也不再有特殊的含义；而被双引号括起来的字符中，"$" "\" 和反引号是拥有特殊含义的，"$" 代表引用变量的值，而反引号代表引用命令。

5.5.2　面试技巧与解析（二）

面试官：Bash Shell 的功能有哪些？

应聘者：

（1）命令与文件补全（Tab 键）。

在 Bash 中，命令与文件补全是非常方便与常用的功能，只要在输入命令或文件时，按 Tab 键就会自动进行补全。当在键盘上按 Tab 键时，如果光标在命令上，Tab 键将补齐一个命令名；如果光标在参数上，Tab 键将补齐一个文件名。

（2）命令别名的设定（alias）。

（3）历史命令的修补（history）。

Shell 会保留最近输入的命令的历史，可以用户能够浏览、修改或重新执行之前使用过的命令。history 命令可以列出用户最近输入的命令包括错误命令。

（4）多命令顺序执行（";"和"&&"）。

如果使用";"连接多条命令，那么这些命令会一次执行，但是各命令之间没有任何逻辑关系。";"的作用就是不论前一条命令是否正确执行，都不影响后续命令的执行。当我们需要一次执行多条命令，而这些命令之间又没有可逻辑关系时，就可以使用";"来连接多条命令。

如果使用"&&"连接多条命令，那么这些命令之间就有逻辑关系了。只有当第一条命令正确执行时，"&&"连接的第二条命令才会执行。由于 Bash 的预定义变量"$?"的支持，当"$?"返回值是 0 时，则证明上一条命令正确执行；当"$?"返回值是非 0 时，则证明上一条命令执行错误。

（5）快捷键操作。

第6章

Linux 用户权限管理

 学习指引

在 Linux 系统中，允许用户和组根据每个文件和目录的安全性设置来访问文件，以避免文件遭受非法用户浏览或修改。本章主要介绍 Linux 系统用户、群组和访问权限等内容，帮助读者进一步了解 Linux 系统的安全性。

 重点导读

- 系统安全性。
- 用户的添加、修改和删除。
- 用户组的创建、修改和删除。
- 用户和文件的安全控制。
- 文件和目录权限的查看。
- 文件和目录权限的设定。

6.1 Linux 系统的安全性

Linux 系统安全性的核心取决于用户账号。每个能进入 Linux 系统的用户都会被分配唯一的账号。用户对系统中各种对象的访问权限取决于他们登录系统时用的账户。作为安全系统的重要功能之一就是只允许那些已经授权的用户登录该系统，而那些未经授权的用户登录是不能进入该系统的；然后，登录该系统的用户只能访问自己有权访问的文件和资源。

用户权限是通过创建用户时分配的用户 ID（UserID，通常缩写为 UID）来跟踪的。UID 是数值，每个用户都有唯一的 UID，但在登录系统时用的不是 UID，而是登录名。登录名是用户用来登录系统的最长 8 个字符的字符串（字符可以是数字或字母），同时会关联一个对应的密码。

Linux 操作系统的安全性主要采用了以下措施：

（1）用户登录系统时必须输入用户名和密码确认该身份，用户名和密码是由最初的 root 用户创建的。

（2）使用用户和用户组来控制使用者访问文件和其他资源的权限。

（3）系统上的每一个文件都属于一个用户并与一个用户组相关，也就是说该用户就是文件的创建者。

（4）每一个进程都会与一个用户和用户组相关联。可以通过在所有的文件和资源上设定权限来只允许该文件的创建者或者某个用户组的成员访问它们。

（5）Linux 系统采用模块化设计。即当某个系统组件没有用处时，可以将任何一个系统组件给删除。因此 Linux 系统安全性最大的一个好处就是当用户感觉 Linux 系统的某个部分不太安全时，可以随时移除掉这个组件。

（6）Linux 系统被设计成一个多用户的操作系统。因此，即便是某个用户想要进行恶意破坏，底层系统文件依然会受到保护。

6.2 用户与用户组的管理

Linux 系统是一个多用户、多任务的分时操作系统，用户在使用该系统的资源时，需要首先向系统管理员申请一个账号，这个账号只能该用户使用，然后用户就可以使用这个账号的身份进入系统。

用户的账号一方面不仅可以帮助系统管理员对使用系统的用户进行跟踪，而且还能控制他们对系统资源的访问；另一方面也可以帮助用户组织文件，并为用户提供安全性的保护。

注意：每个用户账号都拥有一个唯一的用户名和密码。

用户在登录时输入正确的用户名和密码后，就能够进入系统和主目录。

用户账号的管理包括以下几个方面：

（1）用户账号的添加、删除与修改。

（2）用户组的创建与修改。

（3）用户配置文件。

6.2.1 用户与用户组的概念

用户：是指使用操作系统的人。

用户组：指在操作系统中具有相同系统权限的一组用户。

Linux 系统对账号和组的管理是通过 ID 号来实现的。用户在登录系统时，输入用户名和与之对应的密码，操作系统会先将用户名转化为 ID 号，然后判断该账号是否存在，并比对密码是否正确。

注意：在 Linux 系统中，用户的 ID 号被称为 UID，用户组 ID 号被称为 GID。其中，UID 为 0 时，代表系统最高管理员，也就是 root 账号。

Linux 操作系统中的组分为基本组和附加组，一个用户同一时刻只可以加入一个基本组中，但可以同时加入多个附加组中。默认在创建用户时，系统默认会自动创建同名的组，并设置用户加入该基本组中。

用户和用户组的对应关系有以下 4 种。

（1）一对一：一个用户可以存在一个组中，是组中的唯一成员。

（2）一对多：一个用户可以存在多个用户组中，此用户具有这多个组的共同权限。

（3）多对一：多个用户可以存在一个组中，这些用户具有和组相同的权限。

（4）多对多：多个用户可以存在多个组中。

6.2.2 用户配置文件

在 Linux 系统中包含 4 个配置文件，分别为/etc/passwd 文件、/etc/shadow 文件、/etc/group 文件和

/etc/gshadow 文件。

1. /etc/passwd 文件

/etc/passwd 文件存储了系统中所有用户的基本信息，也被称为用户信息数据库。

在/etc/passwd 文件中，每一个用户都占有一行记录，并且用冒号划分成 7 个字段，如图 6-1 所示。

图 6-1　用户基本信息

在图 6-1 中每个字段都代表着一种含义。例如：root 用户。

- root：第 1 个字段，表示用户名。
- x：第 2 个字段，表示用户密码。如果是 x，即该用户在登录系统时必须使用密码；如果为空，则该用户在登录系统时不需要输入密码。
- 0：第 3 个字段，表示该用户的 UID。
- 0：第 4 个字段，表示该用户组的 GID。
- root：第 5 个字段，表示该用户的文本描述，即注释信息。
- /root：第 6 个字段，表示该用户主目录的位置。
- /bin/Bash：第 7 个字段，表示当该用户登录系统后，第一个要执行的进程即 Shell。

注意：/etc/passwd 文件中的密码字段都被设置成了 x，这并不是说所有的用户账号都使用相同的密码；/bin/Bash 为可登录系统的 Shell，而/sbin/nologin 表示该账号无法登录系统。

2. /etc/shadow 文件

/etc/shadow 文件，用于存储 Linux 系统中用户的密码信息。/etc/shadow 文件只有 root 用户才有查看权限，其他用户没有此权限，这样就保证了用户密码的安全性。

/etc/shadow 文件存储了所有用户的密码信息，每一个用户占用一行记录，如图 6-2 所示。

由图 6-2 可以看出，/etc/shadow 文件中存储的密码信息也以冒号为分隔符，每条记录中都包含 9 个字段。

第 1 个字段：账号名称。

第 2 个字段：加密后的密码。当账号未设置密码时显示为"!!"，当账号设置密码时密码被加密后显示。

第 3 个字段：上次修改密码的时间距离 1970 年 1 月 1 日有多少天。

第 4 个字段：密码至少使用多少天才可以修改。

第 5 个字段：密码多少天之后必须修改。

第 6 个字段：密码过期前的多少天提醒用户更改密码。

第 7 个字段：密码过期多少天之后禁止使用该账号。

第 8 个字段：用户账号被禁止使用的日期，从 1970 年 1 月 1 日到当天。

第 9 个字段：暂时保留未使用的字段。

图 6-2　密码信息

3. /etc/group 文件

/etc/group 文件是用户组的配置文件，即用户组的所有信息都存放在此文件中。/etc/group 文件包含 Linux 系统中使用到的每个组的信息，如图 6-3 所示。

图 6-3　用户组信息

由图 6-3 可以看出，/etc/group 文件中每一行各代表一个用户组。在各用户组中，以冒号作为字段之间的分隔符，分为 4 个字段。

第 1 个字段：表示组名。

第 2 个字段：表示组密码。

第 3 个字段：表示用户组的 GID。

第 4 个字段：表示属于该组的成员列表，仅显示附加成员，基本成员不显示。

注意：在用户组列表中，有些组并没有显示出用户，但并不说明组中没有该成员。当用户在/etc/passwd 文件中指定某个组作为默认组时，则该用户不会作为该组成员出现在/etc/group 文件中。

4. /etc/gshadow 文件

/etc/gshadow 文件，用于存储 Linux 系统中用户组的密码信息。/etc/gshadow 文件也只有 root 用户才有查看权限，从而保证了用户组密码的安全性。

通过使用命令 cat/etc/gshadow 来查看文件存储信息，如图 6-4 所示。

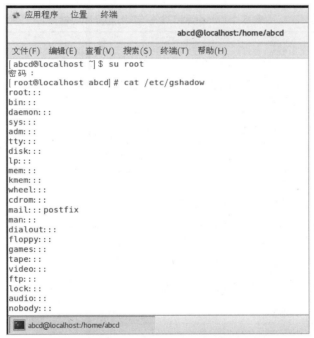

图 6-4　组用户密码信息

在/etc/gshadow 文件中，每行代表一个组用户的密码信息，各行信息用冒号作为分隔符进行分隔开，共分为 4 个字段。

第 1 个字段：表示组名。

第 2 个字段：表示组密码，一般为组管理员密码。对于大多数用户来说，通常不设置组密码，字段显示常为空，但有时为 "!"，指的是该群组没有组密码，也不设有群组管理员。

第 3 个字段：表示组管理员。当有用户想要加入某群组而 root 不能及时作出回应时，组管理员就可以将用户加入自己管理的用户组中。

第 4 个字段：表示组成员。显示这个用户组中有的附加用户。

6.2.3 用户账号的添加、修改和删除

用户账号的管理主要包括用户账号的添加、修改和删除操作。下面我们将依次进行详细介绍。

1. 添加账号

添加用户账号就是在系统中创建一个没有被使用过的账号，然后为新账号分配用户号、用户组、主目录等系统资源。

系统命令 useradd 可以用来作为添加新用户的主要工具。useradd 命令不仅可以直接创建新用户的账号，而且还可以对 home 目录结构进行设置。useradd 命令通常使用默认值及命令行选项来设置用户的账号。

useradd 命令的基本格式如下：

```
[root@localhost ~]# useradd [选项] 用户名
```

useradd 命令常用的选项及功能如表 6-1 所示。

表 6-1　useradd 命令常用选项及功能

选　项	功　能
-c comment	为新用户添加描述信息
-d 目录	指定用户主目录，默认为/home/用户名。如果此目录不存在，则同时使用-m 选项，可以创建主目录
-e	指定账户过期的日期，格式为 YYYY-MM-DD
-f	指定该账户的密码过期后多少天该账户被禁用；0 表示密码过期时立刻禁用。−1 表示禁用这个功能
-g 用户组	指定用户所属的用户组
-G 用户组	指定用户所属的附加组
-k	和-m 一起使用，将/etc/skel 目录的内容复制到用户主目录中
-m	创建用户主目录
-M	不创建用户的主目录
-n	创建一个与用户登录名同名的新组
-r	创建系统账户
-p 密码	为用户指定默认密码
-s Shell 文件	设置账户的登录 Shell，默认为 Bash
-u 用户号	为账户指定唯一的 UID

注意：在创建新用户时，如果在命令行中没有输入选项指定具体的值，那么 useradd 命令就会使用-d 选项显示默认值。

【例 6-1】useradd 命令的使用。

在终端页面输入如下命令：

```
[root@localhost abcd]# useradd -d /home/b -m b
```

添加用户操作如图 6-5 所示。

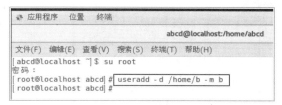

图 6-5　添加用户

由图 6-5 可以看出，用 useradd 命令创建了一个用户 b，其中-d 和-m 选项用来为登录名 b 产生一个主目录/home/b。

注意：在创建用户账号时，只有 root 管理员才有权限，所以这是在 root 账号之下完成的操作。另外，后面账户的修改和删除操作也是在 root 账号下完成的。

2. 修改账号

修改用户账号就是根据实际情况更改用户的有关属性，例如：用户号、主目录、用户组、登录 Shell 等。Linux 系统提供了许多不同的命令用于修改已有用户账号的信息，如表 6-2 所示。

表 6-2　账号修改命令及功能

命　　令	功　　能
usermod	修改用户账号的字段，指定组以及附加组的所属关系
passwd	修改已有用户的密码
chpasswd	从文件中读取登录名密码对，并更新密码
chage	修改密码的过期日期
chfn	修改用户账号的备注信息
chsh	修改用户账号的默认登录 Shell

下面我们将详细介绍最常用的 usermod 命令（passwd 命令已在 3.2.6 小节中详解介绍，这里不再进行过多的说明）。

usermod 命令可以用来修改/etc/passwd 文件中的大部分字段，只需用与想修改的字段对应的命令行参数就可以实现这一功能。usermod 命令主要是针对与已存在的用户，使用该命令可以修改它们的信息。

usermod 命令的基本格式如下：

```
[root@localhost abcd]# usermod [选项] 用户名
```

usermod 命令常用的选项以及功能如表 6-3 所示。

表 6-3　usermod 命令常用选项及功能

选　　项	功　　能
-c 用户说明	修改用户的说明信息，即修改/etc/passwd 文件目标用户信息的第 6 个字段
-d 主目录	修改用户的主目录，即修改/etc/passwd 文件中目标用户信息的第 6 个字段，需要注意的是，主目录必须写绝对路径
-e	修改指定账户过期的日期，格式为 YYYY-MM-DD，即修改/etc/shadow 文件目标用户密码信息的第 8 个字段
-g 用户组	修改用户的初始组，即修改/etc/passwd 文件目标用户信息的第 4 个字段（GID）

续表

选　　项	功　　能
-G 用户组	修改用户的附加组，即修改/etc/group 文件
-l 用户名	修改用户名称
-L	临时锁定用户（Lock）
-p 密码	修改账户密码
-u 用户号	修改用户的 UID，即修改/etc/passwd 文件目标用户信息的第 3 个字段（UID）
-U	解锁用户（Unlock），和-L 对应
-s Shell 文件	修改用户的登录 Shell，默认是/bin/Bash

【例 6-2】usermod 命令修改用户说明。

在终端页面输入如下命令：

```
[root@localhost abcd]# usermod -c "test user" lamp
[root@localhost abcd]# grep "lamp" /etc/passwd
```

修改结果如图 6-6 所示。

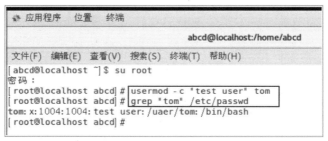

图 6-6　修改用户说明

3. 删除账号

当需要从系统中删除用户时，可以使用 userdel 命令。userdel 命令功能很简单，就是删除用户的相关数据，但只有在 root 用户下才能使用 userdel 命令。

在默认情况下，userdel 命令会只删除/etc/passwd 文件中的用户信息，而不会删除系统中属于该账户的任何文件。

userdel 命令的基本格式如下：

```
[root@localhost abcd]# userdel -r 用户名
```

-r 选项表示在删除用户的同时删除用户的家目录。

注意：在删除用户的同时如果不删除用户的家目录，那么家目录就会变成没有属主和属组的目录，也就是垃圾文件。

例如：删除【例 6-1】中创建的账户 b。

输入如下命令即可删除该账户，如图 6-7 所示。

```
[root@localhost abcd]# userdel -r b
```

注意：如果要删除的用户已经使用过系统一段时间，那么此用户可能在系统中留有其他文件，因此，如果我们想要从系统中彻底的删除某个用户，最好在使用 userdel 命令之前，先通过 "find -user 用户名" 命令查出系统中属于该用户的文件，然后再删除。

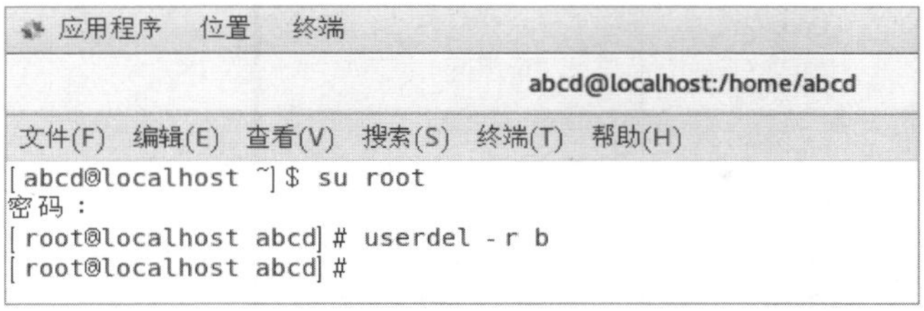

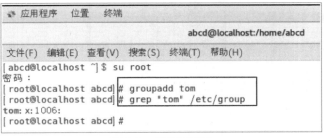

图 6-7　删除账户

6.2.4　用户组的创建、修改和删除

用户组是具有相同特征用户的逻辑集合。将用户分组是 Linux 系统中对用户进行管理及控制访问权限的一种手段，通过定义用户组，系统就能在很多程序上简化对用户的管理工作。

用户组的权限允许多个用户对系统中的文件、目录或设备等共享一组公用的权限。在系统中，每个组不仅有唯一的 GID，还有唯一的别名。对于用户组的管理包括用户组的创建、修改和删除操作。

1. 创建用户组

groupadd 命令用来创建用户组。

groupadd 命令的基本格式如下：

```
[root@localhost abcd]# groupadd [选项] 组名
```

groupadd 命令的选项有以下两种。

（1）-g：设定组的 ID。

（2）-r：创建系统群组。

【例 6-3】groupadd 命令创建用户组。

在终端页面输入如下命令：

```
[root@localhost abcd]# groupadd tom
[root@localhost abcd]# grep "tom" /etc/group
```

输出结果如图 6-8 所示。

图 6-8　创建用户组

由图 6-8 可以看出，用 groupadd 命令创建了一个名为 tom 的用户组。

2. 修改用户组

groupmod 命令用于修改已有组的 GID 或组名。其命令的基本格式如下：

```
[root@localhost abcd]# groupmod [选项] 组名
```

groupmod 命令的选项有以下两种。

（1）-g：修改已有组的 GID。

（2）-n：修改组名。

【例 6-4】groupmod 命令修改用户组。

在终端页面输入如下命令：

```
[root@localhost abcd]# groupmod -n toney tom
[root@localhost abcd]# grep "toney" /etc/group
```

输出结果如图 6-9 所示。

图 6-9　修改用户组名

由图 6-9 可以看出，groupmod -n 只是把组名 "tom" 修改成了 "toney"，该用户组的 GID 还是 1006，但组名已经改变。

注意：用户名、组名和 GID 不能随意修改，否则容易导致管理逻辑混乱。当有必要修改用户名或组名时，建议首先删除原来的用户名或组名，然后再建立新的用户名或组名。

3. 删除用户组

groupdel 命令用于删除用户组。groupdel 命令的基本格式如下：

```
[root@localhost abcd]# groupdel 组名
```

groupdel 命令删除用户组，即删除/etc/gourp 文件和/etc/gshadow 文件中有关目标用户组的数据信息。

【例 6-5】groupdel 命令删除用户组。

在终端页面输入如下命令：

```
[root@localhost abcd]# grep toney /etc/group /etc/gshadow
[root@localhost abcd]# groupdel toney
[root@localhost abcd]# grep "toney" /etc/group /etc/gshadow
```

输出结果如图 6-10 所示。

图 6-10　删除用户组

由图 6-10 可以看出，首先需要使用 grep 命令显示出该用户组的/etc/group、/etc/gshadow 文件信息，然后使用 groupdel 命令删除 toney 用户组，最后用 grep 命令检验该用户组是否已经被完全删除。

注意：不能使用 groupdel 命令随意删除群组。如果有用户组是某用户的初始群组，则无法使用 groupdel 命令来删除。

6.3　用户与文件的安全控制

在每个 Linux 系统上有一个特殊的 root 用户。root 用户可以完全不受限制地访问任何用户的账号以及所有的文件、目录。计算机系统通常在文件和命令上都会添加相应的权限，以保证文件的安全性，但这些权限并不限制 root 用户，root 用户是在 Linux 系统中拥有最高权限的用户。

使用 root 用户的权限可以实现 Linux 系统全部的操作，如果使用不当或操作失误就可能对系统造成一定的损失。因此一般如果不是特别需要的情况时，都尽量不使用 root 用户登录 Linux 系统，而是尽可能地使用普通用户在 Linux 系统上完成工作。

注意：一般来说，在系统管理中采用的一个原则是"最小化原则"。其原理是在能完成工作的前提下，使用权限最低的用户。这样万一有失误，对系统所造成的破坏是最小的。

6.4　文件与目录权限的设定

在 Linux 上所有的资源都被看作文件，包括物理设备和目录。在 Linux 系统上可以为每一个文件或目录设定 3 种类型的权限，这 3 种类型的权限详细地规定了某个用户有权访问这个文件或目录，它们分别是：

（1）这个文件或目录的所有者（owner）的权限。

（2）与所有者用户在同一个群组的其他用户的权限。

（3）既不是所有者也不与所有者在同一个群组的其他用户的权限。

Linux 系统是将系统中的所有用户分成了 3 大类：

（1）所有者。

（2）同组用户。

（3）非同组的其他用户。

因此可以为这 3 类用户分别设定所需的文件操作权限。

6.4.1　文件与目录权限

Linux 文件和目录的操作权限包括读（read）、写（write）和执行（execute）3 种控制。

文件，是系统中用来存储普通的文本文件、数据库文件、可执行文件等的数据信息。目录，主要用来记录文件名的列表。

Linux 操作系统在显示权限时，可以使用相应的字符来表示文件和目录的操作权限，如表 6-4 所示。

表 6-4　字符及功能描述

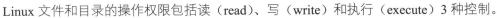

字　　符	文　　件	目　　录
r	read 权限，表示可以读取文件中的内容	read 权限，表示可以读取目录的结构列表，即可以查看目录中的文件和子目录

续表

字 符	文 件	目 录
w	write 权限，表示可以编辑、新增或者修改文件中的内容。如果该用户没有此操作权限的话，则也没有删除文件的权利；当用户对文件的上级目录拥有写权限时，可以删除	write 权限对于目录而言是最高权限。拥有 w 权限，表示可以对目录执行以下操作： （1）在此目录中建立新的文件或子目录； （2）删除已存在的文件和目录； （3）对已存在的文件或目录做更名操作； （4）移动此目录下的文件和目录的位置。 同时，拥有 w 权限，可以在目录下执行 touch、rm、cp、mv 等命令操作
x	execute 权限，表示该文件具有被系统执行的权限。在 Linux 系统中，文件能否被执行，通过看此文件是否具有 x 权限来决定的	目录不能直接运行，目录具有 x 权限，表示用户可以进入目录，同时拥有 x 权限的用户或群组可以使用 cd 命令

注意：对于文件来说，执行权限是最高权限。给用户或群组设定权限时，是否赋予执行权限需要慎重考虑，否则会对系统安装造成严重影响。对于目录来说，如果只赋予 r 权限，用户只能查看目录结构，根本无法进入目录，目录是无法使用的。拥有 x 权限，目录才能正常使用。

系统上的每一个文件都属于一个用户而且与一个群组相关。该群组用户大部分都是文件的创建者。

一般地，一个用户可以访问属于自己的文件或目录，也可以访问其他同组用户共享的文件，但是一般是不能访问非同组的其他用户的文件。不过 root 用户并不受这个限制，该用户可以不限制地访问 Linux 系统上的任何资源。

Linux 操作系统引入用户组（group）和用户组权限，对项目的开发和管理是非常有帮助的，因为可以将同一个项目的用户放在同一个用户组中，这样在该项目中那些都需要的资源就可以利用 group 权限来共享。对于其他用户和其他用户权限来说，有时候一个用户可能需鼓励系统中的所有用户访问它的某些资源。

6.4.2　权限的查看

经过 6.4.1 节的学习，我们知道 Linux 文件和目录的操作权限包括读（read）、写（write）和执行（execute）3 种。在本小节中将学习如何查看文件的权限。

可以使用带有 -1 选项的 ls 命令来查看文件的权限。我们通过输入 ls 命令的显示结果，可以看到在第 1 列中有一组由 10 个字符构成的字符串，这个字符串包含了文件的类型（文件或目录）和该文件的存取权限。

【例 6-6】ls 命令查看文件或目录权限。

打开终端页面，输入如下命令：

```
[abcd@localhost ~]$ ls -l
```

输出结果如图 6-11 所示。

在图 6-11 中，ls -l 命令显示结果的第 1 列的第 1 个字符表示文件的类型，即 d 表示目录，-表示普通文件，1 表示链接文件，b 或 c 表示设备。之后的 9 个字符代表文件或目录的权限，从第 2 个字符开始，每 3 个划分为一组，分别表示所有者对文件的权限（用 u 代表）、所有者所在的组中用户所具有的权限（用 g 表示）、其他用户对文件或目录所具有的权限（用 o 表示）。

注意：每一组的第 1 个字符一定是 "r"，表示具有读权限，如果是 "-"，表示没有读权限；第 2 个字符一定是 "w"，表示具有写权限，如果是 "-"，表示没有写权限；第 3 个字符一定是 "x"，表示具有执行权限，如果是 "-"，表示没有执行权限。例如：rwxrwxrwx 表示文档的所有者（user）、组（group）、其他账户（other）权限均为可读、可写、可执行，rwxr--r--表示文档所有者权限为读写执行，所属组权限为只读，其他账户权限为只读。

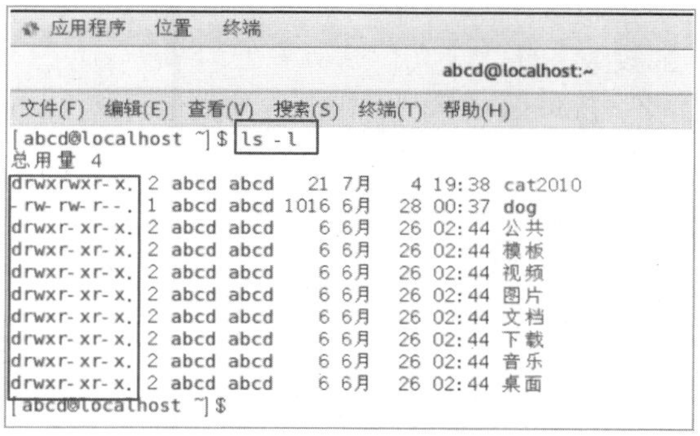

图 6-11　查看文件或目录权限

第 2 列为链接数量或子目录的个数，第 3 列为文档的所有者，第 4 列为文档的所属组，第 5 列为容量，第 6 列为最近文档被修改的月份，第 7 列为文档最近被修改的日期，第 8 列为文档最近被修改的时间，第 9 列为文件或目录名称。

6.4.3　设置文件与目录的权限

文件权限对于一个系统而言是非常重要的，系统的每个文件也都设定了针对不同用户的访问权限，当然我们也可以通过手动来修改文件的访问权限。

文件与目录权限的设置，包括修改文件或目录的权限和修改文件或目录的所属组两种。修改文件或目录的权限需要使用 chmod 命令来完成文件或目录权限的修改，而修改文件或目录的所属组则需要使用 chown 命令来完成。下面将依次详细介绍。

1. 修改文件或目录的权限

（1）符号表示法。

可以使用 chmod 命令来修改文件或目录上的权限，chmod 命令的语法格式如下：

```
[abcd@localhost ~]$ chmod [-R] mode 文件或目录名
```

选项-R（Recursive，递归）表示不仅要修改该目录的权限，而且还要递归的修改该目录中所有文件和子目录的权限。

mode 表示访问的模式状态，符号表示法是指使用几个特定的符号来设置权限的状态，如表 6-5 所示。

表 6-5　权限状态汇总表

mode		
设置用户的状态	运 算 符	权 限
u	+	r
g	-	w
o	=	x
a		

权限状态可以分成 3 个部分。

第 1 部分，表 6-5 中的第 1 列，表示要设定某个用户的状态，其具体表示如下。

- u：表示所有者（owner）的权限。
- g：表示群组（group）的权限。
- o：表示既不是 owner 也不与 owner 在同一个 group 的其他用户（other）的权限。
- a：表示以上 3 组，也就是所有用户的权限。

第 2 部分，表 6-5 中的第 2 列是运算符，其具体表示如下。

- +：表示在现有权限的基础上增加权限。
- -：表示在现有权限的基础上移除权限。
- =：表示将权限设置为后面的值。

第 3 部分，表 6-5 中的第 3 列，表示权限，其具体表示如下。

- r：表示 read（读）权限。
- w：表示 write（写）权限。
- x：表示 execute（执行）权限。

【例 6-7】使用 chmod 命令为 dog 文件添加所有者和同组用户的可执行权限。

打开终端页面，输入如下命令：

```
[abcd@localhost ~]$ chmod ug+x dog
```

Linux 系统执行完命令后是没有任何消息提示的，所以需要使用 ls 命令验证是否添加成功，命令如下：

```
[abcd@localhost ~]$ ls -l dog
```

输出结果如图 6-12 所示。

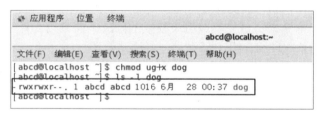

图 6-12　添加权限

（2）数字表示法。

数字表示法是指使用一组 3 位数的数字来表示文件或目录上的权限，其中：

第 1 个数字代表的是所有者（owner）的权限（u）。

第 2 个数字代表的是群组（group）的权限（g）。

第 3 个数字代表的是其他用户（other）的权限（o）。

每一位数字都是由以下表示资源权限状态的数字（即 4、2、1 和 0）相加而获得的总和。

4：表示具有读（read）权限。

2：表示具有写（write）权限。

1：表示具有执行（execute）权限。

0：表示没有相应的权限。

把以上的数字相加就可以得到一个范围在 0～7 的数字，而这组数字就是表示所有者、同组和其他用户权限状态的数字。

如果想要对一个文件或目录所有的权限（read、write 和 execute）开放，就把每组文件或目录的权限都设定为 7（4+2+1）就可以了，即这组 3 位数的数字为 777。

如果只想对 owner 开放所有的权限，对同组用户开放读和执行权限，而对其他用户只开放读权限，那么所有者的权限状态 u 就将被设置为 7，同组用户的权限就将被设置为 6（4+2+0），而其他用户的权限就将被设定为 4（4+0+0），即这组 3 位数的数字设定为 764。

为了方便读者理解，可以将 3 位数的二进制数写成一个 1 位的八进制数。表 6-6 为八进制数与二进制数的换算以及每组的权限状态，如表 6-6 所示。

表 6-6　八进制数与二进制数的换算以及每组的权限状态

八　进　制	每 组 权 限	二　进　制
7	rwx	111（4+2+1）
6	rw-	110（4+2+0）
6	r-x	101（4+0+1）
4	r--	100（4+0+0）
3	-wx	011（0+2+1）
2	-w-	010（0+2+0）
1	--x	001（0+0+1）
0	---	000（0+0+0）

【例 6-8】使用数字表示法为 dog 文件添加权限。

首先需要切换 root 用户来完成，打开终端页面，输入如下命令：

```
[abcd@localhost ~]$ su root
[root@localhost abcd]# chmod -R 777 dog
```

为 dog 文件设置对读、写、执行全部开放，当 Linux 系统执行完命令后没有任何消息提示，所以需要使用 ls 命令验证是否添加成功，输入命令如下：

```
[root@localhost abcd]# ls -l dog
```

输出结果如图 6-13 所示。

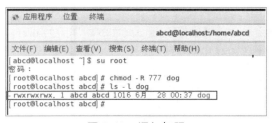

图 6-13　添加权限

2. 修改文件或目录的所属组

Linux 提供了两个命令来改变文件或目录的所属关系，chown 命令用来改变文件的所有者，chgrp 命令用来改变文件或目录的默认所属组。

● chown 命令

chown 命令主要用于修改文件或目录的所有者。chown 命令的基本格式如下：

```
[root@localhost abcd]# chmod [-R] 所有者 文件或目录
```

chown 命令还可以更改所有者和所属组，chown 命令的基本格式如下：

```
[root@localhost abcd]# chmod [-R] 所有者：所属组 文件或目录
```

注意：在 chown 命令中，所有者和所属组中间使用冒号连接。使用 chown 命令修改文件或目录的所有者时，要保证用户或用户组存在，否则该命令无法正确执行，会提示"invalid user"或者"invalid group"。

【例 6-9】修改文件的所有者。

在 root 用户下，创建 file 文件，查看 file 文件信息，命令如下：

```
[root@localhost abcd]# touch file
[root@localhost abcd]# ll file
```

文件的所有者是 root，普通用户 abcd 对这个文件拥有只读权限。修改文件的所有者，命令如下：

```
[root@localhost abcd]# chown abcd file
```

输出结果如图 6-14 所示。

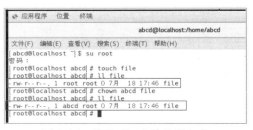

图 6-14　修改 file 文件的所有者

由图 6-14 可以看出，file 文件的所有者变成了 abcd 用户，这时 abcd 用户对这个文件就拥有了读、写权限。

- chgrp 命令

chgrp（change group）命令用于修改文件或目录的所属组。chgrp 命令的基本格式如下：

```
[root@localhost abcd]# chgrp [-R] 所属组 文件或目录
```

选项-R 作用于更改目录的所属组，表示连同子目录中所有文件的所属组信息一起修改。

注意：使用 chgrp 命令修改文件或目录的所属组时，要被改变的群组名必须是真实存在的，否则命令无法正确执行，会提示"invalid group name"。

【例 6-10】修改文件的所属组。

在 root 用户下新建一个群组 user，然后修改 dog 文件的所属组为 user，输入命令如下：

```
[root@localhost abcd]# groupadd user
[root@localhost abcd]# chgrp user dog
```

查看 dog 文件的所属组是否已被修改，输出结果如图 6-15 所示。

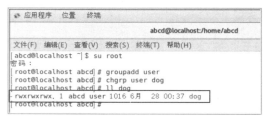

图 6-15　修改文件的所属组

在【例 6-8】中 dog 文件的所属组为 abcd，修改完成之后，dog 文件的所属组变为 user。

6.5　就业面试技巧与解析

本章主要讲解了 Linux 用户权限管理，包括 Linux 系统的安全性，用户与用户组的概念、配置文件、添加、修改和删除，用户与文件的安全控制，以及文件与目录权限的查看和修改等内容。学以致用才是硬道理，快来检验一下吧！

6.5.1　面试技巧与解析（一）

面试官：用户的配置文件有哪些？

应聘者：在 Linux 系统中包含 4 个配置文件，分别为/etc/passwd 文件、/etc/shadow 文件、/etc/group 文件和/etc/gshadow 文件。

1. /etc/passwd 文件

/etc/passwd 文件存储了系统中所有用户的基本信息，也被称为用户信息数据库。

在/etc/passwd 文件中，每一个用户都占有一行记录，并且用冒号划分成 7 个字段，每个字段都代表着一种含义。

第 1 个字段，表示用户名。

第 2 个字段，表示用户密码。如果是 x，即该用户在登录系统时必须使用密码；如果为空，则该用户在登录系统时不需要输入密码。

第 3 个字段，表示该用户的 UID。

第 4 个字段，表示该用户组的 GID。

第 5 个字段，表示该用户的文本描述，即注释信息。

第 6 个字段，表示该用户主目录的位置。

第 7 个字段，表示当该用户登录系统后，第一个要执行的进程即 Shell。

2. /etc/shadow 文件

/etc/shadow 文件，用于存储 Linux 系统中用户的密码信息。/etc/shadow 文件只有 root 用户才有查看权限，其他用户没有此权限，这样就保证了用户密码的安全性。

/etc/shadow 文件存储了所有用户的密码信息，每一个用户占用一行记录，存储的密码信息也以冒号为分隔符，每条记录中都包含 9 个字段。

第 1 个字段：账号名称。

第 2 个字段：加密后的密码。当账号未设置密码时显示为 "!!"，当账号设置密码时密码被加密后显示。

第 3 个字段：上次修改密码的时间距离 1970 年 1 月 1 日有多少天。

第 4 个字段：密码至少使用多少天才可以修改。

第 5 个字段：密码多少天之后必须修改。

第 6 个字段：密码过期前的多少天提醒用户更改密码。

第 7 个字段：密码过期多少天之后禁止使用该账号。

第 8 个字段：用户账号被禁止使用的日期，从 1970 年 1 月 1 日到当天。

第 9 个字段：暂时保留未使用的字段。

3. /etc/group 文件

/etc/group 文件是用户组的配置文件，即用户组的所有信息都存放在此文件中。/etc/group 文件包含 Linux

系统上使用到的每个组的信息。

/etc/group 文件中每一行各代表一个用户组。在各用户组中，以冒号作为字段之间的分隔符，分为 4 个字段。

第 1 个字段：表示组名。

第 2 个字段：表示组密码。

第 3 个字段：表示用户组的 GID。

第 4 个字段：表示属于该组的成员列表，仅显示附加成员，基本成员不显示。

4. /etc/gshadow 文件

/etc/gshadow 文件，用于存储 Linux 系统中用户组的密码信息。/etc/gshadow 文件也只有 root 用户才有查看权限，从而保证了用户组密码的安全性。

在/etc/gshadow 文件中，每行代表一个组用户的密码信息，各行信息用冒号作为分隔符进行分隔开，共分为 4 个字段。

第 1 个字段：表示组名。

第 2 个字段：表示组密码，一般为组管理员密码。对于大多数用户来说，通常不设置组密码，字段显示常为空，但有时为 "!"，指的是该群组没有组密码，也不设有群组管理员。

第 3 个字段：表示组管理员。当有用户想要加入某群组而 root 不能及时作出回应时，组管理员就可以将用户加入自己管理的用户组中。

第 4 个字段：表示组成员。显示这个用户组中有的附加用户。

6.5.2　面试技巧与解析（二）

面试官：查看文件或目录权限的方法？

应聘者：可以使用带有-l 选项的 ls 命令来查看文件的权限。ls 命令的显示结果，可以看到在第 1 列中有一组由 10 个字符构成的字符串，这个字符串包含了文件的类型（文件或目录）和该文件的存取权限。

例如：以 abcd 用户登录 Linux 系统，使用带有-l 的 ls 命令列出 abcd 用户的家目录中的文件和目录权限。

```
[abcd@localhost ~]$ ls -l
drwxrwxr-x. 2 abcd abcd  21 7月  4 19:38 cat2010
```

（1）ls -l 命令显示结果的第 1 列的第 1 个字符表示文件的类型，即 d 表示目录，-表示普通文件，l 表示链接文件，b 或 c 表示设备。之后的 9 个字符代表文件或目录的权限，从第 2 个字符开始，每 3 个划分为一组，分别表示所有者对文件的权限（用 u 代表）、所有者所在的组中用户所具有的权限（用 g 表示）、其他用户对文件或目录所具有的权限（用 o 表示）。

（2）第 2 列为链接数量或子目录的个数，第 3 列为文档的所有者，第 4 列为文档的所属组，第 5 列为容量，第 6 列为最近文档被修改的月份，第 7 列为文档最近被修改的日期，第 8 列为文档最近被修改的时间，第 9 列为文件或目录名称。

（3）每一组的第 1 个字符一定是 "r"，表示具有读权限，如果是 "-"，表示没有读权限；第 2 个字符一定是 "w"，表示具有写权限，如果是 "-"，表示没有写权限；第 3 个字符一定是 "x"，表示具有执行权限，如果是 "-"，表示没有执行权限。例如：rwxrwxrwx 表示文档的所有者（user）、组（group）、其他账户（other）权限均为可读、可写、可执行，rwxr--r--表示文档所有者权限为读写执行，所属组权限为只读，其他账户权限为只读。

第 7 章

Linux 文件系统管理

学习指引

在安装 Linux 系统的过程中，系统会提供默认的文件系统供存储设备选择，Linux 文件系统为在硬盘存储和应用中使用的文件与目录之间搭建了沟通的桥梁。本章主要讲解如何通过文件系统在存储设备上存储文件和目录。

重点导读

- 什么是文件系统。
- 选择文件系统的标准。
- 常用文件系统。
- 文件系统的使用。
- 创建分区工具。

7.1　文件系统概述

在第 3.3 小节中，我们已经学习了文件系统的结构、文件类型以及目录和功能，在本章中我们将继续学习文件系统的使用方法和常见的文件系统。

7.1.1　什么是文件系统

文件的系统是操作系统用于确定磁盘或分区上的文件的方法和数据结构，也就是在磁盘上组织文件的方法，同时文件系统还用于存储文件的磁盘、分区或文件系统的种类。操作系统中负责管理和存储文件信息的软件机构称为文件管理系统，简称文件系统。Linux 系统中的文件系统结构如图 7-1 所示。

在文件系统中，一小部分程序可以直接对磁盘或分区的原始扇区进行操作，但这会破坏已经存在的文件系统。还有一部分程序是在文件系统的基础上进行操作，遇到这种情况时，要想顺利工作必须在同种类的文件系统上操作才可以。

一个分区或磁盘在作为文件系统使用前，需要初始化，并将记录的数据结构写到磁盘上，这个过程就叫建立文件系统。

　　注意：对硬盘进行格式化时，不仅清除了硬盘中的数据。另外，格式化过程中还向硬盘中写入了文件系统。不同的操作系统，管理系统中文件的方式也不相同，给文件设定的属性和权限也是不一样的，因此，为了使硬盘能够有效地存放当前系统中的文件数据，就需要将硬盘格式化，令其使用和操作系统相似的文件系统格式。

　　文件系统是操作系统用于在存储设备上组织文件的方法。不同的文件系统，其运作模式和操作系统的文件数据有关。例如 Linux 操作系统中的文件，文件数据不仅包括文件中的内容，而且还有很多的文件属性，即文件的 rwx 权限以及文件的所有者、所属组、创建时间等。

　　通常情况下，文件系统会将文件的实际内容和属性分开存放：

　　（1）文件的属性保存在 inode 中（i 节点中），每一个 i 节点都有一个唯一的编号。每个文件各占用一个 i 节点。不仅如此，i 节点中还记录着文件数据所在 block 块的编号。

　　（2）文件的实际内容保存在 block 中（数据块），每一个 block 也都有一个唯一的编号。当文件太大时，可能会占用多个 block 块。

　　（3）另外，还有一个 super block（超级块）用于记录整个文件系统的整体信息，包括 inode 和 block 的总量、已经使用量和剩余量，以及文件系统的格式和相关信息等。

　　注意：i 节点中所有的属性都是用来描述文件的，并不是文件中的内容。

　　一个 i 节点就是一个与某个特定的文件或目录相关的信息列表。i 节点实际上是一个数据结构，它存放了普通文件、目录或其他文件系统的基本信息。

　　在 Linux 系统中，当一个磁盘被格式化成文件系统（如 ext 3 或 ext 4）时，系统将自动生成一个 i 节点（inode）表，其中包含了所有文件的元数据（metadata，描述数据的数据）。i 节点（inodes）的数量决定了在这个文件系统的分区中最多可以存储多少个文件，这是由于每一个文件和目录都对应一个唯一的 i 节点，而这个 i 节点是使用一个 i 节点号（inode number，简写成 inode-no）来标识的。也就是说，在一个分区中有多少个 i 节点就只能够存储多少个文件和目录。在多数类型的文件系统中，i 节点的数目是固定的，并且是在创建文件系统时生成的。在一个典型的 UNIX 或 Linux 文件系统中，i 节点所占用的空间大约是整个文件系统大小的 1%。

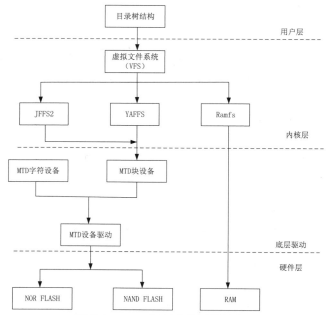

图 7-1　Linux 下的文件系统结构图

注意：Linux 系统在启动时，第一个必须挂载的是根文件系统；若系统不能从指定设备上挂载根文件系统，则系统会出现错误而退出启动。另外，可以自动或手动挂载其他的文件系统。因此，一个系统中可以同时存在不同的文件系统。

7.1.2 为什么要使用文件系统

文件系统管理着许多文件，而这些文件就是数据，这些数据又保存在磁盘上。所以，文件系统实质上就是管理磁盘的软件系统，它不仅简化了用户对磁盘空间的使用方法，而且降低了磁盘空间的使用难度，将磁盘中的数据通过更加形象的方式展示给用户。

文件系统实现对磁盘空间的统一管理，一方面文件系统需要对磁盘空间进行统一规划，另一方面文件系统是提供给普通用户人性化的接口。文件系统类似于仓库中的货架，通过货架可以将空间进行规划和编排，这样根据编号可以方便地找到具体的货物。而文件系统也可以将磁盘空间进行规划和编号处理，这样通过文件名就可以找到具体的数据，而并不需要知道数据到底是怎么存储的。

在 Linux 文件系统中，访问文件的过程具有如下特征：

（1）在访问和维护文件时需要经常使用到文件名。

（2）i 节点（inodes）是系统用来记录有关文件信息的对象。

（3）数据块是用来存储数据的磁盘空间的单位。

从以上内容可以看出，每个文件必须拥有一个名字，并且这个名字肯定与一个 i 节点相关。通常情况下，系统通过文件名就可以确定 i 节点，之后通过 i 节点中的指针就可以定位存储数据的数据块，如图 7-2 所示。

图 7-2 访问文件的过程

除了以上介绍的普通本地文件系统之外，还有相对于本机端的文件系统而言的分布式文件系统。分布式文件系统（Distributed File System，DFS），也称为网络文件系统，是一种允许文件透过网络在多台主机上分享的文件系统，可以让多机器上的多用户分享文件和存储空间。

注意：普通的文件系统只能在本地进行磁盘格式化并使用，解决了普通用户使用磁盘存储数据的问题；而分布式文件系统解决了资源共享的问题，它最大的特点是多个客户端可以访问相同的服务端。

7.1.3 文件系统的标准

在 Linux 操作系统中采用了 FHS 的标准化模式。文件系统层次化标准（Filesystem Hierarchy Standard，FHS），Linux 系统通常采用这种的文件组织形式。同时，FHS 采用树状结构组织文件，定义了系统中每个区域的用途、所需要的最小构成的文件和目录。

FHS 定义了两层规范，分别如下：

（1）第一层是 "/" 下面的各个目录应该要放什么文件数据。

例如：/etc 应该要放置设置文件，/bin 与/sbin 则应该要放置可执行文件等。

（2）第二层则是针对/usr 及/var 这两个目录的子目录来定义。

例如/var/log 放置系统登录文件、/usr/share 放置共享数据等。

文件系统层次化标准将目录划分为 4 种交互作用的形态，如表 7-1 所示。

表 7-1　文件目录交互作用的形态

	可分享的（shareable）	不可分享的（unshareable）
不变的（static）	/usr（软件存放）	/etc（配置文件）
	/opt（第三方软件）	/boot（开机与核心）
可变的（variable）	/var/mail（使用者邮件信箱）	/var/run（程序相关）
	/var/spool/news（新闻组）	/var/lock（程序相关）

表 7-1 中提到的几种交互形态术语具体解释如下。

（1）可分享的：指可以分享给其他系统挂载使用的目录，包括执行文件与用户的邮件等数据，同时也是能够分享给网络上其他主机挂载使用的目录。

（2）不可分享的：本身系统上运作的装置档案或者是与程序有关的 socket 档案等，因为关乎到系统本身，所以就不能够分享给其他主机。

（3）不变的：有些数据是不会经常变动的，跟随着 distribution 而不变动。例如：函式库、文件说明文件、系统管理员所管理的主机服务配置文件等。

（4）可变的：经常改变的数据，例如：登录文件等。

在第 3.3 小节中我们已经简单画出了文件系统的树状结构图，FHS 针对目录树的结构仅定义出 3 层目录下应该放置的数据，分别是下面 3 个目录：

1. /（根目录）：与开机系统有关

根目录在 Linux 系统中属于最重要的一个目录，这是由于所有的目录都是由根目录衍生出来的，同时根目录也与开机、还原、系统修复等动作有关。在系统开机时，需要特定的开机软件、核心档案、开机所需程序、函式库等档案数据，如果系统出现错误，根目录中有能够修复文件系统的程序才能及时阻止错误的发生。

在 Linux 系统中，根目录与开机有必然联系，开机过程中只有根目录则会被挂载，其他分割槽则是在开机完成之后才会持续地进行挂载行为。因此，根目录下与开机过程有关的目录就不能够与根目录放在不同的分割槽中。下面的 5 个目录则是与开机密不可分且不能与根目录分开的目录。

（1）/etc：配置文件。

（2）/bin：重要执行档。与一般用户及单人模式下操作有关的指令。

（3）/dev：装置和接口配置相关的档案。

（4）/lib：执行档所需要的函式库与核心所需的模块。

（5）/sbin：与系统管理员操作有关的指令。

2. /usr（UNIX software resource）：与软件安装执行有关

根据 FHS 的定义，/usr 里面存放的数据属于可分享的但不可变动的数据。类似于 Windows 系统的 C:\Windows 与 C:\Program Files 这两个目录的结合体。建议将数据合理的分别放置在这个目录下的次目录中，而不是自行建立该软件自己独立的目录。

/var（variable）：与系统运作过程有关。

/var 目录主要针对常态性变动的档案，包括快取（cache）、登录档（log file）以及某些软件运作所产生的档案，包括程序档案（lock file，run file），或者 MySQL 数据库的档案等。

注意：文件系统与树状结构之间的关系如下：

（1）目录。新建一个目录时，ext 2 会分配一个 inode 和至少一块 block 给该目录。inode 记录目录权限和属性，以及分配的 block 号。block 记录目录下的文件名和文件名占用的 inode 号。

（2）文件。新建一个文件时，ext 2 会分配一个 inode 和对应文件大小的 N 个 block 块给该文件。inode 和文件名会同时被记录在目录的 block 中，以便通过目录访问到该文件。block 存放文件内容。

（3）文件查找。查找文件时，会先找到文件所在目录，目录的 inode 对应的 block 中，存放着文件的名称和 inode，找到文件名对应的 inode，然后找到文件 inode 对应的 block，找到文件内容。

7.2　常用文件系统

Linux 系统支持多种类型的文件系统管理文件和目录，而每种文件系统都在存储设备上实现了虚拟目录结构。本小节将学习在 Linux 环境中常用的文件系统。

7.2.1　ext 2 文件系统

ext 2 文件系统是 Linux 使用的最传统的磁盘文件系统。ext 2 文件系统是以 inode 为基础的文件系统。它被划分为多个块组，每个块组拥有独立的 inode/block，一个文件系统只有一个 super block。ext 2 文件系统格式化如图 7-3 所示。

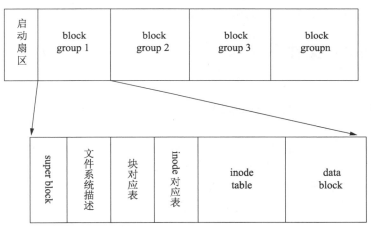

图 7-3　ext 2 文件系统格式化

（1）data block（数据块）：用来放置文件内容。在 ext 2 文件系统中所支持的 block 大小有 1KB、2KB 及 4KB 三种，block 的大小由文件系统总容量决定，如表 7-2 所示。

表 7-2　block 大小限制

block 大小	1KB	2KB	4KB
最大单一文件限制	17GB	257GB	2TB
最大文件系统容量	2TB	8TB	17TB

限制：

① block 的大小与数量在格式化完成之后就不能再改变。

② 每个 block 只能放一个文件的数据。

③ 如果文件大于 block 的大小，则一个文件会占用多个 block 数量。

④ 如果文件小于 block，则该 block 的剩余空间就不能再被使用（磁盘空间会浪费）。

（2）inode table（inode 表格）：存放文件属性和权限等。

inode 存放的文件数据至少有：文件的访问权限（rwx）；文件的所有者与组（owner/group）；文件的大小；文件创建和状态改变时间；最近一次读的时间；最近修改的时间；文件类型标识；文件指向的 block 号。

（3）super block（超级块）。super block 存放文件系统的基本信息。一个文件系统只有一个 super block，存放的信息有：

① block 与 inode 的总量。

② 未使用与已使用的 inode/block 数量。

③ block 与 inode 的大小。

④ 文件系统的挂载时间、最近一次写入数据的时间、最近一次检验磁盘的时间等文件系统的相关信息。

⑤ 一个 validbit 数值，若此文件系统已被挂载，则 validbit 为 0，若未被挂载，则 validbit 为 1。

（4）File System Description（文件系统描述说明）：这个区段可以描述每个 block group 的开始与结束的 block 号码，以及说明每个区段分别介于哪一个 block 号码之间。

（5）block bitmap（块对照表）：标识 block 是否使用，便于系统快速找到空间来处置文件。

（6）inode bitmap（inode 对照表）：与 block bitmap 功能类似，只是 block bitmap 记录的是使用与未使用的 block 号码，inode bitmap 记录使用与未使用的 inode 号码。

7.2.2　ext 3 和 ext 4 文件系统

1. ext 3 文件系统

ext 3 是第三代扩展文件系统（Third extended filesystem，ext 3），同时也是一个日志文件系统，常用于 Linux 操作系统。

ext 3 是大多数 Linux 发行版本的默认文件系统。它采用和 ext 2 文件系统相同的索引节点表结构，另外给每个存储设备增加了一个日志文件，以将准备写入存储设备的数据先记入日志。

默认情况下，ext 3 文件系统用有序模式的日志功能，只将索引节点信息写入日志文件，直到数据块都被成功写入存储设备才删除。通常可以在创建文件系统时使用一个简单命令行选项将 ext 3 文件系统的日志方法改成数据模式。

在 ext 3 格式的文件系统上，当要向硬盘中写入数据时，操作过程如下：

系统同样需要先将这些数据写到数据缓冲区中（内存）。

当数据缓冲区写满时，在数据被写入硬盘之前系统需要先通知日志现在要开始向硬盘中写入数据（即向日志中写入一些信息）。

接着才会将数据写入硬盘中。

当数据写入硬盘之后，系统会再次通知日志数据已经写入硬盘。

注意：在 ext 3 文件系统中，由于有日志机制，在开机时系统会检查日志中的信息。利用日志中的信息，系统就会知道有哪些数据还没有写入硬盘中。由于系统在硬盘上搜寻的范围很小，所以系统检查的时间就会节省很多时间。

ext 3 文件系统为 Linux 文件系统新增加了基本的日志功能，但它依然是不完善的。例如：ext 3 文件系统无法恢复误删的文件；ext 3 文件系统也不支持加密文件等。

2. ext 4 文件系统

ext 4 是第四代扩展文件系统（Fourth extended filesystem，ext 4）是 Linux 系统下的日志文件系统，也是 ext 3 文件系统扩展的结果。ext 4 文件系统的特点如下：

（1）ext 4 拥有更大的文件系统和更大的文件。

（2）ext 3 文件系统最多只能支持 32TB 的文件系统和 2TB 的文件，而 ext 4 的文件系统容量可以达到 1EB，文件容量则可以达到 17TB。

（3）ext 4 文件系统向前和向后兼容。

（4）ext 3 文件系统可以挂载为 ext 4 文件系统使用，但为了充分发挥 ext 4 的优势，必须实现文件系统的迁移，将文件系统重新创建为 ext 4 格式，这样才能使用 ext 4 的全部新特性。ext 4 向后兼容，向后兼容就是指可以将 ext 4 文件系统挂载为 ext 3 文件系统使用，但是前提是 ext 4 文件系统不能使用盘区功能。

（5）ext 4 支持数据压缩和加密。

ext 4 文件系统支持称作区段的特性。区段在存储设备上按块分配空间，但在索引节点表中只保存起始块的位置。不需要显示出所有用来存储文件中数据的数据块，因此可以在索引节点表中节省空间。

（6）ext 4 加入了块预分配技术。ext 4 文件系统可以为文件分配所有需要用到的块，不仅仅是已经用到的块。ext 4 文件系统用 0 填满预留的数据块，不会将它们分配给其他文件。

7.2.3　ReiserFS

ReiserFS 文件系统是最早用于 Linux 的日志文件系统之一。ReiserFS 文件系统只支持回写日志模式即只把索引节点表数据写到日志文件。

ReiserFS 文件系统的特点如下：

（1）先进的日志机制。ReiserFS 有先进的日志功能机制。日志机制保证了在每个实际数据修改之前，相应的日志已经写入硬盘，从而使得文件与数据的安全性有了很大提高。

（2）高效的磁盘空间利用。ReiserFS 对一些小文件不分配 inode，而是将这些文件打包，存放在同一个磁盘分块中。

（3）独特的搜寻方式。ReiserFS 基于快速平衡树搜索，搜索大量文件时，搜索速度比 ext 2 快很多。

7.2.4　XFS

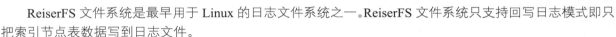

XFS 是一种高性能的日志文件系统。XFS 文件系统采用回写模式日志，提高了系统本身的性能，但实际数据并没有存进日志文件中，因此带来了一定的风险。

XFS 文件系统的特点如下：

（1）数据完全性。无论文件系统上存储的文件与数据有多少，文件系统都可以根据所记录的日志在很短的时间内迅速恢复磁盘文件的内容。

（2）传输特性。XFS 文件系统采用优化算法，日志记录对整体文件操作影响非常小。XFS 查询与分配存储空间非常快而且还能连续提供快速的反应时间。

（3）可扩展性。XFS 是一个全 74 位的文件系统，它可以支持上百万 T 字节的存储空间。对特大文件、小文件或较大数量目录都支持。

7.2.5　Btrfs

Btrfs 属于 COW（写时复制）文件系统，同时也被称为 B 树文件系统，由 Oracle 公司研发。Btrfs 主要是在 Reiser 文件系统的基础性上进行了改进。其特点如下：

（1）扩展性。B-Tree 和动态 inode 的创建等特性保证了 Btrfs 在大型机器上的整体性能而不会随着系统容量的增加而降低。

（2）数据一致性。系统在面对不可预料的硬件故障时，Btrfs 采用 COW 事务技术来保证文件系统的一致性。

（3）多设备管理。Btrfs 支持创建快照（snapshot），和克隆（clone）。Btrfs 还能够方便地管理多个物理设备，使得传统的管理软件变得多余。

（4）B-Tree。Btrfs 内部所有的元数据都采用 B-Tree 管理，拥有良好的可扩展性。B-Tree 是 Btrfs 的核心，Btrfs 内部不同的元数据由不同的 Tree 管理，使得查找、插入和删除操作能够快速进行。

7.3　文件系统的使用

和其他操作系统类似，Linux 的文件系统大部分存放在硬盘上，只有少量的存放在可移除式存储设备中。在本小节中我们主要讲解硬盘的分区、格式化与挂载等文件系统的管理。

7.3.1　硬盘设备和硬盘分区的识别

Linux 系统在进行初始化时，会根据 MBR 来识别硬盘设备。MBR，全称 Master Boot Record，硬盘主引导记录，占据硬盘 0 磁道的第一个扇区。在 MBR 中，包括用来载入操作系统的可执行代码，这个可执行代码就是 MBR 中前 447 字节的 boot loader 即引导加载程序，而在 boot loader 程序之后的 74（17×4）字节的空间主要是用于存储的分区表（Partition table）的相关信息，如图 7-4 所示。

在分区表中，主要存储的值息包括分区号、分区的起始磁柱和分区的磁柱数量。因此，Linux 操作系统在初始化时就可以通过分区表中的这 3 种数据信息来识别硬盘设备。

图 7-4　MBR 结构图

常见的分区号如下。

（1）0x5（或 0xf）：可扩展分区。

（2）0x82：Linux 交换区。

（3）0x83：普通 Linux 分区。

（4）0x8e：Linux 逻辑卷管理分区（LVM）。

（5）0xfd：Linux 的 RAID 分区（RAID）。

在 MBR 中，分区表的磁盘空间只有 74 字节，而每个分区表的大小为 17 字节，所以在一个硬盘上最多可以划分出 4 个主分区。如果要划分出 4 个以上的分区时，可以通过在硬盘上先划分出一个可扩展分区的方法来增加额外的分区。

注意：在 Linux 的 Kernel 中所支持的分区数量都是有限制的，IDE 的硬盘最多可以使用 73 个分区；SCSI 的硬盘最多可以使用 15 个分区。

讲了那么多，读者可能会疑惑，为什么要将一个硬盘划分成多个分区，为什么不可以使用整个硬盘呢？原因如下：

（1）方便管理和控制。将系统中的数据或程序按照不同的种类进行划分，然后将不同类型的数据或程序分别存放在不同的磁盘分区中。而每个分区上存放的都是类似的数据或程序，这样对数据或程序的管理和维护就变得非常简单了。

（2）提高系统的效率。系统在读写磁盘时，磁头移动的距离缩短了，也就是说，缩小了磁头搜寻的范围；如果不使用分区，在硬盘上搜寻信息时就要搜寻整个硬盘，所以速度会降低很多。另外，硬盘分区也可以减轻由于文件不连续存放而所造成的系统效率下降的问题。

（3）使用磁盘配额的功能限制用户使用的磁盘量。磁盘配额的功能，只能在分区一级上使用。为了限制用户使用磁盘的总量，防止用户浪费磁盘空间，最好的办法就是先将磁盘分区，然后在分配给用户。

（4）便于备份和恢复。硬盘分区后，就可以只对所需的分区进行备份和恢复操作，因此备份和恢复的数据量会下降，而且也变得更加简单、方便。

7.3.2　创建分区

一块新的硬盘，要想能够正常使用，必须在存储设备上创建分区来容纳文件系统，分区可以是整个硬盘，也可以是部分硬盘，用以容纳虚拟目录的一部分。

分区是把硬盘划分成一个或无数个分区，然后再把每一个分区格式化为文件系统，这样 Linux 系统才能在格式化后的硬盘分区上存储数据和进行相应的文件管理及维护。

把一个分区格式化为文件系统就是将磁盘的这个分区划分成许多大小相等的小单元，并将这些小单元顺序地编号。小单元就被称为块（block）。Linux 默认的 block 大小为 4KB。

注意：在 Linux 系统上 block 是存储数据的最小单位，而每个 block 最多只能存储一个文件。如果一个文件的大小超过 4KB，那么就会占用多个 blocks。例如，一个文件的大小为 10KB，那么就需要 3 个 blocks 来存储这个文件。

在 Linux 操作系统中创建硬盘分区的命令是 fdisk。fdisk 命令用来帮助管理安装在系统上的任何存储设备上的分区。它是个交互式的程序，允许用户输入命令逐步完成硬盘的分区操作。

读者如果不知道自己系统中都有哪些分区，可以使用带有-l 选项的 ls 命令列出系统中所有的 SCSI 硬盘和分区。

【例 7-1】查看系统中的 SCSI 硬盘和分区。

打开终端页面，输入如下命令：

```
[abcd@localhost ~]$ ls -l /dev/sd*
```

输出结果如图 7-5 所示。

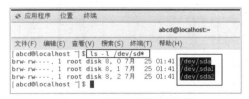

图 7-5　硬盘分区显示结果

由图 7-5 的显示结果中可以看出，不带数字的文件名（/dev/sda）是系统的整个硬盘，文件名中带有数字（/dev/sda1、/dev/sda2）的则为分区。

可以使用 fdisk 命令来查看系统上的硬盘的分区信息。

fdisk 命令的语法格式如下：

```
[root@localhost abcd]# fdisk -l                  //列出系统分区
[root@localhost abcd]# fdisk 设备文件名           //给硬盘分区
```

注意：在使用 fdisk 命令时，必须切换到 root 用户。只有 root 用户才有此命令的操作权限，否则系统会提示 "fdisk: 打不开 /dev/sda: 权限不够"。

【例 7-2】使用 fdisk 命令查看硬盘分区信息。

在终端页面，输入如下命令：

```
[root@localhost abcd]# fdisk -l /dev/sda
```

输出结果如图 7-6 所示。

图 7-6　系统硬盘分区信息

从图 7-6 中的显示结果可以看出，/dev/sda 为整个磁盘，共 21.5GB（21474837480 字节）；以 Units 开始的那一行为每个磁柱的大小，约为 512 字节；最下面框起来的部分就是该硬盘的分区表，从左到右依次为。

- 设备（Device）：硬盘分区所对应的设备文件名。
- Boot：是否为 Boot 分区，有*的为 Boot 分区。
- Start：起始磁柱，代表分区从哪里开始。
- End：终止磁柱，代表分区到哪里结束。
- Blocks：分区的大小，单位是 KB。
- Id：分区内文件系统的 ID。在 fdisk 命令中，可以使用 "i" 查看。
- System：分区的类型。

在使用 fdisk 命令创建分区时，常常使用单字母的命令符来完成一些功能。创建分区常用的命令及功能如表 7-3 所示。

表 7-3　创建分区常用命令及功能

命　令	功　能
a	设置活动分区标记
b	编辑 bsd 磁盘标签
c	设置 DOS 操作系统兼容标记

续表

命　令	功　能
d	删除一个已经存在的分区
l	显示已知的分区类型
m	显示出 fdisk 中使用的所有命令
n	添加一个新的分区
o	建立空白 DOS 分区表
p	显示分区表的内容
q	退出 fdisk，但不保存
s	新建空白 SUN 磁盘标签
t	修改系统分区的 ID
u	修改使用的存储单位
v	验证分区表
w	退出 fdisk 并保存
x	高级功能

【例 7-3】创建分区。

（1）切换到 root 用户，在终端页面中输入以下命令，输出结果如图 7-7 所示。

```
[root@localhost abcd]# fdisk /dev/sda
```

在 Command（m for help）中输入 fdisk 命令中的 p 选项列出分区表中的内容，输出结果如图 7-8 所示。

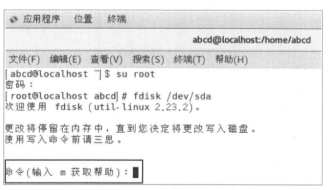

图 7-7　fdisk 命令的输出结果

在 Command（m for help）中输入命令 n 来创建新的分区，在 First cylinder（9431-9985，default 9431）处默认为起始磁柱为 9431，在 Last cylinder or +sizeM or +sizeK（9431-9985，default 9985）处输入 "+1G"，将该分区的大小定义成 1GB，操作命令如下：

```
Command(m for help):n
First cylinder(9431-9985, default 9431):
```

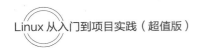

```
Using default value 9431
Last cylinder or +sizeM or +sizeK (9431-9985, default 9985):+1G
```

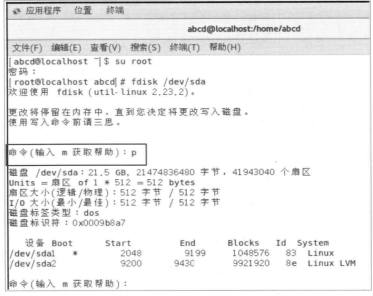

图 7-8　显示当前分区表

　　在出现的 Command（m for help）提示处输入 p 指令，以验证在该硬盘上所添加的新分区的操作是否成功。显示结果如下：

```
命令(输入 m 获取帮助): p
磁盘 /dev/sda: 21.5 GB, 21474837480 字节, 41943040 个扇区
Units = 扇区 of 1 * 512 = 512 bytes
扇区大小(逻辑/物理): 512 字节 / 512 字节
I/O 大小(最小/最佳): 512 字节 / 512 字节
磁盘标签类型: dos
磁盘标识符: 0x0009b8a7
   设备 Boot    Start        End      Blocks   Id  System
/dev/sda1   *     2048       9199     1048577   83  Linux
/dev/sda2         9200       9430     9921920    8e  Linux LVM
/dev/sda3         9431       9985    10149777   83  Linux
```

　　分区创建完成之后，可以使用 w 命令将所创建的新分区的信息保存在磁盘/dev/sda 的分区表中。

7.3.3　硬盘分区的管理

　　硬盘分区的管理包括对新建分区的删除。当在硬盘上创建完成一个分区后，如果不想要这个分区可以使用前述提到的表 7-3 中 fdisk 的 d 指令删除这个分区。

　　【例 7-4】删除分区。

　　（1）使用 su 命令，切换到 root 用户，只有 root 用户才有此操作权限。

　　在终端页面中输入以下命令：

```
[abcd@localhost ~]$ su root
密码:
```

```
[root@localhost abcd]# fdisk /dev/sda
```

（2）在之后出现的 Command（m for help）中输入 fdisk 命令中的 d 选项，输入要删除的分区号，输出结果如图 7-9 所示。

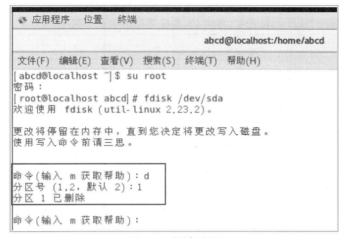

图 7-9　删除分区

然后在出现的 Command（m for help）中输入命令 p，列出硬盘的分区列表，查看分区是否已经被删除。

注意： 在删除完分区之后，如果没有想真的删除该分区，可以输入 q 命令，退出 fdisk 命令不保存该操作；如果认为真的需要删除该分区，就输入 w 命令保存并退出。

在一些 Linux 系统中，当执行完 fdisk 的 w 命令后，虽然新的分区已经创建成功，但并不能够立即使用，因为系统还不能够识别该分区。因此，需要重启系统或者使用 partprobe 命令之后，系统才能够识别这个分区。

在 Linux 系统中可以使用 partprobe 命令重新初始化内存中内核的分区表信息，让新的分区表生效，从而可以使系统识别所创建的新分区。

例如：以 root 用户的身份在终端页面中输入 partprobe 命令。

```
[root@localhost abcd]# partprobe
```

输出结果如图 7-10 所示。

当 partprobe 命令执行成功之后，系统就可以识别该分区了。

图 7-10　partprobe 命令输出结果

7.3.4　创建文件系统

在一个硬盘上所创建的分区并不能直接存放数据，需要将这个分区先格式化成一个 Linux 系统可以识别的文件系统之后才能正常地使用。在 Linux 系统上，可以使用格式化命令 mke2fs。

mke2fs 命令的语法格式如下：

```
[root@localhost abcd]# mke2fs [选项] 设备文件名
```

mke2fs 命令常用的选项及功能如表 7-4 所示。

表 7-4　mke2fs 命令常用选项及功能

选　项	功　能
-b	定义数据块的大小（以字节为单位），默认是 1024 字节（1KB）
-c	在创建文件系统之前检查设备上是否有坏块
-i	定义字节数与 i 节点之间的比率（多少字节对应一个节点）
-j	创建带有日志（Joumal）的 ext 3 文件系统
-L	设置文件系统的逻辑卷标
-m	定义为超级用户预留磁盘空间的百分比（默认为 5%）
-n	覆盖默认 i 节点数的默认计算值

注意：在 Linux7 中，可以使用 mkfs 命令代替 mke2fs 命令。所有的文件系统命令都允许通过不带选项的简单命令来创建一个默认的文件系统。

当使用 fdisk 命令在磁盘上创建了分区之后，该分区是不能直接用来存放数据的。必须先将其格式化成一种 Linux 系统可以识别的文件系统。所谓的格式化就是将分区中的硬盘空间划分成大小相等的一些数据块（blocks），以及设定这个分区中有多少个 i 节点可以使用。

每个数据块（blocks）就是文件系统存储数据的最小单位，也正因为如此才能将信息存放到这些数据块中。为了防止超级块损坏分区无法访问的问题，Linux 操作系统每隔几个数据块组就备份一份超级块。

【例 7-5】使用带有-b 选项的 mke2fs 命令将/dev/sda1 的分区数据块大小设置为 2048 字节。

切换到 root 用户，在终端页面中输入以下命令。

```
[root@localhost abcd]# mke2fs -b
```

输出结果如图 7-11 所示。

【例 7-6】使用带有-j 选项的 mke2fs 命令创建带有日志的 ext 3 文件系统。

切换到 root 用户，在终端页面中输入以下命令。

```
[root@localhost abcd]# mke2fs -j /dev/sda1
```

输出结果如图 7-12 所示。

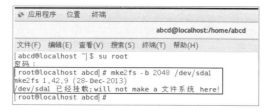

图 7-11　-b 命令输出结果

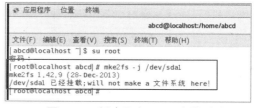

图 7-12　新建日志 ext 3 文件系统

7.3.5　文件系统的挂载与卸载

1. 挂载

当在硬盘上创建了一个分区并将其格式化成某个文件系统之后，这时也还是没有办法将数据或程序存储在这个文件系统上。因为在使用这个文件系统之前，需要先将分区挂载到 Linux 系统上，即把这个分区挂载到 Linux 文件系统的某个目录上。

说到挂载，我们在前面的章节中见过这个词，那么什么是挂载呢？

挂载就是当要使用某个设备时（例如光盘或软盘），必须先将它们对应放到 Linux 系统中的某个目录上。其中对应的目录就叫作挂载点。只有经过操作之后，用户或程序才能访问到这些设备。这个操作过程就叫作文件系统的挂载。

注意：硬盘的分区在使用之前也必须挂载。

通常使用 mount 命令来对文件系统进行挂载。

（1）仅仅使用 mount 命令，会显示出系统中已挂载的设备信息，命令如下：

```
[abcd@localhost ~]$ mount
```

（2）使用-a 选项来自动检查/etc/fstab 文件（自动挂载文件）中有无疏漏被挂载的设备文件，如果有，则进行自动挂载操作，命令如下：

```
[abcd@localhost ~]$ mount [-t 系统类型] [-L 卷标名] [-o 特殊选项] [-n] 设备文件名 挂载点
```

mount 命令常用选项及功能如表 7-5 所示。

表 7-5　mount 命令常用选项及功能

选　　项	功　　能
-t	系统类型：指定欲挂载的文件系统类型
-L	卷标名：除了使用设备文件名之外，还可以利用文件系统的卷标名称进行挂载
-o	在默认情况下，系统会将实际挂载的情况实时写入/etc/mtab 文件中，但在某些场景下，为了避免出现问题，会刻意不写入，此时就需要使用这个选项
-n	特殊选项：可以指定挂载的额外选项

【例 7-7】挂载/dev/sda1 分区。

为了方便管理与维护，可以先在 Linux 系统中创建一个/A 的目录,然后将/dev/sda1 分区挂载在/A 目录上。

（1）首先，需要使用 su 命令将用户转换为 root 用户，因为只有 root 用户才有此操作权限。然后，使用 mkdir 命令创建一个/A 子目录。输入命令如下：

```
[abcd@localhost ~]$ su root
密码：
[root@localhost abcd]# mkdir /A
```

（2）执行完 mkdir 命令之后，系统不会有任何消息提示，因此可以使用带有-F 参数的 ls 命令列出根目录中的所有内容。命令如下：

```
[root@localhost abcd]# ls -F /
```

输出结果如图 7-13 所示。

图 7-13　创建子目录

（3）使用 mount 命令把/dev/sda1 分区挂载到创建的/A 子目录中，输入命令如下：

```
[root@localhost abcd]# mount /dev/sda1 /A
```

输出结果如图 7-14 所示。

图 7-14　挂载分区

2. 卸载

当不再使用一个文件系统或设备时，可以使用 umount 命令将这个文件系统或设备进行卸载。umount 命令用于卸载已经挂载的硬件设备。umount 命令的语法格式如下：

```
[root@localhost abcd]# umount 设备文件名或挂载点
```

注意：在使用 umount 命令卸载一个文件系统时，既可以使用设备名，也可以使用挂载点。但如果有用户正在使用一个文件系统，umount 命令将无法卸载该系统。

【例 7-8】 以设备文件名的方式卸载/dev/sda1。

在【例 7-7】中创建了一个/A 的子目录，把/dev/sda1 分区挂载在/A 的子目录上。现在使用 umount 命令通过设备文件名的方式卸载这一分区。

在终端页面中输入如下命令：

```
[root@localhost abcd]# umount /dev/sda1
```

umount 命令执行完之后，系统是没有任何消息提示的，需要使用 mount 命令列出挂载在系统上的文件系统，以验证卸载是否成功。输入如下命令：

```
[root@localhost abcd]# mount
```

输出结果如图 7-15 所示。

图 7-15　以设备文件名的方式卸载/dev/sda1

将图 7-15 中的输出结果和图 7-14 中的输出结果进行比较，可以看出，/dev/sda1 分区已经被卸载。

【例 7-9】以挂载点的方式卸载/dev/sda1。

因为在例 7-8 中已经卸载了/dev/sda1 分区，所以需要使用 mount 命令重新将/dev/sda1 文件系统挂载在 /A 子目录上。使用命令如下：

```
[root@localhost abcd]# mount /dev/sda1 /A
```

然后使用单独的 mount 命令查看是否挂载成功，如果挂载成功可以在最后一行看到挂载在/A 目录上的 /dev/sda1 分区。命令如下：

```
[root@localhost abcd]# mount
```

使用 umount 命令通过挂载点的方式卸载/dev/sda1 分区。命令如下：

```
[root@localhost abcd]# umount /A
```

最后为了验证/dev/sda1 分区是否已经卸载成功，使用 mount 命令进行查看。命令如下：

```
[root@localhost abcd]# mount
```

输出结果和图 7-14 相同。

7.4　就业面试技巧与解析

本章主要讲解了 Linux 文件系统管理，包括文件系统的概述、文件系统的使用标准、常用文件系统以及文件系统硬盘分区、分区管理、文件系统的创建和文件系统的挂载与卸载等内容。接下来我们通过一些常见的面试题来检验一下本章所学内容。

7.4.1　面试技巧与解析（一）

面试官：常用文件系统有哪些？

应聘者：Linux 系统支持多种类型的文件系统管理文件和目录，而每种文件系统都在存储设备上实现了虚拟目录结构。

（1）ext 2 文件系统是 Linux 使用的最传统的磁盘文件系统。ext 2 文件系统是以 inode 为基础的文件系统。它被划分为多个块组，每个块组拥有独立的 inode/block，一个文件系统只有一个 superblock。

（2）ext 3 是第三代扩展文件系统（Third extended filesystem，缩写为 ext 3），同时也是一个日志文件系统，常用于 Linux 操作系统。ext 3 是大多数 Linux 发行版的默认文件系统。它采用和 ext 2 文件系统相同的索引节点表结构，另外给每个存储设备增加了一个日志文件，以将准备写入存储设备的数据先记入日志。

（3）ext 4 是第四代扩展文件系统（Fourth extended filesystem，ext 4）是 Linux 系统下的日志文件系统，也是 ext 3 文件系统扩展的结果。

（4）ReiserFS 文件系统是最早用于 Linux 的日志文件系统之一。ReiserFS 文件系统只支持回写日志模式即只把索引节点表数据写到日志文件。

（5）XFS 是一种高性能的日志文件系统。XFS 文件系统采用回写模式日志，提高了系统本身的性能。无论文件系统上存储的文件与数据有多少，文件系统都可以根据所记录的日志在很短的时间内迅速恢复磁盘文件的内容。XFS 文件系统采用优化算法，日志记录对整体文件操作影响非常小。XFS 查询与分配存储空间非常快，而且还能连续提供快速的反应时间。

7.4.2　面试技巧与解析（二）

面试官：ext 2 与 ext 3 文件系统之间的区别有哪些？

应聘者：ext 2 和 ext 3 文件系统的格式是完全相同的，只是 ext 3 文件系统会在硬盘分区的最后面留出一块磁盘空间来存放日志（Journal）记录。

在 ext 2 格式的文件系统上，当要向硬盘中写入数据时，系统并不是立即将这些数据写到硬盘上，而是先将这些数据写到数据缓冲区中，也就是内存中。当数据缓冲区写满时，这些数据才会被写到硬盘中。

在 ext 3 格式的文件系统上，当要向硬盘中写入数据时，系统同样需要先将这些数据写到数据缓冲区中。当数据缓冲区写满时，在数据被写入硬盘之前系统需要先通知日志现在要开始向硬盘中写入数据（即向日志中写入一些信息），接着才会将数据写入硬盘中。当数据写入硬盘之后，系统会再次通知日志数据已经写入硬盘。

在 ext 2 文件系统中，由于没有日志机制，所以 Linux 系统使用 valid bit 标志位来记录系统在关机之前该文件系统是否已经卸载（每个文件系统都有一个自己的 valid bit）。valid bit 的值为 1，表示在关机之前这个文件系统已经卸载（即正常关机）；valid bit 的值为 0，表示在关机之前这个文件系统没有卸载（即非正常关机）。在开机时系统会检查每个文件系统的 valid bit，如果 valid bit 的值为 1 就直接挂载。如果 valid bit 的值为 0，系统就会扫描这个硬盘分区来发现损坏的数据。如果分区特别大，这样扫描时需要花费的时间也会很多。

在 ext 3 文件系统中，由于有日志机制，在开机时系统会检查日志中的信息。利用日志中的信息，系统就会知道有哪些数据还没有写入硬盘中。由于系统在硬盘上搜寻的范围很小，所以系统检查的时间就会节省很多时间。

注意：ext 2 和 ext 3 的文件格式是一样的，只是 ext 3 在 ext 2 的基础上增加了日志机制。

第 8 章

Linux 系统进程和内存管理

 学习指引

在 Linux 系统中，无论是系统管理员还是普通用户，都需要实时的监控系统进程的运行情况，当系统进程出现错误时能够及时关闭一些进程以防止系统出现混乱。在 Windows 系统中，主要使用任务管理器来对进程进行管理，而在 Linux 系统中主要使用命令行进行进程管理，两者对进程管理的目的都是一样的，即查看系统中运行的程序和进程、判断服务器的健康状态和及时制止不需要的进程等。

 重点导读

- 系统进程概念及分类。
- 内存管理。
- 进程的监控与管理。
- kill 和 killall 命令的使用。
- 任务调度进程 crond。

8.1　系统进程

在前面第 3.2 小节中我们了解了进程是正在执行的一个程序或命令，每个进程都是一个运行的实体，都有自己的地址空间，并占用一定的系统资源。那么什么是程序呢？

程序就是人们使用计算机语言编写的可以实现一定的功能并且可以解决特定问题的代码的集合。而进程则是正在执行中的程序。当程序被执行时，所执行人的权限、属性以及程序的代码都会被载入内存，操作系统给这个进程分配一个 ID，称为 PID，即进程 ID。

在操作系统中，所有可以执行的程序与命令都会产生进程。只是有些程序和命令很简单，它们在执行完后就会结束，其相应的进程也会终结，因此很难捕捉到这些进程。另外还有一些进程和命令，启动之后会一直停留在系统当中，因此可以把这样的进程称作常驻内存进程。

注意：某些进程会产生一些新的进程，这些进程被称为子进程，把这个进程本身称作父进程。子进程依赖父进程而产生，当父进程不存在时，那么子进程也就不存在了。

在 Windows 系统中，通常是使用任务管理器来强制关闭没有任何反应的软件，也就是结束进程。这是在诸多进程管理工具和命令中最常见的方法之一，但强制终止进程这种方法在进程的管理工作中并不常用，因为每个进程都有自己正确的结束方法，而强制终止进程则是在正常方法已经失效的情况下的后续步骤。

那么我们为什么要对进程进行管理呢？

进程管理主要有 3 个用途，具体介绍如下：

（1）用来判断服务器的状态。

进程管理最主要的工作就是用来判断服务器当前运行的状态是否需要进行手动修改。如果服务器的 CPU 占用率、内存占用率都比较高的话，那么就需要手动去解决这些问题。当发现服务器的 CPU 占用率、内存占用率都很高时，首先需要判断这个进程是否是正常进程，如果是正常进程，则说明服务器已经不能满足应用的需求，需要更换更好的硬件来满足目前服务器的需求；如果是非法进程占用了系统资源，则不能直接中止进程，而需要判断非法进程的来源、作用和所在位置，这样才能把它彻底清除。

（2）查看系统中所有的进程。

在进程管理工作中需要查看系统中所有正在运行的进程，通过这些进程可以判断系统中运行了哪些服务、是否有非法服务正在运行以便于及时终止，从而减少内存的占有率。

（3）直接杀死进程。

直接杀死进程是进程管理中最不常用的手段。当需要停止服务时，通常会通过正确的关闭命令来停止服务。只有在正确终止进程的手段失效的情况下，才会考虑使用 kill 命令（在后面会详细介绍）杀死进程。

Linux 系统中的进程管理和 Windows 系统中的任务管理器的作用都是非常类似的。但在 Windows 系统中使用任务管理器大多数情况下都是为了杀死进程，而在 Linux 系统中则是为了判断服务器的运行状态是否合理。

8.2 内存管理

所有进程（执行的程序）都必须占用一定数量的内存，它有时候是用来存放从磁盘载入的程序代码，有时候是存放用户输入的数据等。

8.2.1 物理内存和虚拟内存

物理内存就是系统硬件的内存大小，是系统真正的内存。相对于物理内存而言，在 Linux 系统下还有虚拟内存，所谓的虚拟内存就是为了满足物理内存的不足而提出的策略。虚拟内存就是利用磁盘空间虚拟出的一块逻辑内存，用作虚拟内存的磁盘空间被称为交换空间（swap space）。

虚拟内存是物理内存的扩展，当系统中的物理内存不足时，就会使用交换分区的虚拟内存。内核会把系统中暂时不需要的内存块信息存储到交换空间，从而释放了物理内存，因此物理内存可以作用于其他地方，当需要使用到原始的内容时，这些信息会被重新从交换空间读入物理内存。

1. Linux 系统内存管理方法

（1）调页算法是将内存中最近不经常使用的页面交换到磁盘上，把经常使用的页面保留在内存中供进程使用。

（2）交换技术是系统将整个进程，全部交换到磁盘上，注意不是部分页面。正常情况下，系统会发生一些交换过程。

当物理内存严重不足时，系统会频繁使用调页和交换，虽然使用虚拟内存扩大了内存的容量，但却增加了磁盘 I/O 的负载。进一步降低了系统对作业的执行速度，即系统 I/O 资源问题又会影响到内存资源的分配。

注意：对于 Linux 系统的内存管理，通常采用的是分页存取机制。为了保证物理内存能得到充分的利用，内核会在适当的时候将物理内存中不经常使用的数据块自动交换到虚拟内存中，而将经常使用的信息保留到物理内存。

2. 物理内存地址与虚拟内存地址

计算机对虚拟内存地址空间（32 位为 4GB）进行分页，产生页（page）；对物理内存地址空间进行分页，产生页帧（page frame）。页和页帧的大小相同，但虚拟内存页的个数必须要大于物理内存页帧的个数。

另外在计算机上还有一个页表（page table），主要用来映射虚拟内存页到物理内存页，即是页号到页帧号的映射，而且是一对一的映射。

在将应用程序加载到内存空间执行时，操作系统负责代码段、数据段和 BSS 段的加载，并在内存中为这些段分配空间。栈也由操作系统分配和管理；堆由程序员自己管理，即显式地申请和释放空间。BSS 段、数据段和代码段是可执行程序编译时的分段，运行时还需要栈和堆。该过程的特点如下：

（1）每个进程都有自己独立的 4GB 内存空间，各个进程的内存空间具有类似的结构；

（2）每个进程的 4GB 内存空间都只是虚拟的内存空间，每次访问内存空间的某个地址时，都需要把地址翻译为实际物理内存地址；

（3）所有进程共享同一物理内存，每个进程只把自己目前需要的虚拟内存空间映射并存储到物理内存上；

（4）一般认为虚拟空间全部被映射到了磁盘空间中，并且由页表记录映射位置。

8.2.2　交换空间的使用

交换空间是现代 Linux 系统中的第二种内存类型。交换空间的主要功能是当全部的 RAM 被占用并且需要更多内存时，用磁盘空间代替 RAM 内存。

Linux 系统通常使用交换空间来增加主机可用的虚拟内存量。它可以在常规文件系统或逻辑卷上使用一个或多个专用交换分区或交换文件。

Linux 提供了两种类型的交换空间。默认情况下，大多数 Linux 系统的安装都会创建交换分区，但也可以使用特殊配置的文件作为交换文件。交换分区是一个标准的磁盘分区，由 mkswap 命令。

如果没有可用的磁盘空间来创建新的交换分区，则可以使用交换文件。这只是一个常规的文件，它被创建并预先分配到指定的大小，然后 mkswap 命令将其配置为交换空间。

在 Linux 系统中，虚拟内存被称为系统交换区（swap）。而 Linux 系统的 swap 区又分为两种，第一种是使用划分好的分区作为 swap 区，第二种是使用 Linux 系统的文件作为 swap 区。要在 Linux 系统上创建一个 swap 区（虚拟内存），需要执行这样几个操作：创建 swap 区所用的分区或文件，另外在创建分区时，需要将分区的类型设成 0x82；使用 mkswap 命令在该分区或文件上写入一个特殊的识别标志。

将 swap 类型的文件系统的挂载信息添加到/etc/fstab 文件中。

注意：如果虚拟内存使用的是 swap 分区，需要使用 swapon -a 命令来启用该分区。这是因为 swapon -a 命令会读取/etc/fstab 文件中所有有关 swap 的记录，并且启用所有的 swap 分区。如果使用的是 swap 文件，则使用 swapon swapfile（swap 的文件名）来启用。另外，还可以使用 swapon -s 命令来查看 swap 分区或文件的状态信息。

1. Linux 系统中交换空间的使用

（1）Linux 系统会有频繁的页面交换操作，这样是为了让更多的物理空间保持空闲，即使现在不需要内存，Linux 系统也会交换出暂时不需要使用的内存页面以减少等待交换所需的时间。

（2）Linux 系统在进行页面交换时是有条件的。不是所有的页面在不使用时都能够交换到虚拟内存中，Linux 内核根据"最近最经常使用"算法，只将一些不经常使用的页面文件交换到虚拟内存，这可能会出现 Linux 物理内存还有很多，但是交换空间也使用了很多的现象。这是因为当一个需要占用很大内存的进程在运行时，需要耗费很多的内存资源，此时就会有一些不常用的页面文件被交换到虚拟内存中；最后当这个占用很多内存资源的进程结束并且释放了较多的内存时，被交换出去的页面文件并不会自动交换到物理内存，此时系统的物理内存就会空闲很多，但交换空间还处于正在被使用的状态。

（3）交换空间的页面在使用时会最先被交换到物理内存，如果此时没有足够的物理内存来存放这些页面，那么这些页面又会被交换出去。因此，虚拟内存中可能没有足够的空间来存放这些交换页面，最终会导致 Linux 出现假死机、服务异常等问题，Linux 系统虽然可以在一段时间内自动恢复，但是恢复后的系统已经基本上不能使用了。

2. 交换空间的大小

当 Linux 系统中的物理内存很大时，可能没有交换空间系统也能很好地运行。但当物理内存使用完时，系统就会崩溃，因为它没有可以释放内存的方式，因此在系统中提供一个交换空间也是很有必要的。那么交换空间通常多大合适呢？具体如下：

（1）对于桌面系统而言，使用系统内存的两倍的交换空间，就可以运行大量的应用程序，使更多的 RAM 用于主要的应用。

（2）对于服务器而言，使用小量的交换空间（通常是物理内存的一半），这样就可以通过监控交换空间的大小来预警是否需要增加 RAM 的大小。

（3）对于老式台式机而言，则组要使用尽可能大的交换空间。

8.3　进程的监控与管理

在 Linux 中有许多对系统进程进行监控的工具，通过这些工具可以查看、监听各进程的运行状态等。

8.3.1　监控进程的使用情况

Linux 中使用最频繁的系统监控工具就是 ps 命令和 top 命令。在前面的章节系统管理与维护命令中已经简单地了解了这两种命令的格式以及作用等内容，在本小节中我们将详细介绍这两种命令。

1. ps 命令

使用 ps 命令可以查看系统中所有运行进程的详细信息。

在表 4-9 中已经列出了 ps 命令的常用选项及作用，需要注意的是，在使用 ps 命令时，它的部分选项不能在前面加"-"。例如：命令 ps aux，aux 是选项但前面不能加"-"。

ps 命令中最常用的选项有以下 2 个：

（1）ps aux 命令可以查看系统中所有的进程（该命令在 4.2.12 小节中曾详细讲解过，这里不再进行说明）。

（2）ps -le 命令不仅可以查看系统中全部的进程，而且还能看到进程的父进程 PID 和进程优先级。

【例 8-1】ps -le 命令的使用。

在终端页面输入命令如下：

```
[abcd@localhost ~]$ ps -le
```

输出结果如图 8-1 所示。

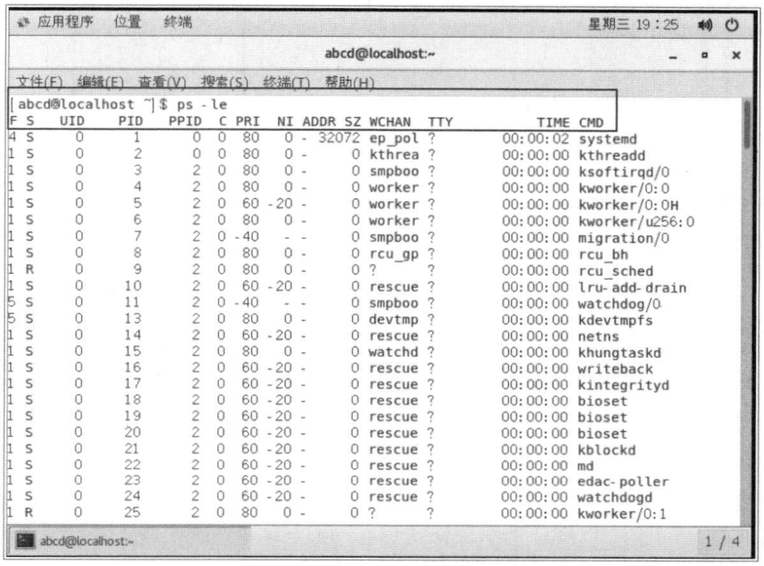

图 8-1　ps -le 命令的输出结果

从图 8-1 可以看出，ps -le 命令的输出信息有以下几点。

① F：表示进程标志，说明进程的权限。常见的标志有 1 和 4，1 表示进程可以被复制，但是不能被执行；4 表示进程使用超级用户的权限。

② S：表示进程的状态。D 为不可中断的进程，R 为正在运行的进程，S 为正在睡眠的进程，T 为停止或被追踪的进程，X 为死掉的进程，Z 为僵死进程。

③ UID：表示运行此进程的用户 ID。

④ PID：表示进程 ID。

⑤ PPID：表示父进程 ID。

⑥ C：表示该进程的 CPU 使用率，单位是百分比。

⑦ PRI：表示进程的优先级，数越小，优先级越高，越早被 CPU 执行。

⑧ NI：也表示进程的优先级，数值越小，该进程越早被执行。

⑨ ADDR：表示该进程的内存位置。

⑩ SZ：表示进程占用的内存。

⑪ WCHAN：表示该进程是否运行。"-"代表正在运行。

⑫ TTY：表示该进程由哪个终端产生。

⑬ TIME：表示进程占用 CPU 的运算时间，不是系统时间。

⑭ CMD：表示产生此进程的命令名。

（3）ps -l 命令只能查看当前 Shell 产生的进程。

【例 8-2】ps -l 命令的使用。

在终端页面输入命令如下：

```
[abcd@localhost ~]$ ps -l
```

输出结果如图 8-2 所示。

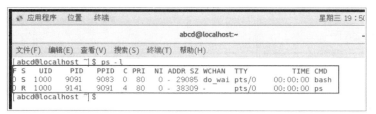

图 8-2　ps -l 命令的输出结果

由图 8-2 中的输出结果可以看出，只产生了两个进程：一个是登录之后生成的 Shell，也就是 Bash；另一个是正在执行的 ps 命令。

2. top 命令

使用 ps 命令可以一次全部给出当前系统中进程的状态，但缺乏时效性。当需要实时监控进程的运行情况，就必须不停地执行 ps 命令，这样操作明显缺乏效率。这时就需要使用 top 命令，top 命令可以动态地持续监听进程地运行状态。

【例 8-3】top 命令的使用。

在终端页面输入如下命令：

```
[abcd@localhost ~]$ top
```

输出结果如图 8-3 所示。

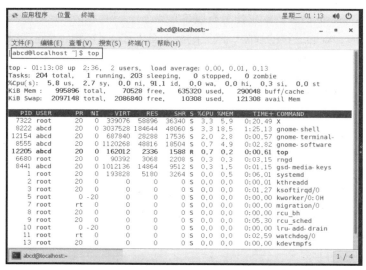

图 8-3　top 命令的输出结果

top 命令的输出内容是动态的，默认每隔 3s 刷新一次。命令的输出主要分为两部分：

第一部分是前 5 行，显示的是整个系统的资源使用状况，通过这些输出来对资源服务器的使用状态进行判断。

第二部分从第 6 行开始，显示的是系统中进程的信息。

图 8-3 中第 1 行 top -之后的内容表示：这个系统的当前时间是 01:13:08，该系统已经运行了 2 小时 36 分钟，

目前系统上有 2 个用户。load average 显示的是在过去 10 分钟系统的平均负载，其中的 3 个数字分别代表现在 1 分钟前、5 分钟前和 10 分钟前系统的平均负载。

第 2 行分别显示系统中的进程总数、正在运行的进程数、睡眠的进程数、停止的进程数、僵尸进程数。

第 3 行表示进程的空闲、等待和中断服务所占 CPU 的百分比。

第 4 行表示与内存有关的信息，它们表示系统总的内存（total）为 995 896KB、所使用的内存（used）为 635 320KB、空闲的内存（free）为 70 528KB、作为缓冲的内存为 290 048KB。

第 5 行显示的是与交换区有关的信息，它们表示系统总的交换区（total）大小为 2 097 148KB、所使用的交换区（used）为 10 308KB、空闲的交换区（free）也为 2 086 840KB、作为缓存的交换分区的大小为 121 308KB。

8.3.2　监控内存和交换分区的使用情况

另一个常用的 Linux 系统监控工具就是 free 命令，free 命令不仅可以用来显示内存的使用状态信息，还可以获得物理内存和虚拟内存的使用量。

可以直接使用 free 命令来查看系统内存的状态信息。

【例 8-4】free 命令的使用。

在终端页面输入如下命令：

```
[abcd@localhost ~]$ free
```

输出结果如图 8-4 所示。

图 8-4　free 命令的输出结果

从图 8-4 中的输出结果可以看出以下信息：

（1）total 表示总内存数；

（2）used 表示已经使用的内存数；

（3）free 表示空闲的内存数；

（4）shared 表示多个进程共享的内存总数；

（5）buff/cache 表示是缓冲内存数；

（6）available 表示合理的内存数。

Mem 一行指的是内存的使用情况；Swap 一行指的就是 swap 分区的使用情况。

可以看到，系统的物理内存为 995 896MB，已经使用了 689 548MB，空闲 65 936MB。而 swap 分区总大小为 2 098 148MB，已经使用了 5 640MB，空闲 2 091 508MB。

8.3.3　pstree 命令的使用

Linux 系统还提供了一个显示更直观、与进程管理有关的命令，就是 pstree 命令。pstree 命令将正在运行的进程作为一棵树来显示，树的根基可以是一个进程的 PID 也可以是 init。

pstree 命令的基本格式如下：

```
[abcd@localhost ~]$ pstree [选项] [PID 或用户名]
```

pstree 命令常用选项及作用如表 8-1 所示。

表 8-1　pstree 命令常用选项及作用

选　　项	作　　用
-a	显示启动每个进程对应的完整指令，包括启动进程的路径、参数等
-c	不显示进程的全部详细信息，即显示的进程中包含子进程和父进程
-n	跟据进程 PID 号来排序输出，默认是以程序名排序输出的
-p	显示进程的 PID
-u	显示进程对应的用户名称

注意：在使用 pstree 命令时，如果不指定进程的 PID 号，也不指定用户名称，则会以 init 进程为根进程，显示系统中所有程序和进程的信息；反之，若指定 PID 号或用户名，则将以 PID 或指定命令为根进程，显示 PID 或用户对应的所有程序和进程。init 进程是系统启动的第一个进程，进程的 PID 是 1，也是系统中所有进程的父进程。

如果命令中指定的参数是用户名，那么进程树的根是基于这个用户所拥有的进程。可以使用例 8-5 中不带任何参数的 pstree 命令列出系统中所有进程的状态树。

【例 8-5】pstree 命令的使用。

在终端页面输入如下命令：

```
[abcd@localhost ~]$ pstree
```

输出结果如图 8-5 所示。

图 8-5　pstree 命令的输出结果

8.3.4　列出进程调用或打开文件的信息

我们前面学习了可以使用 ps 命令查询到系统中所有的进程，现在来学习一个新的命令 lsof。通过 lsof

命令，可以根据文件找到相对应的进程信息，也可以根据进程信息找到进程打开的文件。

lsof 命令的基本格式如下：

```
[abcd@localhost ~]$ lsof [选项]
```

lsof 命令常用选项及作用如表 8-2 所示。

表 8-2　lsof 命令常用选项及作用

选　　项	作　　用
-c 字符串	只列出以字符串开头的进程打开的文件
+d 目录名	列出某个目录中所有被进程调用的文件
-u 用户名	只列出某个用户的进程打开的文件
-p pid	列出某个 PID 进程打开的文件

【例 8-6】查询系统中所有进程调用的文件。

在终端页面输入如下命令：

```
[abcd@localhost ~]$ lsof | more
```

输出结果如图 8-6 所示。

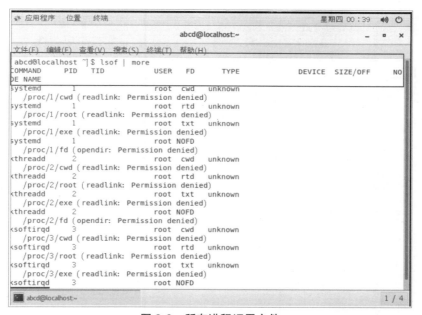

图 8-6　所有进程调用文件

从图 8-6 中可以看出有很多的输出，但系统会按照 PID，从 1 号进程开始列出系统中所有的进程正在调用的文件名。

同样，我们可以按照 PID 查询进程调用的文件。例如：执行 lsof -p 1 命令就可以查看 PID 为 1 的进程调用的所有文件。

【例 8-7】查询 PID 是 1 的进程调用的文件。

在终端页面输入如下命令：

```
[abcd@localhost ~]$ lsof -p 1
```

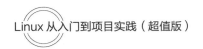

输出结果如图 8-7 所示。

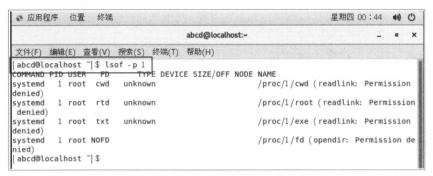

图 8-7 PID 是 1 的进程调用的文件

另外还可以查看某个用户的进程调用了哪些文件。

【例 8-8】按照用户名查询某个用户的进程调用的文件。

在终端页面输入如下命令：

```
[abcd@localhost ~]$ lsof -u root
```

输出结果如图 8-8 所示。

图 8-8 root 用户的进程调用文件

8.3.5 利用 pgrep 查询进程 ID

pgrep 命令是通过程序的名字来查询进程的工具，一般用来判断程序是否正在运行。

pgrep 命令的基本格式如下：

```
[abcd@localhost ~]$ pgrep [选项] 程序名称
```

pgrep 命令常用选项及作用如表 8-3 所示。

表 8-3 pgrep 命令常用选项及作用

选　项	作　用
-l	同时显示进程名和 PID
-o	进程起始的 ID
-n	进程终止的 ID

【例 8-9】查看指定名称的进程信息。

查看 systemd 的进程信息，在终端页面输入如下命令：

```
[abcd@localhost ~]$ pgrep systemd
```

输出结果如图 8-9 所示。

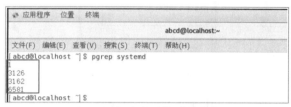

图 8-9　指定名称的进程信息

【例 8-10】同时显示 PID 和进程名称。

在终端页面输入如下命令：

```
[abcd@localhost ~]$ pgrep -l systemd
```

输出结果如图 8-10 所示。

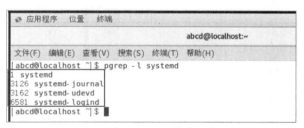

图 8-10　显示 PID 和进程名称

【例 8-11】显示进程起始 ID。

在终端页面输入如下命令：

```
[abcd@localhost ~]$ pgrep -l -o systemd
```

输出结果如图 8-11 所示。

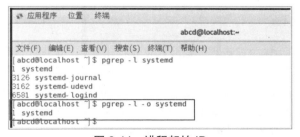

图 8-11　进程起始 ID

【例8-12】显示进程终止 ID。

在终端页面输入如下命令：

```
[abcd@localhost ~]$ pgrep -l -n systemd
```

输出结果如图 8-12 所示。

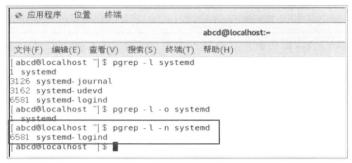

图 8-12 进程终止 ID

8.4 kill 和 killall 命令的使用

在 Linux 系统中通常使用信号（signal）来控制进程。一个信号就代表着一个消息可以传送给一个进程，而进程通过执行信号所要求的操作来响应信号。信号是由一个信号号码和一个信号名来标识，每一个信号都有一个相关的操作。常用的信号描述如表 8-4 所示。

表 8-4 常用信号的描述

信 号 号 码	信 号 名	事 件	描 述	默 认 响 应
1	SIGHUP	挂起 Hang up	挂掉电话线或终端连接的挂起信号,这个信号也会造成某些进程在没有终止的情况下重新初始化	退出 Exit
2	SIGINT	中断 Interrupt	使用键盘产生的一个中断信号（Ctrl+C 快捷键）	退出 Exit
9	SIGKILL	杀死 Kill	杀死一个进程的信号,一个进程不能忽略这个信号	退出 Exit
15	SIGTERM	终止 Terminate	以一种有序的方式终止一个进程。有些进程会忽略这个信号。Kill 命令默认发送这个信号	

Linux 系统提供了可以用于直接终止进程的命令，分别是 kill 和 killall 命令。

8.4.1 用 kill 终止进程

kill 从表面上来讲，就是用来杀死进程的命令；从本质上讲，kill 命令只是用来向进程发送一个信号，信号具体是什么操作是由用户指定的。kill 命令会向操作系统内核发送一个信号（一般都是终止信号）和目标进程的 PID，然后系统内核根据收到的信号类型，对指定进程进行相应的操作。

使用 kill 命令把一个信号发送给一个或多个进程。kill 命令只能终止一个用户所属的一些进程，但 root 用户可以使用 kill 命令终止任何进程。kill 命令默认是向进程发送 signal15，这个信号将引起进程以一种有序的方式正常终止。

kill 命令的基本语法格式如下：

```
[abcd@localhost ~]$ kill [信号或参数] PID
```

注意：kill 命令是按照 PID 来确定进程的，所以 kill 命令只能识别 PID，而不能识别进程名。在使用 kill 命令终止一个进程之前，必须知道该进程的 PID，可以通过在一个命令行上输入多个 PIDs 的方法，一次终止多个进程。

在 Linux 系统中定义了好多种不同类型的信号，可以通过使用 kill -l 命令查看所有信号及其信号号码。kill 命令常用的信号参数及描述如表 8-5 所示。

表 8-5　kill 命令常用的信号参数及作用

参　　数	作　　用
-l	信号，如果不加信号的编号参数，则使用 "-l" 参数会列出全部的信号名称
-a	当处理当前进程时，不限制命令名和进程号的对应关系
-p	指定 kill 命令只打印相关进程的进程号，而不发送任何信号
-s	指定发送信号
-u	指定用户

【例 8-13】列出 kill 命令可以发送给系统的所有信号的信号号码和信号名称。

在终端页面输入如下命令：

```
[abcd@localhost ~]$ kill -l
```

输出结果如图 8-13 所示。

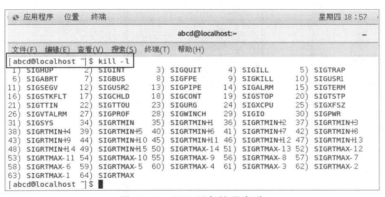

图 8-13　显示所有信号名称

【例 8-14】使用 kill 命令得到指定数值。

在终端页面输入如下命令：

```
[abcd@localhost ~]$ kill -l KILL
[abcd@localhost ~]$ kill -l SIGKILL
[abcd@localhost ~]$ kill -l SIGTERM
[abcd@localhost ~]$ kill -l SIGHUP
```

输出结果如图 8-14 所示。

【例 8-15】先用 ps 命令查找进程，然后用 kill 命令杀掉进程。

（1）首先需要使用 ps 的组合命令分页显示系统中所有进程的状态信息。在终端页面输入如下命令：

```
[abcd@localhost ~]$ ps -ef | more
```

（2）不退出此时的 more 命令，再开启一个终端页面，切换到 root 用户，使用 pgrep 命令来确定 more 命令的进程 PID。输入命令如下：

```
[root@localhost abcd]# pgrep -l more
```

（3）使用 kill 命令以一种有序的方式终止 PID 为 10305 的进程，接着使用 pgrep 命令来测试 kill 命令是否执行成功，输入命令如下：

```
[root@localhost abcd]# kill 10305
[root@localhost abcd]# pgrep -l more
```

输出结果如图 8-15 所示。

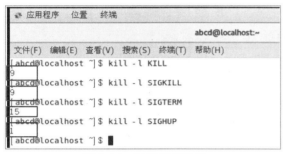

图 8-14　显示指定数值

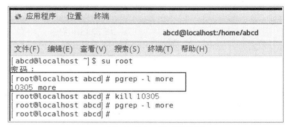

图 8-15　输出结果

（4）执行完 pgrep 命令系统也不会有任何消息提示，切换到执行 ps 命令的终端窗口，可以看到如图 8-16 显示结果，此时表明 more 命令所对应的进程 10305 已经被终止了，如图 8-16 所示。

root	1	0	0 22:17 ?	00:00:03 /usr/lib/systemd/systemd --switched-r
pot --system --deserialize 22				
root	2	0	0 22:17 ?	00:00:00 [kthreadd]
root	3	2	0 22:17 ?	00:00:00 [ksoftirqd/0]
root	5	2	0 22:17 ?	00:00:00 [kworker/0:0H]
root	7	2	0 22:17 ?	00:00:00 [migration/0]
root	8	2	0 22:17 ?	00:00:00 [rcu_bh]
root	9	2	0 22:17 ?	00:00:01 [rcu_sched]
root	10	2	0 22:17 ?	00:00:00 [lru-add-drain]
root	11	2	0 22:17 ?	00:00:00 [watchdog/0]
root	13	2	0 22:17 ?	00:00:00 [kdevtmpfs]
root	14	2	0 22:17 ?	00:00:00 [netns]
root	15	2	0 22:17 ?	00:00:00 [khungtaskd]
root	16	2	0 22:17 ?	00:00:00 [writeback]
root	17	2	0 22:17 ?	00:00:00 [kintegrityd]
root	18	2	0 22:17 ?	00:00:00 [bioset]
root	19	2	0 22:17 ?	00:00:00 [bioset]
root	20	2	0 22:17 ?	00:00:00 [bioset]
root	21	2	0 22:17 ?	00:00:00 [kblockd]
root	22	2	0 22:17 ?	00:00:00 [md]
root	23	2	0 22:17 ?	00:00:00 [edac-poller]
root	24	2	0 22:17 ?	00:00:00 [watchdogd]
root	30	2	0 22:17 ?	00:00:00 [kswapd0]
root	31	2	0 22:17 ?	00:00:00 [ksmd]

图 8-16　终止进程

8.4.2　用 killall 终止进程

killall 是用于终止进程的另一个命令，用来结束同名的所有进程。它与 kill 命令不同，killall 命令不是根据 PID 来终止单个进程，而是通过程序的进程名称来杀死一类进程。killall 命令常与 ps、pstree 等命令配合使用。

killall 发送一条信号给所有运行任意指定命令的进程，如果没有指定信号名，则发送 SIGTERM。

killall 命令的基本格式如下：

```
[root@localhost abcd]# killall [选项] [信号] 进程名称
```

killall 命令常用的选项及作用如表 8-6 所示。

表 8-6　killall 命令常用的选项及作用

选　　项	作　　用
-I	在发送信号给指定名称的进程时忽略大小写
-i	交互模式，杀死进程前先询问用户
-e	要求匹配进程名称
-s	发送指定的信号
-v	报告信号是否发送成功
-w	等待所有被终止的进程停止工作。killall 命令会每秒检查一次，是否还有被杀的进程仍然运行，仅当进程全部停止后才返回

【例 8-16】交互式终止 sshd 进程。

（1）使用 ps 和 grep 的组合命令查询 sshd 进程。

在终端页面输入如下命令：

```
[abcd@localhost ~]$ ps aux | grep "sshd" | grep -v "grep"
```

（2）使用 killall 命令、-i 选项，交互式的终止 sshd 进程。命令如下：

```
[abcd@localhost ~]$ killall -i sshd
```

输出结果如图 8-17 所示。

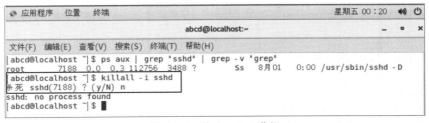

图 8-17　终止 sshd 进程

在图 8-17 中可以输入 y/n 选择是否终止 sshd 服务。如果终止该服务，那么所有的 sshd 连接都将不能登录。

8.5　任务调度进程 crond 的使用

说到 crond 进程不得不说到 crontab 进程，crond 和 crontab 是不可分割。在本小节中我们将会详细介绍 crond 和 crontab 进程的使用。

8.5.1 crond 简介

crond 是 Linux 系统下用来周期性地执行某种任务或等待处理某些事件的一个守护进程，与 Windows 下的计划任务类似，当安装完成操作系统后，默认会安装此服务工具，并且会自动启动 crond 进程，crond 进程每分钟会定期检查是否有要执行的任务，如果有要执行的任务，则自动执行该任务。

1．crontab 支持以下两种状态

（1）直接编写计划任务。

（2）使用目录的方式，放在目录里面的都会定时执行，定时目录可在/etc/crontab 中设定。

2．Linux 下的任务调度分为系统任务调度和用户任务调度

（1）系统任务调度：系统周期性所要执行的工作，例如写缓存数据到硬盘、日志清理等。在/etc 目录下有一个 crontab 文件，这个就是系统任务调度的配置文件。/etc/crontab 文件包括下面几行：

```
SHELL=/bin/Bash
PATH=/sbin:/bin:/usr/sbin:/usr/bin
MAILTO=root
HOME=/
# run-parts
01 * * * * root run-parts /etc/cron.hourly
02 4 * * * root run-parts /etc/cron.daily
22 4 * * 0 root run-parts /etc/cron.weekly
42 4 1 * * root run-parts /etc/cron.monthly
```

前 4 行是用来配置 crond 任务运行的环境变量。

第 1 行 SHELL 变量指定了系统要使用哪个 Shell，这里是 Bash；

第 2 行 PATH 变量指定了系统执行命令的路径；

第 3 行 MAILTO 变量指定了 crond 的任务执行信息将通过电子邮件发送给 root 用户，如果 MAILTO 变量的值为空，则表示不发送任务执行信息给用户；

第 4 行的 HOME 变量指定了在执行命令或者脚本时使用的主目录。

（2）用户任务调度：用户定期要执行的工作，例如用户数据备份、定时邮件提醒等。用户可以使用 crontab 工具来定制自己的计划任务。所有用户定义的 crontab 文件都被保存在/var/spool/cron 目录中。其文件名与用户名一致。

3．crond 服务的启动、关闭、重启和重载

```
/sbin/service crond start      //启动服务
/sbin/service crond stop       //关闭服务
/sbin/service crond restart    //重启服务
/sbin/service crond reload     //重新载入配置
```

8.5.2 crontab 工具的使用

1．crontab 的使用格式

crontab 常用的使用格式有以下两种：

```
crontab [-u user] [file]
crontab [-u user] [-e|-l|-r |-i]
```

crontab 的常用选项及作用如表 8-7 所示。

表 8-7　crontab 的常用选项及作用

选　　项	作　　用
-u user	用来设定某个用户的 crontab 服务。例如，"-u abcd" 表示设定 abcd 用户的 crontab 服务，此参数一般有 root 用户来运行
file	file 是命令文件的名字，表示将 file 作为 crontab 的任务列表文件并载入 crontab。如果在命令行中没有指定这个文件，crontab 命令将接受标准输入（键盘）上输入的命令，并将它们载入 crontab
-e	编辑某个用户的 crontab 文件内容。如果不指定用户，则表示编辑当前用户的 crontab 文件
-l	显示某个用户的 crontab 文件内容，如果不指定用户，则表示显示当前用户的 crontab 文件内容
-r	从/var/spool/cron 目录中删除某个用户的 crontab 文件，如果不指定用户，则默认删除当前用户的 crontab 文件
-i	在删除用户的 crontab 文件时给确认提示

注意：在 Linux 中，推荐使用 crontab -e 命令添加自定义的任务，退出后重启 crond 进程。

重新启动 cron 服务或重新加载 cron 配置，命令为：

```
/etc/rc.d/init.d/crond restart
service cron reload
```

2．crontab 文件的含义

/etc/crontab 文件语法如下：

```
Minute  Hour  Day  Month  Dayofweek  command
分钟　小时　天　月　每星期　命令
```

用户所建立的 crontab 文件中，每一行都代表一项任务，每行的每个字段代表一项设置，它的格式共分为 6 个字段，前 5 段是时间设定段，第 6 段是要执行的命令段。含义如下：

（1）Minute：表示分钟，可以是从 0 到 59 之间的任何整数。

（2）Hour：表示小时，可以是从 0 到 23 之间的任何整数。

（3）Day：表示日期，可以是从 1 到 31 之间的任何整数。

（4）Month：表示月份，可以是从 1 到 12 之间的任何整数。

（5）Week：表示星期几，可以是从 0 到 8 之间的任何整数，这里的 0 或 8 代表星期日。

（6）command：要执行的命令，可以是系统命令，也可以是自己编写的脚本文件。

在这些字段里，除了 "command" 是每次都必须指定的字段以外，其他字段皆为可选字段。对于不指定的字段，要用 "*" 来填补其位置。同时，还可以使用以下特殊字符：

（1）星号（*）：代表所有可能的值，例如 month 字段如果是星号，则表示在满足其他字段的制约条件后每月都执行该命令操作。

（2）逗号（,）：可以用逗号隔开的值指定一个列表范围，例如，"1，2，5，8，8，9"。

（3）中杠（-）：可以用整数之间的中杠表示一个整数范围，例如 "2-6" 表示 "2，3，4，5，6"。

（4）正斜线（/）：可以用正斜线指定时间的间隔频率，例如："0-23/2" 表示每两小时执行一次。同时正斜线可以和星号一起使用，例如：*/10，如果用在 Minute 字段，表示每 10 分钟执行一次。

3．举例分析

```
0 */2 * * * /usr/local/apache2/apachectl restart
```

表示每隔 2 个小时重启 Apache 服务一次。

157

```
15 2 * * 6 /webdata/bin/backup.sh
```
表示每周六的 2 点 15 分执行/webdata/bin/backup.sh 脚本的操作。
```
0 0 10,25 * * fsck /dev/sdb
```
表示每个月的 10 号和 25 号检查/dev/sdb 磁盘设备。
```
00 6 */5 * * echo "">/usr/local/apache2/log/access_log
```
表示每个月的 5 号、10 号、15 号、20 号、25 号、30 号的 6 点 00 分执行清理 Apache 日志操作。

8.5.3 使用 crontab 工具的注意事项

1. 注意环境变量问题

有时在创建一个 crontab 时，但是这个任务却无法自动执行，而手动执行这个任务却没有问题，这种情况一般是由于在 crontab 文件中没有配置环境变量引起的。

在 crontab 文件中定义多个调度任务时，需要特别注意的一个问题就是环境变量的设置，因为在手动执行某个任务时，是在当前 Shell 环境下进行的，程序当然能找到环境变量，而系统自动执行任务调度时，是不会加载任何环境变量的，因此，就需要在 crontab 文件中指定任务运行所需的所有环境变量，这样，系统执行任务调度时就没有问题了。

2. 注意清理系统用户的邮件日志

每条任务调度执行完毕，系统都会将任务输出信息通过电子邮件的形式发送给当前系统用户，这样日积月累，日志信息会非常大，可能会影响系统的正常运行，因此，将每条任务进行重定向处理非常重要。

例如可以在 crontab 文件中设置如下形式，忽略日志输出：
```
0 */3 * * * /usr/local/apache2/apachectl restart >/dev/null 2>&1
```
"/dev/null 2>&1"表示先将标准输出重定向到/dev/null，然后将标准错误重定向到标准输出，由于标准输出已经重定向到了/dev/null，因此标准错误也会重定向到/dev/null，这样日志输出问题就解决了。

3. 系统级任务调度与用户级任务调度

系统级任务调度主要完成系统的一些维护操作，用户级任务调度主要完成用户自定义的一些任务，可以将用户级任务调度放到系统级任务调度来完成（不建议这么做），但是反过来却不行，root 用户的任务调度操作可以通过"crontab -uroot -e"来设置，也可以将调度任务直接写入/etc/crontab 文件，需要注意的是，如果要定义一个定时重启系统的任务，就必须将任务放到/etc/crontab 文件。

8.6 就业面试技巧与解析

本章主要讲解了 Linux 系统的进程，物理和虚拟内存，交换空间的使用，监控系统进程命令的使用，列出进程调用或打开文件的信息，使用 kill 和 killall 命令终止进程以及任务调度进程工具 crond 的使用等内容。通过学本章大家都记住了哪些内容呢？让我们一起来通过下面这些面试题检验一下吧！

8.6.1 面试技巧与解析（一）

面试官：对物理内存和虚拟内存的管理？

应聘者：物理内存就是系统硬件的内存大小，是系统真正的内存。相对于物理内存而言，在 Linux 系统下还有虚拟内存，所谓的虚拟内存就是为了满足物理内存的不足而提出的策略。虚拟内存就是利用磁盘空间虚拟出的一块逻辑内存，用作虚拟内存的磁盘空间被称为交换空间（swap space）。

虚拟内存是物理内存的扩展，当系统中的物理内存不足时，就会使用交换分区的虚拟内存。内核会把系统中暂时不需要的内存块信息存储到交换空间，从而释放了物理内存，因此物理内存可以作用于其他地方当需要使用到原始的内容时，这些信息会被重新从交换空间读入物理内存。

Linux 系统通常使用调页算法和交换技术两种方法对内存进行管理。

（1）调页算法是将内存中最近不经常使用的页面交换到磁盘上，把经常使用的页面保留在内存中供进程使用。

（2）交换技术是系统将整个进程，全部换到磁盘上，注意不是部分页面。正常情况下，系统会发生一些交换过程。

当物理内存严重不足时，系统会频繁使用调页和交换，虽然使用虚拟内存扩大了内存的容量，但确增加了磁盘 I/O 的负载。进一步降低了系统对作业的执行速度，即系统 I/O 资源问题又会影响到内存资源的分配。

对于 Linux 系统的内存管理，通常采用的是分页存取机制。为了保证物理内存能得到充分的利用，内核会在适当的时候将物理内存中不经常使用的数据块自动交换到虚拟内存中，而将经常使用的信息保留到物理内存。

8.6.2　面试技巧与解析（二）

面试官：简述 crontab 工具的使用。

应聘者：

1. crontab 常用格式

crontab 常用格式有如下两种：

```
crontab [-u user] [file]
crontab [-u user] [-e|-l|-r |-i]
```

/etc/crontab 文件语法如下：

```
Minute  Hour  Day  Month  Dayofweek  command
分钟    小时   天    月     每星期      命令
```

用户所建立的 crontab 文件中，每一行都代表一项任务，每行的每个字段代表一项设置，它的格式共分为 6 个字段，前 5 段是时间设定段，第 6 段是要执行的命令段，含义分别如下。

（1）Minute：表示分钟，可以是从 0 到 59 之间的任何整数。

（2）Hour：表示小时，可以是从 0 到 23 之间的任何整数。

（3）Day：表示日期，可以是从 1 到 31 之间的任何整数。

（4）Month：表示月份，可以是从 1 到 12 之间的任何整数。

（5）Week：表示星期几，可以是从 0 到 8 之间的任何整数，这里的 0 或 8 代表星期日。

（6）command：要执行的命令，可以是系统命令，也可以是自己编写的脚本文件。

2. 使用 crontab 工具时的注意事项

（1）注意环境变量问题。在 crontab 文件中定义多个调度任务时，需要注意环境变量的设置，因为在手动执行某个任务时，是在当前 Shell 环境下进行的，程序当然能找到环境变量，而系统自动执行任务调度时，是不会加载任何环境变量的，因此，就需要在 crontab 文件中指定任务运行所需的所有环境变量，这样，系统执行任务调度时就没有问题了。

（2）注意清理系统用户的邮件日志。每条任务调度执行完毕，系统都会将任务输出信息通过电子邮件的形式发送给当前系统用户，这样日积月累，日志信息会非常大，可能会影响系统的正常运行，因此，将每条任务进行重定向处理非常重要。

（3）系统级任务调度与用户级任务调度。系统级任务调度主要完成系统的一些维护操作，用户级任务调度主要完成用户自定义的一些任务，可以将用户级任务调度放到系统级任务调度来完成，但是反过来却不行，root 用户的任务调度操作可以通过"crontab-uroot-e"来设置，也可以将调度任务直接写入/etc/crontab 文件，需要注意的是，如果要定义一个定时重启系统的任务，就必须将任务放到/etc/crontab 文件，即使在 root 用户下创建一个定时重启系统的任务也是无效的。

第3篇

高级应用

在本篇中，将向读者介绍 Linux 操作系统中的高级应用知识，其中包括 Shell 脚本编程、正则表达式与文件格式化处理、网络安全以及高性能集群软件 Keepalived。通过这些高级应用的学习，使读者更深入地了解 Linux 操作系统。

- 第 9 章　Shell 脚本编程
- 第 10 章　正则表达式与文件格式化处理
- 第 11 章　网络安全
- 第 12 章　高性能集群软件 Keepalived

第9章

Shell 脚本编程

 学习指引

通过前面几章内容的学习，相信读者已经掌握了 Linux 系统和命令行的基础知识。那么从本章开始将带领读者学习关于 Shell 脚本编程的知识，读者在编写脚本之前必须了解在本章中介绍的基础知识。

 重点导读

- Shell 脚本的创建及运行方式。
- 环境变量配置文件。
- Shell 脚本函数。
- 结构化命令。

9.1 Shell 脚本

Shell 脚本包括命令、变量设置、循环、控制、判断以及逻辑运算等。脚本在运行时需要使用相应的解释器以翻译脚本中存放的信息，从而最终被成功地执行。脚本的编写格式不同即需要使用的解释器也不同，例如：编写的 Shell 脚本代码，需要使用 Bash 程序告诉系统应该如何执行这个 Shell 脚本。

常见的脚本有 Shell 脚本、Java 脚本、PHP 脚本、Python 脚本等，其中 Shell 脚本最简单，在本章中将主要介绍 Shell 脚本。

9.1.1 脚本格式

每个脚本都遵循一定的规则，Shell 脚本也一样。从图 9-1 中的脚本文件总结出 Shell 脚本文件的格式如下：

（1）第一行（必须写明）：指定脚本使用的 Shell。"#!/bin/Bash"声明文件内的语法使用 Bash 的语法，当这个程序被执行时，加载 Bash 的相关环境配置文件（一般是 non-login Shell 中的~/.Bashrc 文件）。

（2）第二部分的注释（可写可不写）：程序内容的说明。Shell 脚本中，"#"用作批注（除第一行的"#!"外），Shell 不会解释以"#"开头的行（除第一行 Bash 声明外）。

（3）主要环境变量的声明（可写可不写）。

（4）脚本的程序部分。

（5）程序执行结束，回传一个数值给系统通知执行的结果（默认命令执行成功返回数值 0）。

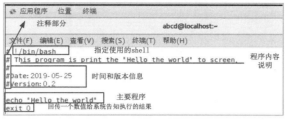

图 9-1 user_01.txt 脚本文件

图 9-1 中的脚本文件是一个完整的脚本应该具有的基本框架。第一行"#!"的作用是指定该脚本程序的命令解释器，即/bin/Bash。脚本在执行后，系统内核读取"#!"后面的路径查找解释器，最终使用该解释器翻译脚本代码并运行。脚本文件中"#"后面的部分为注释，在脚本程序执行时，该部分会被忽略，这些注释为代码的编写与阅读提供辅助信息。接下来就是脚本的代码部分，这些代码默认会按顺序依次被执行，但通过控制语句控制执行顺序时除外。

9.1.2 创建脚本文件

Shell 脚本文件是存放各种命令组合的一个简单的文本文件，当需要运行这些命令时，只需要运行这个文本文件就可以了。创建脚本文件的步骤如下：

（1）使用 touch 命令创建一个空的文件夹，命名为 hello.sh。在终端页面输入命令如下：

```
[abcd@localhost ~]$ touch hello.sh
```

（2）hello.sh 文件创建完成之后，需要使用 vim 编辑器打开该文件，输入命令如下：

```
[abcd@localhost ~]$ vim hello.sh
```

进入 vim 编辑器之后，如图 9-2 所示，输入 i 命令，切换到插入模式进行编辑，如图 9-3 所示。

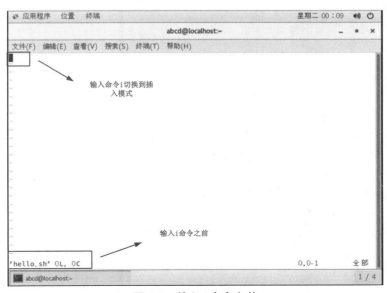

图 9-2 输入 i 命令之前

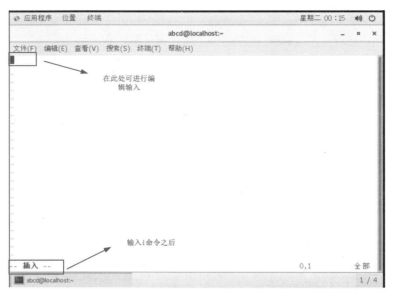

图 9-3　插入模式

（3）在创建 Shell 脚本文件时，注意在上一小节中提到的脚本格式，必须在文件的第一行指定要使用的 Shell，格式为：

```
#! /bin/Bash
```

在通常的 Shell 脚本文件中，"#"用作注释行，Shell 不会处理 Shell 脚本中的注释行。但是 Shell 脚本文件的第一行特殊，"#"后面的"!"会告诉 Shell 需要使用哪个 Shell 来运行脚本。

（4）在指定了 Shell 之后，就可以在文件的每一行中输入命令，然后按 Enter 键。之前提到过注释可使用"#"添加。输入命令如图 9-4 所示。

图 9-4　输入脚本内容

（5）脚本内容输入完成之后，按键盘的 Esc 键退出插入模式；输入"：wq"命令，保存并退出，名为 hello.sh 的脚本文件创建完成。

注意：根据需要，可以使用分号将两个命令放在一行上，但在 Shell 脚本中，可以在独立的行中书写命令。Shell 会按根据命令在文件中出现的顺序进行处理。另外需要注意另有一行也以"#"开头，并添加了一个注释。Shell 不会解释以"#"开头的行（除了以"#!"开头的第一行）。注释用来说明脚本主要做了什么，便于读者理解。

9.1.3　脚本运行方式

脚本在编写完成之后，需要运行并实现脚本程序功能。脚本的执行方式有很多种，但各种方式运行的效果也会不同。常见的运行脚本的方式有以下几种：

以 sh（Bash）进程来执行脚本文件（用户不必拥有对脚本文件的权限），可以在子进程中执行。在终端页面中输入命令如下：

```
[abcd@localhost ~]$ sh hello.sh
```

输出结果如图 9-5 所示。

图 9-5　输出结果

使用 sh 进程来执行脚本文件时通常有以下选项。

- sh -x：实现 Shell 脚本逐条语句的跟踪，如图 9-6 所示。

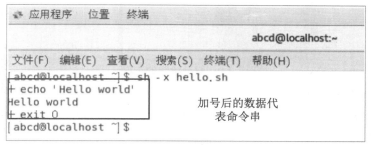

图 9-6　sh -x 选项的执行结果

- sh -n：不执行脚本，仅进行语法的检查，如图 9-7 所示。

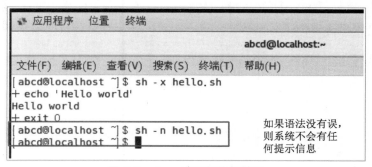

图 9-7　sh -n 选项的执行结果

- sh -v：执行脚本前，先将脚本的内容输出到屏幕上，如图 9-8 所示。

通过绝对或相对路径来执行脚本文件，用户必须拥有对脚本文件的权限。

Linux 系统中的一切都是文件。后缀名 ".sh" 表示该文件是一个脚本文件，但并不代表该文件是可以被用户执行的。文件是否可以被执行取决于用户是否拥有对该文件的执行权限，同时是在子进程中执行。赋予权限，执行脚本的过程如图 9-9 所示。

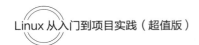

图 9-8　sh -v 选项的执行结果

图 9-9　赋予权限的过程

将脚本文件所处的目录添加到 PATH 环境变量中，通过输入脚本文件名来直接运行，该种执行方式也要求用户必须拥有对脚本文件的权限，在子进程中进行执行操作。脚本所在目录添加到 PATH 变量中的过程如图 9-10 所示。

图 9-10　将脚本所在目录添加到 PATH 环境变量

通过 source 命令或小数点 "." 来执行脚本文件，该方式在父进程中执行。使用命令如下：

```
[abcd@localhost ~]$ source hello.sh
或
[abcd@localhost ~]$ . hello.sh
```

注意：　"." 与脚本之间有空格。

9.2　Linux 环境变量

在前面章节中已经学习了什么是变量、什么是环境变量以及环境变量的设置等。那么在 Shell 中默认的环境变量以及配置文件有哪些呢？在本小节中将为读者详细讲解。

9.2.1　Shell 默认环境变量

在默认情况下，Bash Shell 定义系统的环境会使用一些特殊的环境变量。而这些变量在 Linux 系统中都已经被设定好，直接使用就可以了。Bash Shell 是由 UNIX Bourne Shell 演变而来，因此 Bash Shell 保留了 UNIX Bourne Shell 里定义的一些环境变量。Bash Shell 中支持的 Bourne 变量如表 9-1 所示。

表 9-1　Bash Shell 中支持的 Bourne 变量

变　　量	功　　能
CDPATH	是 cd 命令的搜索路径，用"："分隔开的目录列表
HOME	当前用户的主目录
IFS	Shell 用来将文字符串分割成字段的一系列字符
MAIL	当前用户收件箱的文件名，Bash Shell 会检查是否有新文件
MAILPATH	用"："分隔开的当前用户收件箱的文件名列表
OPTARG	getopts 命令处理的最后一个选项参数
OPTIND	getopts 命令处理的最后一个选项参数的索引号
PATH	Shell 查找命令的目录列表，用"："隔开
PS1	Shell 命令行界面的主提示符
PS2	Shell 命令行界面的次提示符

Bash Shell 还使用了许多环境变量。虽然环境变量不是命令，但它们通常会影响 Shell 命令的执行，所以了解这些 Shell 环境变量很重要。表 9-2 列出了 Bash Shell 中常用的默认环境变量。

表 9-2　Bash Shell 中常用的默认环境变量

变　　量	功　　能
BASH	调用 Shell 的完整文件名
BASHOPTS	启用 Bash Shell 的选项列表
BASHPID	当前 Bash Shell 的进程 ID
BASH_ALIASES	含有当前所用别名的关联数组
BASH_ARGC	当前子函数或 Shell 脚本中的参数总数的数组变量
BASH_ARCV	当前子函数或 Shell 脚本中的参数的数组变量
BASH_CMDS	关联数组，包括 Shell 执行过的命令的所在位置
BASH_COMMAND	当前正在被执行的命令名
BASH_ENV	如果设置，每个 Bash 脚本都会尝试在运行前执行由该变量定义的起始文件
BASH_EXECUTION_STRING	在 Bash -c 命令行选项中用到的命令
BASH_LINENO	含有脚本中每个命令的行号的数组变量
BASH_REMATCH	只读数组，含有与指定的正则表达式匹配的文本元素的数组
BASH_SOURCE	含有 Shell 中已声明函数所在源文件名的数组变量

变　　量	功　　能
BASH_SUBSHELL	当前 Shell 生成的子 Shell 数目
BASH_VERS INFO	含有当前运行的 Bash Shell 的主版本号和次版本号的数组变量
BASH_VERS ION	当前运行的 Bash Shell 的版本号
BASH_XTRACEFD	当设置一个有效的文件描述符整数时，跟踪输出生成，并与诊断和错误信息分离开文件描述符必须设置-x 启动
COLUMNS	当前 Bash Shell 实例使用的终端的宽度
COMP_CWORD	变量 COMP_WORDS 的索引值，COMP_WORDS 包含当前光标所在的位置
COMP_KEY	调用 Shell 函数补全功能的按键
COMP_LINE	当前命令行
COMP_POINT	当前光标位置相对于当前命令起始位置的索引
COMP_TYPE	一个整数值，表示所尝试的补全类型，完成 Shell 函数的补全
COMP_WORDBREAKS	在进行单词补全时用作单词分隔符的一组字符
COMP_WORDS	含有当前命令行上所有单词的数组变量
COMPREPLY	含有由 Shell 函数生成的可能补全代码的数组变量
COPROC	占有未命名的协程的 I/O 文件描述符的数组变量
DIRSTACK	含有目录栈当前内容的数组变量。
EMACS	如果设置了该环境变量，则 Shell 认为其使用的是 emacs Shell 缓冲区，同时禁止进行编辑功能
ENV	如果设置了该环境变量，每个 Bash 脚本在运行之前都会执行由该环境变量所定义的起始文件
EUID	当前用户的有效用户 ID（数字形式）
FCEDIT	fc 命令使用的默认编辑器
FIGNORE	用 "：" 分隔的后缀名列表，在文件名补全时会被忽略
FUNCNAME	当前执行的 Shell 函数的名称
FUNCNEST	当设置成非 0 值时，嵌套函数的最高层级
GLOBIGNORE	以 "：" 分隔的模式列表，定义了在进行文件名扩展时要忽略的文件名集合
GROUPS	含有当前用户属组列表的数组变量
histchars	控制历史记录展开的字符（最多可有 3 个字符）
HISTCMD	当前命令在历史记录中的编码
HISTCONTROL	控制哪些命令留在历史记录列表中
HISTFILE	保存 Shell 历史记录列表的文件名（默认是.Bash_history）
HISTFILESIZE	保存在历史文件中的最大行数
HISTIGNORE	以 "：" 分隔的模式列表，用来决定哪些命令会被忽略
HISTSIZE	最多在历史文件中保存多少条命令
HISTIMEFORMAT	如果设置且非空，用作格式化字符，决定历史文件条目的时间戳

续表

变　量	功　能
HOSTFILE	含有 Shell 在补全主机名时读取的文件的名称
HOSTNAME	当前主机的名称
HOSTTYPE	当前运行 Bash Shell 的机器
IGNOREEOF	Shell 在退出前必须收到连续的 EOF 字符的数量。如果这个值不存在，则默认是 1
INPUTRC	readline 初始化文件名（默认是.inputrc）
LANG	Shell 的语言环境分类
LC_ALL	定义一个语言环境分类，它会覆盖 LANG 变量
LC_COLLATE	设置对字符串值排序时用的排序规则
LC_CTYPE	决定在进行文件名扩展和模式匹配时，如何解释其中的字符
LC_MESSAGES	决定解释前置美元符（$）的双引号字符串的语言环境设置
LC_NUMERIC	决定格式化数字时所使用的语言环境设置
LINENO	脚本中当前执行代码的行号
LINES	定义了终端上可见的行数
MACHTYPE	用"cpu-公司-系统"格式定义的系统类型
MAILCHECK	Shell 查看邮件的频率（以 s 为单位，默认值是 60s）
MAPFILE	含有 mapfile 命令所读入文本的数组，当没有给出变量名的时候，使用该环境变量
OLDPWD	Shell 之前的工作目录
OPTERR	设置为 1 时，Bash Shell 会显示 getopts 命令产生的错误
OSTYPE	定义了 Shell 所在的操作系统
PIPESTATUS	含有前台进程退出状态列表的数组变量
POSIXLY_CORRECT	如果设置了该环境变量，Bash 会以 POSIX 模式启动
PPID	Bash Shell 父进程的 PID
PROMPT_COMMAND	如果设置该环境变量，在显示命令行主提示符之前会执行这条命令
PS3	select 命令的提示符
PS4	如果使用了 Bash 的-x 选项，在命令行显示之前显示的提示符
PWD	当前工作目录
RANDOM	返回一个 0~32767 的随机数，对其赋值可作为随机数生成器的种子
READLINE_LINE	当使用 bind -x 命令时，保存了 readline 行缓冲区中的内容
READLINE_POINT	当使用 bind -x 命令时，当前 readline 行缓冲区的插入点位置
REPLY	read 命令的默认变量
SECONDS	自从 Shell 启动到现在的秒数，对其赋值将会重置计时器
SHELL	Bash Shell 的全路径名
SHELLOPTS	已启用 Bash Shell 选项列表，用"："分隔开
SHLVL	表明 Shell 的层级，每次启动一个新的 Bash Shell 时该值增加 1

续表

变　　量	功　　能
TIMEFORMAT	指定 Shell 显示的时间值的格式
TMOUT	select 和 read 命令在没输入的情况下等待多久（以 s 为单位）。默认值为零，表示无限长
TMPDIR	如果设置成目录名，Shell 会将其作为临时文件目录
UID	当前用户的真实用户 ID（数字形式）

注意：并不是所有的默认环境变量都会在运行 set 命令时列出；默认环境变量并不是每一个都必须有一个值。

9.2.2　Shell 环境变量配置文件

在 Linux 系统中，环境变量可以分为系统级环境变量和用户级环境变量两种。

系统级环境变量是指每一个登录到系统的用户都能够读取到系统级的环境变量。

用户级环境变量是指每一个登录到系统的用户只能够读取属于自己的用户级的环境变量。

因此，环境变量的配置文件也被分成了系统级和用户级两种。

1．系统级

1）/etc/profile 文件

当用户登录 Linux 系统即 Login Shell 启动时，首先需要执行的启动脚本就是/etc/profile 文件。

注意：只有在 Login Shell 启动时才会运行/etc/profile 脚本文件，Non-login Shell 则不会调用这个脚本文件。

一些比较重要的变量都是在此脚本文件中设置，例如：

PATH：预设可执行文件或命令的搜索路径。

USER：用户登录时使用的用户名。

LOGNAME：其值为$USER。

HOSTNAME：所使用的主机名。

MAIL：存放用户电子邮件的邮箱，其实是 ASCII 码文件。

HISTSIZE：历史记录的行数。

注意：在/etc/profile 文件中设置的变量是全局变量。

在本书中所使用的 Linux 系统上，/etc/profile 文件中的部分系统环境变量如图 9-11 所示。

在该文件中可以执行的操作如下：

（1）添加环境变量。可以在 profile 文件的最后直接添加环境变量，但在 profile 文件添加或修改的内容需要注销系统才能生效。

（2）重复定义变量。在 peofile 文件中默认对 PATH 变量都有设置，而新添加的环境变量一般都会加在 profile 文件的最后，因此相同名字的环境变量，后添加的最先起到作用。

（3）特殊字符。"："表示并列含义，例如 a 的变量值有多个，可以使用 "："符号进行分隔。

"."表示操作的当前目录。

图 9-11　/etc/profile 文件

（4）使用 env 命令显示所有的环境变量。在 Linux 系统中，使用以下命令可以使配置文件立刻生效。

```
source /etc/profile
echo $PATH
```

2）/etc/Bashrc 文件

/etc/Bashrc 为每一个运行 Bash Shell 的用户执行此文件。当 Bash Shell 被打开时，该文件将被读取。

Bash Shell 有不同的类别，不同的类别所使用的环境变量配置文件也有所不同。一般情况下，非登录 Shell 不会执行任何 profile 文件，非交互 Shell 模式不会执行任何 Bashrc 文件。

（1）登录 Shell 需要输入用户密码，例如，使用 ssh 登录或者 su -命令切换用户都会启动 login Shell 模式。

（2）非登录 Shell 无须输入用户密码。

（3）交互 Shell 提供命令提示符等待用户输入命令的是交互 Shell 模式。

（4）非交互 Shell 直接运行脚本文件是非交互 Shell 模式。

3）/etc/environment 文件

在系统启动时运行，用于配置与系统运行相关但与用户无关的环境变量，修改该文件配置的环境变量将影响全局。

在本书中所使用的 Linux 系统上，/etc/Bashrc 文件中的部分系统环境变量如图 9-12 所示。

2．用户级

1）~/.Bash_profile 文件

~/.Bash_profile 文件：每个用户都可使用该文件输入只限于自己使用的 Shell 信息，当用户登录时，该文件仅仅执行一次。默认情况下，该文件中可以设置一些环境变量，执行用户的.Bashrc 文件。

在 Linux 系统中的~/.Bash_profile 文件的内容如图 9-13 所示。

图 9-12　/etc/Bashrc 文件

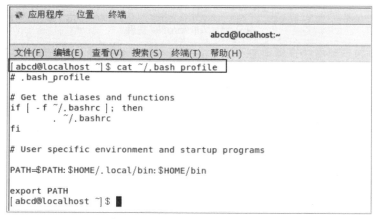

图 9-13　~/.Bash_profile 文件

2）~/.Bashrc 文件

该文件包含专用于用户的 Bash Shell 的 Bash 信息，当登录以及每次打开新的 Shell 时，该文件将被读取。

3）~/.profile 文件

在~/.profile 文件中可以设定用户专有的路径、环境变量等，它只在登录的时候执行一次。

4）~/.Bash_logout

当每次退出系统（退出 Bash Shell）时，执行该文件。另外，/etc/profile 中设定的全局变量可以作用于任何用户，而~/.Bashrc 等中设定的局部变量只能继承/etc/profile 中的变量，他们属于"父子"关系。

注意：~/.Bash_profile 是交互式、login 方式进入 Bash 运行的；~/.Bashrc 是交互式、non-login 方式进入 Bash 运行。通常二者设置大致相同，所以通常前者会调用后者。

在登录 Linux 时要执行文件的过程如下：

登录 Linux 时，首先启动/etc/profile 文件，然后再启动用户目录下的~/.Bash_profile、~/.Bash_login 或~/.profile 文件中的其中一个。如果~/.Bash_profile 文件存在的话，一般还会执行~/.Bashrc 文件。

9.3　Shell 脚本函数

Bash Shell 中提供了用户自定义函数，将 Shell 脚本代码放进函数中封装起来，这样就可以在脚本中的任何地方多次使用，从而减少了代码的重写。本小节将逐步介绍如何创建脚本函数以及脚本函数的使用等。

9.3.1　脚本函数的基础

一个函数就是一个子程序，主要用于实现一串操作的脚本代码块。在 Bash 中也有函数。在开始编写那些比较复杂的脚本时，那些重复使用了部分能够执行特定任务的代码不需要多次被重写，只需要写一次，然后在脚本中就可以多次引用该部分代码。

Bash Shell 中就有这种功能，称为"调用函数"。如果想要在脚本中使用该代码块，只需要使用所起的函数名就可以了。接下来将详细介绍如何在 Shell 脚本中创建和使用函数。

在 Bash Shell 脚本中创建函数的格式有以下两种：

（1）使用关键字 function 后加分配给该代码块的函数名。

```
function name{
    commands
}
```

name 属性定义了赋予函数的唯一名称，在脚本中定义的每个函数都必须有一个唯一的名称。

commands 表示构成函数的一条或多条 Bash Shell 命令。在调用该函数时，Bash Shell 会按命令在函数中出现的顺序依次执行，和在普通脚本中的执行是一样的。

（2）在 Bash Shell 脚本中定义函数的另一种格式和其他编程语言中定义函数的方式类似。格式如下：

```
name(){
    commands
}
```

函数名后的空括号表明正在定义的是一个函数。commands 也代表着构成函数的一条或多条 Bash Shell 命令。

函数的使用。

在脚本中使用函数和其他 Shell 命令一样，只需要指定函数的名称就可以了。

【例 9-1】函数的使用。

（1）使用 9.1.2 节中的方法创建一个 test 脚本文件。

（2）使用 vim 编辑器打开该脚本文件，输入 i 命令进入插入模式。在脚本文件中创建如图 9-14 所示的函数。

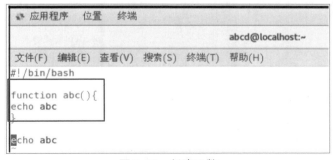

图 9-14　创建函数

（3）使用 sh（Bash）进程来执行脚本文件，输出结果如图 9-15 所示。

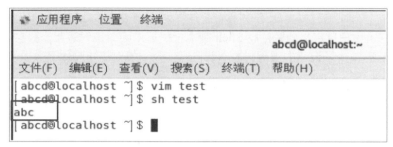

图 9-15　输出结果

每次引用函数名 abc 时，Bash Shell 都会首先找到 abc 函数的定义并执行在函数里定义的命令。Bash 中的函数必须在其第一次调用之前被完成，但是只要在执行顺序中，函数的定义在函数的使用之前即可。如果在函数被定义前使用函数，则会出现错误信息。

Bash 的函数能够接受参数并返回退出状态码。

默认情况下，函数的退出状态码是函数中最后一条命令返回的退出状态码。在函数执行结束之后，可以使用标准变量"$?"来确定函数的退出状态码。退出状态可以由 return 来指定 statement，否则函数的退出状态是函数最后一个执行命令的退出状态（0 表示成功，非 0 表示出错代码）。

【例 9-2】退出状态码。

（1）在【例 9-1】的基础上添加标准变量"$?"，命令如图 9-16 所示。

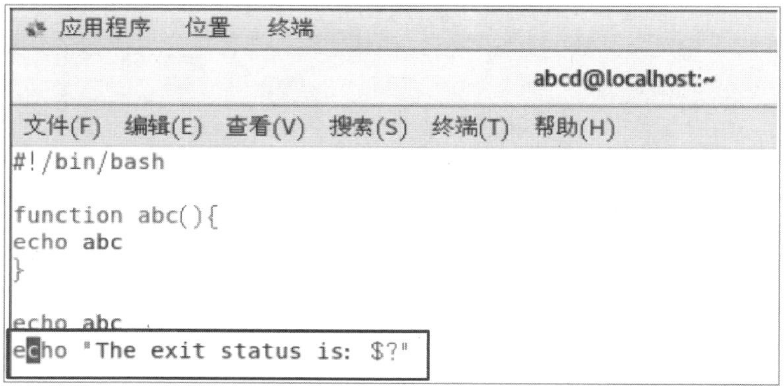

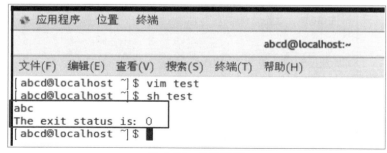

图 9-16　使用标准变量

（2）使用 sh（Bash）进程执行脚本文件，输出结果如图 9-17 所示。

图 9-17　输出结果

9.3.2 函数中变量的使用

在函数中使用变量时，需要特别注意变量的定义方式以及处理方式。

传递参数。

在 Shell 中，函数可以使用标准的参数环境变量来表示命令行上传给函数的参数。在函数体内部，函数名会在 "$n" 变量中定义，函数命令行上的任何参数都会通过$1、$2 等定义（$1 表示第一个参数，$2 表示第二个参数）。同时也可以使用特殊变量 "$#" 来判断传给函数的参数数目。

在脚本中指定函数时，必须将参数和函数放在同一行中。例如：

```
abc $value1 5
```

【例 9-3】简单的函数的传参及返回值的情况。

（1）使用 vim 编辑器打开脚本文件 test，输入 i 命令进入插入模式，输入如图 9-18 所示的命令。

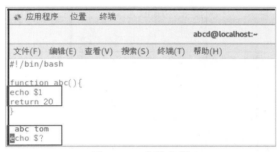

图 9-18　参数传递

（2）使用 sh（Bash）进程来执行脚本文件，输出结果如图 9-19 所示。

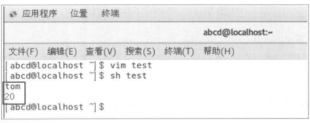

图 9-19　输出结果

另外，还有特殊的字符用来处理参数，特殊字符及说明如表 9-3 所示。

表 9-3　特殊字符及说明

特　殊　字　符	说　　　明
$#	传递到脚本的参数个数
$*	以一个单字符串显示所有向脚本传递的参数
$$	脚本运行的当前进程的 ID 号
$!	后台运行的最后一个进程的 ID 号
$@	与$*相同，但是使用时加引号，并在引号中返回每个参数
$-	显示 Shell 使用的当前选项，与 set 命令功能相同
$?	显示最后命令的退出状态。0 表示没有错误，其他任何值表明有错

变量的处理

函数通常使用以下两种类型的变量：

1）全局变量

全局变量是在 Shell 脚本中任何地方都有效的变量。当在脚本的主体部分定义一个全局变量时，可以在函数内读取它的值；当在函数内定义一个全局变量时，可以在主体部分读取它的值。

默认情况下，在脚本中定义的任何变量都是全局变量。在函数外定义的变量可以在函数内正常访问。

全局变量的作用范围是当前的 Shell 进程，而不是当前的 Shell 脚本文件，这两个是不同的概念。打开一个 Shell 窗口就创建了一个 Shell 进程，打开多个 Shell 窗口就创建了多个 Shell 进程，每个 Shell 进程都是独立的，拥有不同的进程 ID。在一个 Shell 进程中可以使用 source 命令执行多个 Shell 脚本文件，此时全局变量在这些脚本文件中都有效。

【例 9-4】Shell 进程。

（1）打开一个 Shell 窗口，定义一个变量 a 并赋值为 10，这时在同一个 Shell 窗口中是可正确打印变量 a 的值的，如图 9-20 所示。

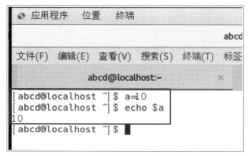

图 9-20　第一个 Shell 窗口

（2）再打开一个新的 Shell 窗口，同样输出变量 a 的值，但结果却为空，如图 9-21 所示。

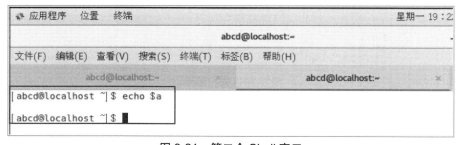

图 9-21　第二个 Shell 窗口

从例 9-4 中可以看出，全局变量 a 仅仅在定义它的第一个 Shell 进程中有效，对新的 Shell 进程没有影响。变量名相同但变量值可以不相同。

2）局部变量

不需要在函数中使用全局变量，函数内部使用的任何变量都可以被声明成局部变量，只需要在变量声明的前面加上关键字 local。local 关键字保证了变量只局限在该函数中。

【例 9-5】局部变量。

（1）使用 vim 编辑器打开脚本文件 test，输入 i 命令进入插入模式，输入如图 9-22 所示的命令。

应用程序　位置　终端
abcd@localhost:~
文件(F)　编辑(E)　查看(V)　搜索(S)　终端(T)　帮助(H)
#!/bin/bash
function abc(){
local a=10
}
abc
echo $a

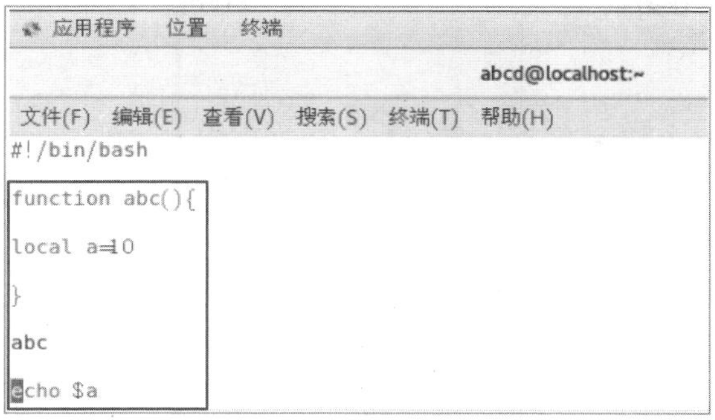

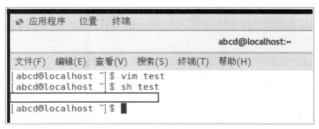

图 9-22　定义变量 a

（2）使用 sh（Bash）进程来执行脚本文件，输出结果如图 9-23 所示。

应用程序　位置　终端
abcd@localhost:~
文件(F)　编辑(E)　查看(V)　搜索(S)　终端(T)　帮助(H)
[abcd@localhost ~]$ vim test
[abcd@localhost ~]$ sh test
[abcd@localhost ~]$

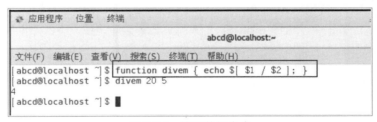

图 9-23　输出结果

从图 9-23 可以看出输出结果为空，表明变量 a 在函数外部无效，是一个局部变量。

9.3.3　在命令行上使用函数

脚本函数不仅可以用作 Shell 脚本命令，也可以用作命令行界面的命令。如果在 Shell 中定义了函数，可以从系统的任意目录使用这个函数。不需要考虑 PATH 环境变量是否包含函数文件所在目录。Shell 识别出这个函数的方法有以下两种。

1. 在命令行上创建函数

Shell 在键盘输入命令时解释命令，函数可以直接在命令行定义。有以下两种方法：

（1）将函数定义在一行命令中。在命令行中定义函数时，每条命令的结尾必须包含分号，以便于 Shell 知道命令在哪分开。命令如图 9-24 所示。

应用程序　位置　终端
abcd@localhost:~
文件(F)　编辑(E)　查看(V)　搜索(S)　终端(T)　帮助(H)
[abcd@localhost ~]$ function divem { echo $[$1 / $2]; }
[abcd@localhost ~]$ divem 20 5
4
[abcd@localhost ~]$

图 9-24　使用单行命令

（2）将函数定义在多行命令中。使用这种方法不需要在每条命令的结尾添加分号，只需按 Enter 键。在函数末尾使用花括号时，Shell 知道定义函数结束。命令如图 9-25 所示。

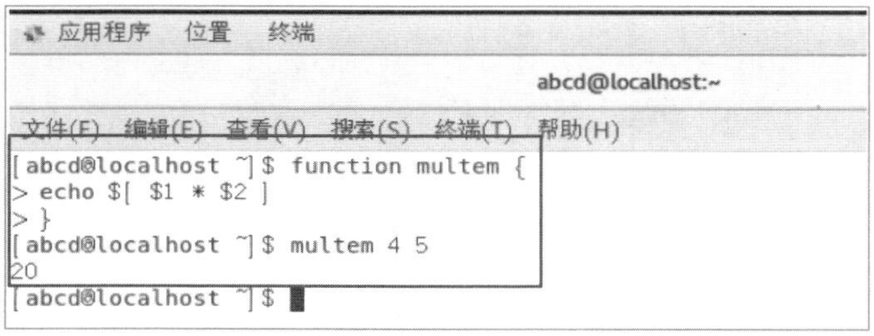

图 9-25　使用多行命令

注意：在命令行上创建函数时需要注意，如果给函数起了一个与内建命令或另一个命令相同的名字，那么函数将会覆盖原来的命令。

2. 在.Bashrc 文件中定义函数

直接在命令行定义 Shell 函数的缺点是如果退出 Shell，函数定义就会失效。解决方法是将函数定义放在 Shell 每次启动都能重新载入的地方。

.Bashrc 文件，无论 Bash Shell 是交互式启动，还是从已有 Shell 中启动新的 Shell，都会在主目录下查找这个文件。

（1）直接定义函数。在主目录下的.Bashrc 文件中可以直接定义函数，把需要写的函数放在文件的末尾。代码如下：

```
[abcd@localhost ~]$ cat .Bashrc
# .Bashrc
# Source global definitions
if [ -f /etc/Bashrc ]; then
. /etc/Bashrc
fi
Function addem{
echo $[ $1 + $2 ]
}
```

该函数会在下次启动新的 Bash Shell 时生效。

（2）读取函数文件。可以使用 source 命令（点操作符）将现有库文件的函数添加到.Bashrc 脚本中。

```
[abcd@localhost ~]$ cat .Bashrc
# .Bashrc
# Source global definitions
if [ -f /etc/Bashrc ]; then
. /etc/Bashrc
fi
. /home/abcd/libraries/myfuncs
```

确保包库文件的路径名正确，这样 Bash Shell 才能够找到该库函数。下次启动时，库中的所有函数都可以在命令行界面下使用。

```
[abcd@localhost ~]$ addem 10 5
15
```

9.4　结构化命令

许多程序要求对 Shell 脚本中的命令增加一些逻辑流程控制，但有些命令会根据条件使脚本跳过这些命令，这样的命令通常称为"结构化命令"。

结构化命令会允许改变程序执行的顺序。在 Bash Shell 中有许多的结构化命令，本节中将详细介绍。

9.4.1　if-then 语句

if-then 语句是最基本的结构化命令。if-then 的基本格式如下：

```
if command
then
commands
fi
或者
if command; then
commands
fi
```

Bash Shell 的 if 语句会运行 if 后面的命令。如果该命令的退出状态码是 0（该命令成功运行），位于 then 部分的命令就会被执行。如果该命令的退出状态码是其他值，then 部分的命令就不会被执行，Bash Shell 会继续执行脚本中的下一个命令。if 语句用来表示 if-then 语句到此结束。

【例 9-6】if-then 语句。

（1）使用 vim 编辑器打开脚本文件 test，输入 i 命令进入插入模式，输入如图 9-26 所示的命令。

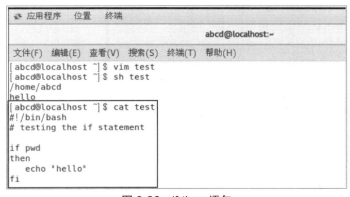

图 9-26　if-then 语句

（2）使用 sh（Bash）进程来执行脚本文件，输出结果如图 9-27 所示。

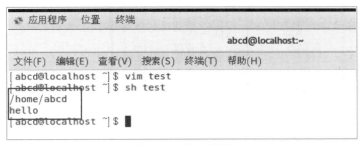

图 9-27　输出结果

注意：在 then 语句的部分，可以使用不止一条命令，像在脚本中的其他地方一样在这里列出多条命令。Bash Shell 会将这些命令当成一个块，如果 if 语句行的命令的退出状态值为 0，所有的命令都会被执行；如果 if 语句行的命令的退出状态值不为 0，所有的命令都会被跳过。

if-then-else 语句在语句中提供了另外一组命令。当 if 语句中的命令返回退出状态码为 0 时，then 部分中的命令会被执行；当 if 语句中的命令返回非零退出状态码时，Bash Shell 也会执行 else 部分中的命令。

if-then-else 语句语法格式如下：

```
if command
then
commands
else
commands
fi
```

9.4.2　test 命令

Shell 中的 test 命令主要用于检查某个条件是否成立，它可以进行数值、字符和文件三个方面的测试。
test 命令提供了和 if-then 语句中测试不同条件的结果，当 test 命令中列出的条件成立时，test 命令就会退出并返回退出状态码；当条件不成立时，test 命令就会退出并返回非零的退出状态码，这也会使 if-then 语句不再被执行。

test 命令的格式如下：

```
test condition
```

condition 表示 test 命令需要测试的参数和值。

当 test 命令和 if-then 语句一起使用时，格式如下：

```
if test condition
then
commands
fi
```

注意：如果不写 test 命令的 condition 部分，则会以非零的退出状态码退出，并且执行 else 语句块。
Bash Shell 也提供了另外一种条件测试的方法，即不需要在 if-then 语句中声明 test 命令，语法如下：

```
if [ condition ]
then
commands
fi
```

在方括号中可以定义测试的条件，另外方括号前后和 condition 之间必须有空格，否则会出现错误。

1．数值的比较

数值的比较在 test 命令中是最常见的。常见的数值比较条件参数如表 9-4 所示。

表 9-4　常用数值比较条件参数

参　　数	说　　明
-eq	等于则为真
-ne	不等于则为真
-gt	大于则为真
-ge	大于等于则为真
-lt	小于则为真
-le	小于等于则为真

【例 9-7】数值的比较。

（1）使用 vim 编辑器打开脚本文件 test，输入 i 命令进入插入模式，输入如图 9-28 所示的命令。

（2）使用 sh（Bash）进程来执行脚本文件，输出结果如图 9-29 所示。

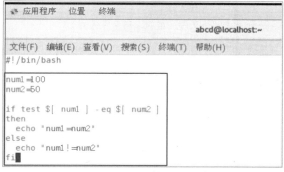

图 9-28　数值的比较

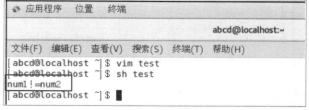

图 9-29　输出结果

2. 字符串的比较

常见的字符串比较参数值如表 9-5 所示。

表 9-5　常用字符串比较参数

参　　数	说　　明
=	等于则为真
!=	不相等则为真
>	大于则为真
<	小于则为真
-z 字符串	字符串的长度为零则为真
-n 字符串	字符串的长度不为零则为真

【例 9-8】字符串的比较。

（1）使用 vim 编辑器打开脚本文件 test，输入 i 命令进入插入模式，输入如图 9-30 所示的命令。

（2）使用 sh（Bash）进程来执行脚本文件，输出结果如图 9-31 所示。

图 9-30　字符串的比较

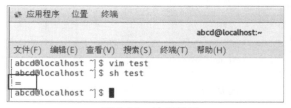

图 9-31　输出结果

3. 文件的比较

可以通过文件比较的测试方法来测试 Linux 文件系统上文件和目录的状态。

常见的文件比较参数值如表 9-6 所示。

表 9-6　常用文件比较参数值

参　数	说　明
-b 文件	判断该文件是否存在，并且是否为块设备文件（是块设备文件为真）
-c 文件	判断该文件是否存在，并且是否为字符设备文件（是字符设备文件为真）
-d 文件	判断该文件是否存在，并且是否为目录文件（是目录文件为真）
-e 文件	判断该文件是否存在（存在为真）
-f 文件	判断该文件是否存在，并且是否为普通文件（是普通文件为真）
-G 文件	判断该文件是否存在默认组与当前用户相同
-L 文件	判断该文件是否存在，并且是否为符号链接文件（是符号链接文件为真）
-O 文件	判断该文件是否存在并且属于当前用户所有
-p 文件	判断该文件是否存在，并且是否为管道文件（是管道文件为真）
-r 文件	判断该文件是否存在并且可读
-s 文件	判断该文件是否存在，并且是否为非空（非空为真）
-S 文件	判断该文件是否存在，并且是否为套接字文件（是套接字文件为真）
-w 文件	判断该文件是否存在并且可写
-x 文件	判断该文件是否存在并且可执行
文件 1 -nt 文件 2	判断文件 1 的修改时间是否比文件 2 新（如果新则为真）
文件 1 -ot 文件 2	判断文件 1 的修改时间是否比文件 2 旧（如果旧则为真）

【例 9-9】判断文件是否存在。

（1）使用 vim 编辑器打开脚本文件 test，输入 i 命令进入插入模式，输入如图 9-32 所示的命令。

（2）使用 sh（Bash）进程来执行脚本文件，输出结果如图 9-33 所示。

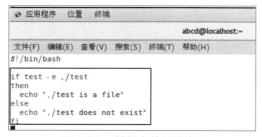

图 9-32　判断文件是否存在

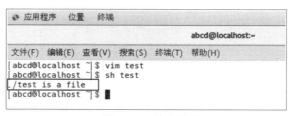

图 9-33　输出结果

9.4.3　for 循环

for 循环是 Linux Shell 中最常用的结构。for 循环主要有两种常用的结构：第一种结构是列表 for 循环；

第二种结构是 C 语言风格的 for 循环。

列表 for 循环语句用于将一组命令执行已知的次数，语句基本格式如下：

```
for variable in (list)
do
commands
done
```

do 和 done 之间的命令成为循环体，执行次数和 list 列表中常数或字符串的个数相同。在 list 参数中提供了迭代中需要使用的值，当执行 for 循环时，首先将 in 后的 list 列表的第一个常数或字符串赋给循环变量，然后执行循环体；接着将 list 列表中的第二个常数或字符串赋值给循环变量，再次执行循环体。这个过程将一直持续到 list 列表中无其他常数或字符串，然后执行 done 命令后的命令序列。

注意：在 for 循环中，参数列表可以是数字，也可以是字符串，但是输入是以空格进行分隔的，如果存在空格，脚本执行时会认为存在另一个参数。

【例 9-10】参数列表为常数。

（1）使用 vim 编辑器打开脚本文件 test，输入 i 命令进入插入模式，输入如图 9-34 所示的命令。

（2）使用 sh（Bash）进程来执行脚本文件，输出结果如图 9-35 所示。

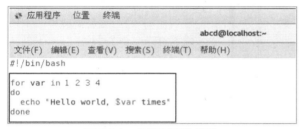

图 9-34　参数列表为常数

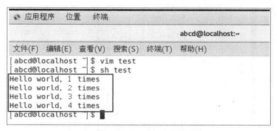

图 9-35　输出结果

【例 9-11】用字符串表示列表。

（1）使用 vim 编辑器打开脚本文件 test，输入 i 命令进入插入模式，输入如图 9-36 所示的命令。

（2）使用 sh（Bash）进程来执行脚本文件，输出结果如图 9-37 所示。

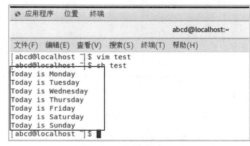

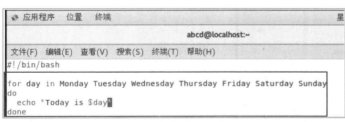

图 9-36　字符串表示列表

图 9-37　输出结果

C 语言风格的 for 循环会定义一个在每次迭代时自动改变的变量，通常将这个变量用作计时器，并且会让计数器在每次迭代中增加或减少。Bash 中的 for 循环和 C 语言中的 for 循环类似。

Bash 中 C 语言风格的 for 循环的基本格式如下：

```
for ((variable assignment; condition; interation process))
do
```

```
commands
done
```

使用类 C 风格 for 循环要注意以下事项：

（1）如果循环条件最初的退出状态为非 0，则不会执行循环体。

（2）当执行更新语句时，如果循环条件的退出状态永远为 0，则 for 循环将永远执行下去，从而产生死循环。

（3）Shell 中不运行使用非整数类型的数作为循环变量。

（4）如果循环体中的循环条件被忽略，则默认的退出状态为 0。

（5）在类 C 风格的 for 循环中，可以将三个语句全部忽略。例如：

```
for((; ;))
do
echo "hello"
done
```

【例 9-12】直接输出。

（1）使用 vim 编辑器打开脚本文件 test，输入 i 命令进入插入模式，输入如图 9-38 所示的命令。

（2）使用 sh（Bash）进程来执行脚本文件，输出结果如图 9-39 所示。

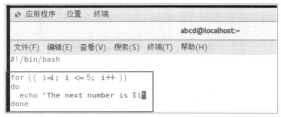

图 9-38　使用 for 语句直接输出

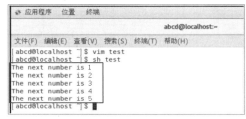

图 9-39　输出结果

C 语言风格的 for 循环也允许使用多个变量，循环会单独处理每个变量，因此可以为每个变量定义不同的迭代过程。

【例 9-13】多个变量的使用。

（1）使用 vim 编辑器打开脚本文件 test，输入 i 命令进入插入模式，输入如图 9-40 所示的命令。

（2）使用 sh（Bash）进程来执行脚本文件，输出结果如图 9-41 所示。

图 9-41　输出结果

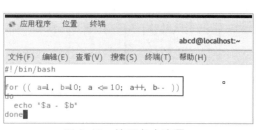

图 9-40　使用多个变量

注意：尽管可以使用多个变量，但只能在 for 循环中定义一种条件。

9.4.4　while 和 until 命令

1. while 命令

while 命令允许定义一个要测试的命令，当测试命令返回的退出状态码为 0 时，循环执行一系列命令；在 test 命令返回非零退出状态码时，while 命令会停止执行那组命令。

while 命令的格式如下：

```
while test command
do
other commands
done
```

while 命令主要在于所指定的 test command 的退出状态码必须跟随着循环中运行的命令而改变，如果退出状态码不发生改变，while 循环将会一直执行下去。

while 命令还允许在 while 语句行定义多个测试命令，最后一个测试命令的退出状态码决定循环的结束时间。

【例 9-14】while 命令的使用。

（1）使用 vim 编辑器打开脚本文件 test，输入 i 命令进入插入模式，输入如图 9-42 所示的命令。

（2）使用 sh（Bash）进程来执行脚本文件，输出结果如图 9-43 所示。

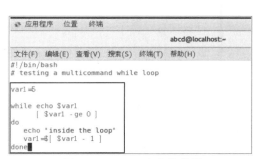

图 9-42　while 命令的使用

图 9-43　输出结果

注意：最常见的 test command 的用法就是使用方括号检查循环命令中的 Shell 变量的值。

2. until 命令

until 命令与 while 命令的工作方式正好相反。until 命令指定了一个通常返回非零退出状态码的测试命令。当测试命令的退出状态码不为 0 时，Bash Shell 执行循环中的命令；当测试命令的退出状态码为 0 时，则循环结束。

until 命令的格式如下：

```
until test commands
do
other commands
done
```

【例 9-15】until 命令的使用。

（1）使用 vim 编辑器打开脚本文件 test，输入 i 命令进入插入模式，输入如图 9-44 所示的命令。

（2）使用 sh（Bash）进程来执行脚本文件，输出结果如图 9-45 所示。

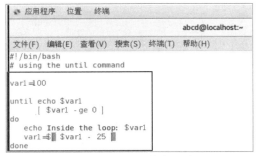

图 9-44 until 命令的使用

图 9-45 输出结果

9.4.5 控制循环命令

在循环的过程中有两个命令可以控制循环，分别是 break 命令和 continue 命令。

1. break 命令

break 命令允许跳出所有的循环，包括 while 和 until 循环。

【例 9-16】跳出单个循环。

①使用 Vim 编辑器打开脚本文件 test，输入 i 命令进入插入模式，输入如图 9-46 所示的命令。

②使用 sh（Bash）进程来执行脚本文件，输出结果如图 9-47 所示。

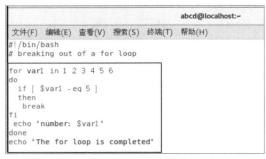

图 9-46 跳出单个循环

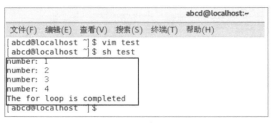

图 9-47 输出结果

【例 9-17】跳出内部循环。

①使用 Vim 编辑器打开脚本文件 test，输入 i 命令进入插入模式，输入如图 9-48 所示的命令。

②使用 sh（Bash）进程来执行脚本文件，输出结果如图 9-49 所示。

从输出结果中可以看出，内部循环里的 for 语句表示当变量 b 等于 50 时停止迭代，而内部循环的 if-then 语句表示当变量 b 的值为 5 时执行 break 命令。当内部循环通过 break 命令停止时，外部循环仍然继续执行。

【例 9-18】跳出外部循环。

①使用 Vim 编辑器打开脚本文件 test，输入 i 命令进入插入模式，输入如图 9-50 所示的命令。

②使用 sh（Bash）进程来执行脚本文件，输出结果如图 9-51 所示。

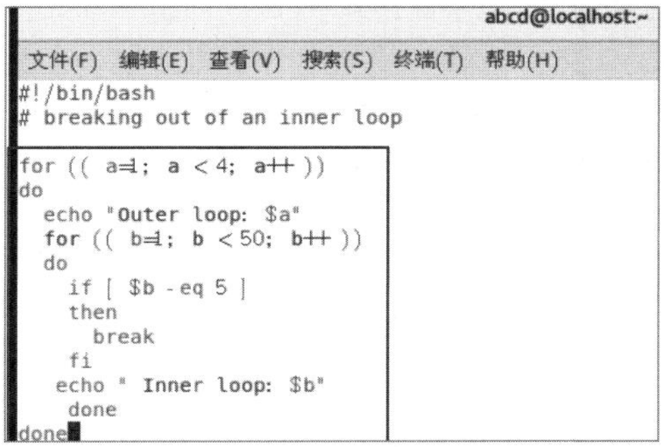

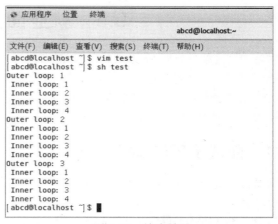

图 9-48　跳出内部循环

图 9-49　输出结果

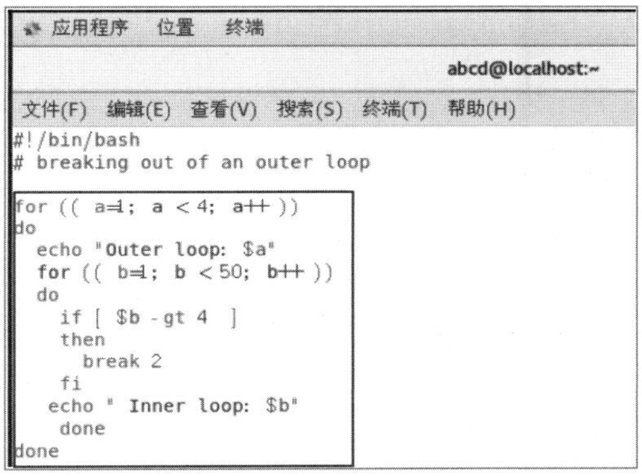

图 9-50　跳出外部循环

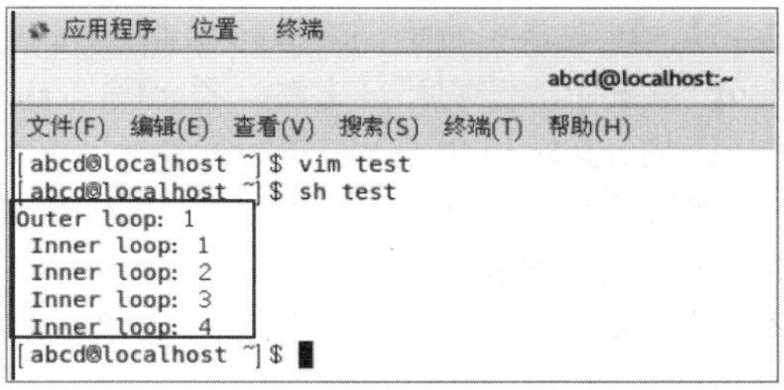

图 9-51　输出结果

2. continue 命令

continue 命令可以提前终止某次循环的命令，但并不能完全终止整个循环。

【例 9-19】for 循环中使用 continue 命令。

（1）使用 Vim 编辑器打开脚本文件 test，输入 i 命令进入插入模式，输入如图 9-52 所示的命令。

（2）使用 sh（Bash）进程来执行脚本文件，输出结果如图 9-53 所示。

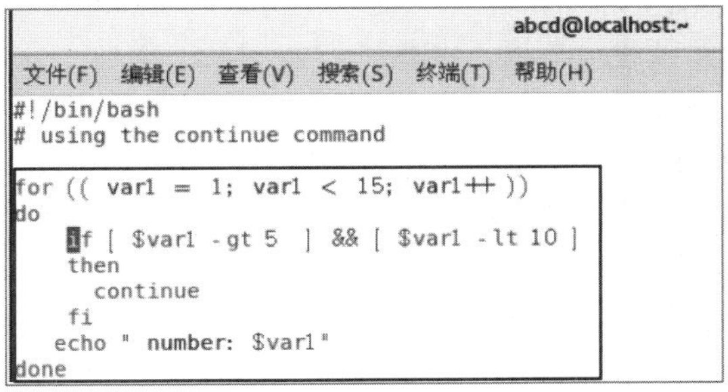

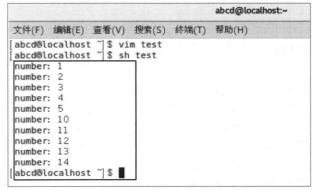

图 9-52　continue 命令

图 9-53　输出结果

9.5　就业面试技巧与解析

本章内容主要是针对 Shell 脚本编程来展开的，主要包括 Shell 脚本中的脚本格式、创建脚本文件以及脚本的运行方式，环境变量中的默认环境变量和环境变量的配置文件，脚本函数中的创建函数、变量的使用，结构化命令中的循环、控制、判断等一系列命令的使用。通过本章内容的学习，相信读者对 Shell 的脚本编程有了一定的了解，那么是否已经掌握了本章的主要内容呢？让我们一起来测试一下吧！

9.5.1　面试技巧与解析（一）

面试官：对脚本的运行方式有哪些？

应聘者：

（1）以 sh（Bash）进程来执行脚本文件（用户不必拥有对脚本文件的权限），可以在子进程中执行。使用 sh 进程来执行脚本文件时通常有以下选项。

① sh -x：实现 Shell 脚本逐条语句的跟踪。

② sh -n：不执行脚本，仅进行语法的检查。

③ sh -v：执行脚本前，先将脚本的内容输出到屏幕上。

（2）通过绝对或相对路径来执行脚本文件，用户必须拥有对脚本文件的权限。

Linux 系统中的一切都是文件。后缀名 ".sh" 表示该文件是一个脚本文件，但并不代表该文件是可以被用户执行的。文件是否可以被执行取决于用户是否拥有对该文件的执行权限，同时是否在子进程中执行。

（3）将脚本文件所处的目录添加到 PATH 环境变量中，通过输入脚本文件名来直接运行，该种执行方式也要求用户拥有对脚本文件的权限，在子进程中进行。

（4）通过 source 命令或小数点 "." 来执行脚本文件，该方式在父进程中执行。

9.5.2　面试技巧与解析（二）

面试官：/etc/profile 文件与/etc/Bashrc 文件的区别。

应聘者：

交互式模式就是 Shell 等待输入，并且执行所提交的命令。这种模式被称作交互式是因为 Shell 与用户进行交互。这种模式也是大多数用户非常熟悉的：登录、执行一些命令、签退。当签退后，Shell 也终止了。Shell 也可以运行在另外一种模式：非交互式模式。在这种模式下，Shell 不与用户进行交互，而是读取存放在文件中的命令，并且执行它们。当它读到文件的结尾，Shell 也就终止了。

Bashrc 与 profile 都用于保存用户的环境信息，Bashrc 用于交互式 non-loginShell，而 profile 用于交互式 login Shell。系统中存在许多 Bashrc 和 profile 文件，分别如下：

（1）/etc/profile 文件为系统的每个用户设置环境信息，当第一个用户登录时，该文件被执行。并从/etc/profile.d 目录的配置文件中搜集 Shell 的设置。

（2）/etc/Bashrc 文件：为每一个运行 Bash Shell 的用户执行此文件。当 Bash Shell 被打开时，该文件被读取。

（3）~/.profile：每个用户都可使用该文件输入专用于自己使用的 Shell 信息，当用户登录时，该文件仅仅执行一次。默认情况下，它设置一些环境变量，然后执行用户的.Bashrc 文件。

（4）~/.Bashrc：该文件包含专用于某个用户的 Bash Shell 的 Bash 信息，当该用户登录时以及每次打开新的 Shell 时，该文件都会被读取。

另外，/etc/profile 中设定的变量（全局）可以作用于任何用户，而~/.Bashrc 等中设定的变量（局部）只能继承/etc/profile 中的变量，它们是 "父子" 关系。

第10章
正则表达式与文件格式化处理

 学习指引

正则表达式是一种计算机描述语言，使用正则表达式不仅可以准确匹配定位你需要的具体字母 A，而且还可以与你需要的 26 个字母中的任意一个字母进行匹配等。正则表达式的发展经历了基本正则表达式和扩展正则表达式，扩展正则表达式是在基本正则表达式的基础上增加了一些丰富的匹配规则。

 重点导读

- 正则表达式的概念、用途和类型。
- 基本正则表达式。
- 扩展正则表达式。
- 文件的格式化与处理。

10.1　正则表达式

现在越来越多的程序、文本编辑工具和编程语言都支持正则表达式，但任何语言都需要遵循一定的语法规则，正则表达式也不例外。

10.1.1　什么是正则表达式

在 Linux 系统中可以使用正则表达式来过滤文本。Linux 工具能够在处理数据时使用正则表达式对数据进行模式匹配，如果数据能够匹配到模式，则它会被接受并进一步处理；如果数据不匹配模式，则它会被过滤掉。

简单来说，正则表达式就是为了处理大量的文本或字符串而定义的一套规则和方法，通过定义的这些特殊符号的辅助，系统管理员就可以快速过滤、替换或输出需要的字符串。Linux 正则表达式一般以行为单位进行处理，一次处理一行。使用正则表达式模式匹配数据的过程如图 10-1 所示。

正则表达式模式利用通配符来描述数据流中的一个或多个字符，可以在正则表达式中使用不同的特殊字符来定义特定的数据过滤模式。

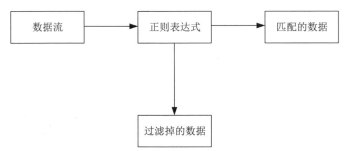

图 10-1　使用正则表达式匹配数据过程

注意：正则表达式和通配符有着本质的区别：正则表达式主要用来查找文件内容、文本和字符串，最常应用正则表达式的命令是 grep（egrep）、sed 和 awk；而通配符主要用来查找文件名，普通命令都支持。

正则表达式的使用注意事项有以下几点：

（1）Linux 正则表达式以行为单位处理字符串。

（2）为便于区别过滤出来的字符串，一定要和 grep（egrep）命令一起使用。

（3）注意字符集。有少数特殊情况下，会出现正则失效的可能，多数情况下与字符集有关，所以需要加入"exportLC_All=C"。

10.1.2　正则表达式的分类

使用正则表达式的最大问题就是正则表达式的类型不止一种，在 Linux 系统中的不同应用程序可能会使用不同类型的正则表达式。

正则表达式是通过正则表达式引擎（regular expression engine）来实现的。在 Linux 系统中有两种常用的正则表达式引擎，根据 POSIX 规范将正则表达式分为以下两种：

（1）基本正则表达式（BRE，basic regular expression）引擎。

（2）扩展正则表达式（ERE，extended regular expression）引擎。

大部分 Linux 工具都符合 POSIX BRE 引擎规范，能够识别该规范定义的所有模式符号。POSIX BRE 引擎通常出现在依赖正则表达式进行文本过滤的编程语言中，它为常见的模式提供了高级模式符号和特殊符号，如匹配数字、单词和按字母排序的字符等。

注意：gawk 程序使用 ERE 引擎来处理正则表达式模式。

基本正则表达式（BRE）和扩展正则表达式（ERE）的区别仅仅是元字符的不同：

（1）基本正则表达式（BRE）只承认的元字符有"^""$""."「[]」"*"等，其他字符都识别为普通字符"\(\)"。

（2）扩展正则表达式（ERE）则添加了"()""{}""?""+""|"等。

（3）只有在使用反斜杠进行转义的情况下，字符"()"和"{}"才会在 BRE 中被当作元字符处理；而在 ERE 中，任何元符号前面加上反斜杠反而会使其被当作普通字符来处理。

这里先简单介绍一下基本正则表达式和扩展正则表达式，在后面将会详细讲解。

10.1.3　正则表达式的用途

在编写处理字符串的程序时，经常会有查找符合某些复杂规则的字符串的问题。正则表达式就是用于描述这些规则的工具。换句话说，正则表达式就是记录文本规则的代码。计算机处理的信息更多的时候不是数值而是字符串，正则表达式就是在进行字符串匹配和处理时的最为强大的工具，绝大多数语言都提供了对正则表达式的支持。

正则表达式是对字符串操作的一种逻辑公式，就是用原先定义好的一些特定字符及这些特定字符的组合，组成一个"规则字符串"。这个"规则字符串"用来表达对字符串的一种过滤逻辑，给定一个正则表达式和另一个字符串，可以达到如下目的：

（1）给定的字符串是否符合正则表达式的过滤逻辑（称作"匹配"）。

（2）可以通过正则表达式从字符串中获取想要的特定部分。

（3）测试字符串内的模式。例如，可以测试输入字符串，以查看字符串内是否出现电话号码模式或信用卡号码模式。这称为数据验证。

（4）替换文本。可以使用正则表达式来识别文档中的特定文本，完全删除该文本或者用其他文本替换它。

正则表达式的特点是：

（1）有强大的灵活性、逻辑性和功能性。

（2）可以迅速地用极简单的方式达到字符串的复杂控制。

10.2　基本正则表达式

基本正则表达式又称标准的正则表达式，是最早指定的正则表达式规范。

10.2.1　表达式字符

基本正则表达式字符及其含义如表 10-1 所示。

表 10-1　基本正则表达式字符及其含义

字　符	含　义
^	匹配字符串的开头。如^word，搜索以 word 开头的内容
$	匹配字符串的结尾。如 word$，搜索以 word 结尾的内容
^$	表示空行，不是空格
.	匹配任意单个字符（不匹配空行）
\	匹配转义后的字符。如\.只表示小数点
*	重复之前的字符或文本 0 个或多个，之前的文本或字符连续 0 次或多次
.*	匹配任意多个字符
^.*	以任意多个字符串开头，.*尽可能多
[]	匹配集合中的任意单个字符，括号中为一个集合
[x-y]	匹配连续的字符串范围
[^]	匹配否定，对括号中的集合取反
\{n,m\}	匹配前一个字符重复 n 到 m 次
\{n,\}	匹配前一个字符重复至少 n 次

续表

字　　符	含　　义
\{n\}	匹配前一个字符重复 n 次
\(\)	将 "\(" 与 "\)" 之间的内容存储在 "保留空间，最大存储 10 个。"
\n	通过\1 至\10 调用保留空间的内容

在正则表达式模式中使用文本字符时，需要注意以下几点：

（1）如果使用某个特殊字符作为文本字符，需要进行转义。在转义特殊字符时，需要在它前面加上一个特殊字符告诉正则表达式将该字符当作普通的文本字符。这个特殊字符就是反斜线 "\"。因为反斜线 "\"是特殊字符，所以在使用时也需要对其进行转义，因此就会出现两个反斜线的情况。常用的转义字符如表 10-2 所示。

表 10-2　常用转义字符及其含义

转 义 字 符	含　　义
\b	匹配一个单词边界，指单词和空格间的位置
\B	匹配非单词边界。如 "er\B"，可以匹配 "verb" 中的 "er"，但不能匹配 "never" 中的 "er"
\d	匹配一个数字字符。它等价于[0-10]
\D	匹配一个非数字字符。它等价于[^0-10]
\s	匹配任何空白字符，包括空格、制表符、换页符等。它等价于[\f\n\r\t\v]
\S	匹配任何非空白字符。它等价于[^ \f\n\r\t\v]
\w	匹配包括下划线的任何单词字符，以及数字字符。它等价于[a-zA-Z0-10_]
\W	匹配任何非单词字符。它等价于[^A-Za-z0-10_]
\f	匹配一个换页符
\n	匹配一个换行符。就是转到下一行输出
\r	匹配一个回车符。回车和换行不同，回车效果是输出回到本行行首
\t	匹配一个水平制表符。相当于按下键盘的 TAB 键
\v	匹配一个垂直制表符。它的作用是让 "\v" 后面的字符从下一行开始输出，且开始的列数为 "\v" 前一个字符所在列的后面一列

（2）脱字符 "^" 如果出现在行首之外的位置，正则表达式模式将无法进行匹配。在正则表达式模式中如果只使用了脱字符 "^"，那么就不需要使用转义字符进行转义。

（3）"$" 字符放在文本模式之后来指明数据行必须以该文本模式结尾。

（4）特殊字符点号（.）用来匹配除换行符之外的任意单个字符。它必须匹配一个字符，否则该模式不成立。

（5）在字符后面放置星号（*）表明该字符必须在匹配模式的文本中出现 0 次或多次。

除了以上的元字符之外，还有由普通字符组成的字符集，可以用来匹配特定类型的字符，如表 10-3 所示。

表 10-3　字符集及其含义

字　符　集	含　　义
[:alnum:]	匹配任意一个字母或数字，0~10、A~Z 或 a~z
[:alpha:]	匹配任意一个字母，a~z 或 A~Z
[:digit:]	匹配任意一个数字，0~10
[:lower:]	匹配任意一个小写字母，a~z
[:upper:]	匹配任意一个大写字母，A~Z
[:space:]	匹配任意一个空白字符，包括空格、制表符、换行符等
[:blank:]	匹配空格和制表符
[:graph:]	匹配任意一个看得见的可打印字符，不包括空白字符
[:print:]	匹配任意一个可以打印的字符，包括空白字符，但是不包括控制字符、EOF 文件结束符
[:cntrl:]	匹配任意一个控制字符，即 ACSII 字符集中的前 32 个字符，如换行符、制表符等
[:punct:]	匹配任意一个标点符号，如 "[]" "{}" 等
[:xdigit:]	匹配 16 进制数，即 0~10、a~f 以及 A~F

10.2.2　grep 的高级参数

在前面的章节中我们已经简单地介绍过 grep 命令的概念、常用选项以及 grep 命令支持的几种正则表达式的元字符等内容。那么在本小节中将会继续介绍 grep 命令的一些高级参数。

grep 命令通过正则表达式来搜索文本，并可以把搜索的结果打印出来。grep 在一个或多个文件中搜索字符串模板，如果模板包括空格，则必须被引用，模板后的所有字符串被看作文件名。搜索的结果被送到屏幕，不影响原文件的内容。

grep 也可用于 Shell 脚本。grep 通过返回一个状态值来说明搜索的状态，如果模板搜索成功，则返回 0；如果搜索不成功，则返回 1；如果搜索的文件不存在，则返回 2。利用这些返回值就可进行一些自动化的文本处理工作。

注意：如果是搜索多个文件，grep 命令的结果只显示在文件中发现匹配模式的文件名；如果搜索的是单一的文件，grep 命令的结果将显示每一个包含匹配模式的行。

grep 命令也支持表 10-1 中的元字符类型。

【例 10-1】元字符^的使用。

（1）创建一个文本文件，读者可以随意命名，这里命令为 text。

（2）在 text 文件中写下如下内容。

```
hello 123456
hello everyone
my name is tom
I am five years old
hello 23654
```

（3）在终端页面输入如下命令：

```
[abcd@localhost ~] $ grep ^hello text
```

（4）输出结果如图 10-2 所示。

脱字符"^"表示匹配以"^"后面字符开头的字符串。"^hello"就表示搜索到 text 文件中以 hello 开头的字符串，匹配结果如图 10-2 所示。

【例 10-2】搜索字符范围。

（1）创建一个文本文件，读者可以随意命名，这里命令为 text。

（2）在 text 文件中写下如下内容：

```
hello 1234567810
345678
4567810
hello 234567
```

（3）在终端页面输入如下命令：

```
[abcd@localhost ~] $ grep [3-8] text
```

（4）输出结果如图 10-3 所示。

图 10-2　匹配结果

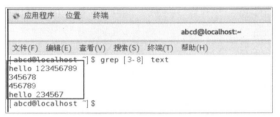

图 10-3　搜索字符范围的输出结果

"[3-8]"表示匹配连续的字符串范围，即属于 3-8 之间的字符串。匹配的结果如图 10-3 所示。

10.2.3　Sed 工具

Sed（stream editor）是一种非交互式的流编辑器，通过多种转换修改流经它的文本。首先，Sed 通过文件或管道读取文件的内容，在默认情况下，Sed 并不会修改原文件的本身，而是将读入的内容复制到缓冲区中，也称为模式空间。所有的操作指令都是在模式空间中进行的，随后 Sed 根据相应的指令对模式空间中的内容进行处理并输出结果，默认输出到屏幕上。Sed 工作的流程如图 10-4 所示。

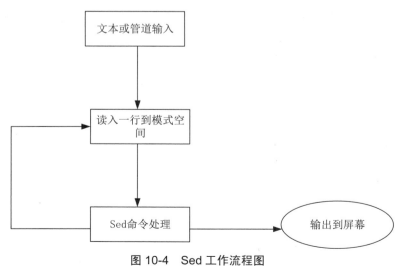

图 10-4　Sed 工作流程图

Sed 处理文本时是以行为单位的，每处理完一行就立即打印出来，然后再处理下一行，直至全文处理结束。Sed 可做的编辑动作包括删除、查找替换、添加、插入、从其他文件中读入数据等。

注意：要想保存修改后的文件，必须使用重定向生成新的文件。如果想直接修改源文件本身则需要使用"-i"参数。

Sed 命令通常在以下场景中使用：

（1）常规编辑器编辑困难的文本。

（2）过于庞大的文本，使用常规编辑器难以胜任（如一个几百兆的文件）。

（3）有规律的文本修改，加快文本处理速度（如全文替换）。

Sed 的基本语法格式如下：

```
[abcd@localhost ~] $ sed [选项] {脚本指令} [输入文件]
```

Sed 常用的选项及各自的功能如表 10-4 所示。

表 10-4　Sed 常用选项及功能

选　　项	功　　能
-n	使用安静（silent）模式。在一般 sed 的用法中，所有来自 STDIN 的数据一般都会被列出到终端上。但如果加上-n 参数后，则只有经过 sed 特殊处理的那一行或动作才会被列出来
-e	直接在命令行模式上进行 sed 的动作编辑
-f	直接将 sed 的动作写在一个文件内，-f filename 则可以运行 filename 内的 sed 动作
-r	sed 的动作支持的是扩展型正规表示法的语法。（默认的是基础正规表示法语法）
-i	直接修改读取的文件内容，而不是输出到屏幕

Sed 通过特定的脚本指令对文件进行处理，常用脚本指令及功能如表 10-5 所示。

表 10-5　Sed 常用脚本指令及功能

脚本指令	功　　能
a	增加，a 的后面可以接字符串，而这些字符串会在新的一行出现（当前的下一行）
c	替换，c 之后的字符串将会替换规定行之间的所有行
d	删除，删除指定的行
i	插入，在指定行的前面进行插入
l	打印，显示非打印字符
L	打印，不显示非打印字符
p	打印，将某个选择的数据打印出来。通常跟参数-n 一起运行
q	退出
r	读入文件内容
s	替换，用一个字符串替换另一个，注意与 c 的区别
w	保存至文件
y	按字符转换

【例 10-3】Sed 脚本指令：添加。

（1）首先创建一个样本文件命名为 text，在样本文件中写入如图 10-5 所示的内容。

（2）把 text 样本文件的内容通过 sed 脚本进行添加，即把 text 文件中的第一个 h1，h2 和 h3 添加上 "<>"；第一个 h1，h2 和 h3 添加上 "</>"。

（3）使用 touch 命令创建一个脚本文件，命名为 sed.sh。打开脚本文件 sed.sh，写入如图 10-6 所示的内容。

图 10-5　text 文件的内容

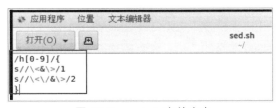

图 10-6　sed.sh 文件内容

（4）在终端页面输入如下命令：

```
[abcd@localhost ~] $ sed -f sed.sh text
```

输出结果如图 10-7 所示。

注意：在图 10-5 中，匹配 h 紧跟着一个数字的行，替换与上一行中匹配内容相同的内容，也就是将 h[0-10] 替换为 <&>，其中 & 为前面要替换的内容。第一个替换指令 s 仅替换第一个 h1，h2，h3；第二个替换指令 s 用来替换第二个 h1，h2，h3。

【例 10-4】Sed 脚本指令：替换。

（1）创建一个样本文件命名为 text，在样本文件中写入如图 10-8 所示的内容。

图 10-7　输出结果

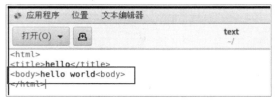

图 10-8　样本文件

（2）把 text 样本文件的内容通过 sed 脚本进行替换，即把 text 文件中的第二个 <body> 替换为 </body>。

（3）使用 touch 命令创建一个脚本文件，命名为 sed.sh。编写 sed 脚本，替换与行匹配相同的内容，如图 10-9 所示。

（4）在终端页面中输入如下命令：

```
[abcd@localhost ~] $ sed -f sed.sh text
```

输出结果如图 10-10 所示。

图 10-9　脚本文件的内容

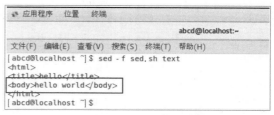

图 10-10　输出结果

Sed 工具还提供了一些高级特性，允许处理跨多行的文本模式。

1. 加倍行间距

加倍文本内容的行间距主要在于保持空间的默认值。通常使用 G 命令将保持空间的内容附加到模式空间内容中，当使用 sed 工具时，保持空间只有一个空行，将它附加到已有行的后面即可创建一个空白行。

【例 10-5】在样本文件 text 中插入空白行。

（1）创建一个名为 text 的样本文件，在其中写入如图 10-11 所示的内容。

（2）在终端页面输入如下命令：

```
[abcd@localhost ~] $ sed 'G' text
```

输出结果如图 10-12 所示。

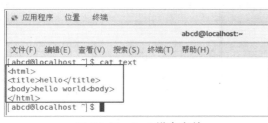

图 10-11　text 样本文件

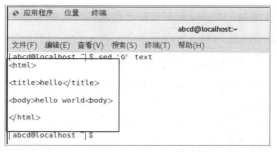

图 10-12　插入空白行

从图 10-12 中可以看出，在文件的末尾处也产生了一个空白行，如果不想要这个空白行，可以使用排出符号 "！" 和尾行符号 "$" 来确保空白行不加在最后一行，如图 10-13 所示。

2. 使用等号 "=" 显示数据流中行的行号

【例 10-6】显示数据流中行的行号。

（1）使用例 10-5 中 text 样本文件的内容。

（2）在终端页面输入如下命令：

```
[abcd@localhost ~] $ sed '=' text
```

输出结果如图 10-14 所示。

还可以将行号和文本放在同一行。在使用等号命令输出之后，通过管道将输出传给另一个 sed 脚本，再使用 N 命令来合并这两行，最后使用替换命令将换行符更换成空格或制表符。

在终端页面输入如下命令：

```
[abcd@localhost ~] $ sed '=' text | sed 'N; s/\n/ /'
```

输出结果如图 10-15 所示。

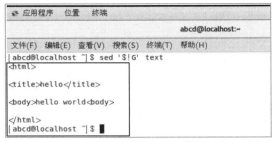

图 10-13　最后一行没有空白行

图 10-14　显示行号

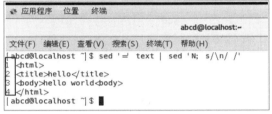

图 10-15　行号和文本在同一行

注意：Next（N）指令通过读取新的输入行，并将它追加至模式空间的现有内容之后，来创建多行模式空间。模式空间的最初内容与新的输入行之间用换行符分隔，在模式空间中插入的换行符可以使用"\n"匹配。

3. 多行删除操作（D）

d 指令为删除指令，其作用是删除模式空间中的内容并读入新的输入行，如果 sed 在 d 指令后还有多条指令，则余下的指令将不再执行，而是返回第一条指令对新读入行进行处理。而多行删除指令 D 将删除模式空间中直到第一个插入的换行符（\n）前的内容，它不会读入新的输入行，并返回 sed 脚本的顶端，使得剩余指令继续应用于模式空间中剩余的内容。

【例 10-7】显示数据流中行的行号。

（1）创建一个名为 text 的样本文件，在样本文件中写入如图 10-16 所示的内容。

（2）在终端页面输入如下命令：

```
[abcd@localhost ~] $ nl text | sed '1d;5d'
```

输出结果如图 10-17 所示。

图 10-16　text 样本文件内容

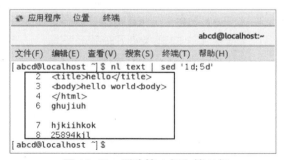

图 10-17　删除第 1 行和第 5 行

【例 10-8】 删除 HTML 标签。

标准的 HTML Web 页面包含一些不同类型的 HTML 标签。HTML 标签由小于号和大于号来识别。大部分 HTML 标签都是成对出现的：一个起始标签和一个结束标签。

（1）创建一个样本文件命名为 text，在样本文件中写入如图 10-18 所示的内容。

（2）在终端页面输入如下命令：

```
[abcd@localhost ~] $ sed 's/<[^>]*//g' text
```

输出结果如图 10-19 所示。

图 10-18　text 样本文件内容

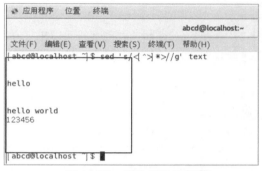
图 10-19　删除 HTML 标签

由图 10-19 中的内容可以看出，HTML 标签已经被删除，但还有多余的空白行。因此可以加入删除命令来删除多余的空白行。命令如下：

```
[abcd@localhost ~] $ sed 's/<[^>]*>//g; /^$/d' text
```

输出结果如图 10-20 所示。

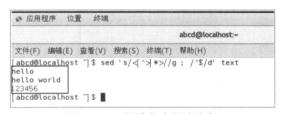
图 10-20　删除多余的空白行

10.3　扩展正则表达式

扩展的正则表达式支持的元字符比标准的正则表达式要多，但扩展的正则表达式对有些标准正则表达式所支持的元字符并不支持，下面主要来学习扩展的正则表达式中新增的元字符。

扩展正则表达式字符及其含义如表 10-6 所示。

表 10-6　扩展正则表达式字符及其含义

字　　符	含　　义
+	匹配前一个字符出现一次或多次
?	匹配前一个字符出现 0 次或一次

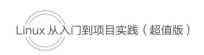

续表

字　　符	含　　义
|	匹配逻辑或者，即匹配"|"前或后的字串
()	匹配正则集合
{n,m}	等同于基本正则表达式的\\{n,m\\}

（1）加号（+）类似于星号（*）。加号表明前面的字符可以出现 1 次或多次，但必须至少出现 1 次。如果该字符没有出现，那么模式就不会匹配。加号也同样适用于字符组，与星号（*）和问号（?）的使用方法相同。

（2）问号（?）表明前面的字符可以出现 0 次或 1 次，它不会匹配多次出现的字符。如果字符组中的字符出现了 0 次或 1 次，模式匹配就成立；但如果两个字符都出现了，或者其中一个字符出现了 2 次，模式匹配就不成立。

（3）管道符号（\|）表示或者同时过滤多个字符。管道符号在检查数据流时，使用逻辑 or 方式指定正则表达式引擎要用的两个或多个模式。如果任何一个模式匹配了数据流文本，文本就通过测试；如果没有模式匹配，则数据流文本匹配失败。

同时管道符号两侧的正则表达式可以采用任何正则表达式模式（包括字符组）来定义文本。

（4）正则表达式模式也可以使用圆括号进行分组。当将正则表达式模式进行分组时，该组会被当作一个标准字符。可以像对普通字符一样给该组使用特殊字符。

（5）扩展正则表达式中的花括号可以为重复的正则表达式指定一个上限。可以使用以下两种方式来指定区间。

- {n}：正则表达式准确出现 n 次。
- {n，m}：正则表达式至少出现 n 次，至多 m 次。

10.4　文件的格式化与处理

在 Linux 系统中，同样也有对文件的格式化处理工具，如格式化输出工具 printf，数据处理工具 awk，文件比较工具 diff 以及为文件打印做准备的 pr 等。

10.4.1　格式化输出：printf

printf 是 Linux 下的格式化输出命令，它和 C 语言中的 printf 命令有点类似，都是用于将数据进行格式化输出。

printf 命令的基本格式如下：

```
printf "format string" 输出内容
```

format string 是格式化输出的关键。它通常使用文本元素和格式化指定符来具体指定如何呈现格式化输出。格式化指定符是一种特殊的代码，会指明显示什么类型的变量以及如何显示。格式化指定符中的控制字母及功能如表 10-7 所示。

表 10-7　格式化指定符的控制字母及功能

控 制 字 母	功　　能
c	将一个数作为 ASCII 显示
d	显示一个整数值
i	和 d 一样，也是显示一个整数值
e	用科学计数法显示一个数
f	显示一个浮点值
g	用科学计数法或浮点数显示（选择较短的格式）
o	显示一个八进制数
s	显示一个文本字符串
x	显示一个十六进制值
X	显示一个十六进制值，但使用大写字母 A~F

除此之外还有修饰符用来进一步控制输出。

（1）%：表示格式说明的起始符号，不可缺少。

（2）-（减号）：有-表示左对齐输出，如省略表示右对齐输出。

（3）0：有 0 表示指定空位填 0，如省略表示指定空位不填。

（4）m.n：m 指域宽，即对应的输出项在输出设备上所占的字符数。N 指精度，用于说明输出的实型数的小数位数。为指定 n 时，隐含的精度为 n=6 位。

（5）l 或 h：l 对整型指 long 型，对实型指 double 型。h 用于将整型的格式字符修正为 short 型。

printf 命令常用的输出格式有以下三种。

（1）%ns：输出字符串：输出 n 位的字符串。

（2）%ni：输出整数：输出 n 位的整数。

（3）%m.nf：输出浮点数：m 位整数和 n 位小数。

由以上可以得出以下结论。

（1）%s：用于显示一个字符串变量。

（2）%d 或%i：用于显示一个整数值。

（3）%e：用科学计数法显示较大的值。

依次类推。

需要注意的事项如下：

（1）printf 命令默认输出结果没有换行符，需要手动添加 "\n"。

（2）printf 命令后面不能接受管道符参数，如：df | print '%s'是错误的。

（3）printf 命令后面也不能直接跟文件名，如：printf '%5s' /etc/passwd 是错误的。

（4）printf 命令后可以跟系统命令执行的结果，如：printf '%s' $(cat /etc/password)'。

10.4.2　数据处理工具：awk

awk 是除了 sed 命令之外，Linux 系统中另一个功能比较强大的数据处理工具。

和 sed 命令类似，awk 命令也是逐行扫描文件（从第一行到最后一行），寻找含有目标文本的行，如果匹配成功，则会在该行上执行用户想要的操作；否则不对行做任何处理。

    awk 在读取文件内容的每一行时，将对比该行是否与给定的模式相匹配，如果匹配，则执行处理过程，否则对该行不做任何处理。如果没有指定处理脚本，则把匹配的行显示到标准输出，即默认处理动作是 print 打印行；如果没有指定模式匹配，则默认匹配所有的数据。

    awk 有两个特殊的模式：BEGIN 和 END，它们被放置在没有读取任何数据之前以及在所有的数据读取完成以后执行。在读取文件内容前，BEGIN 后面的指令将被执行，然后读取文件内容并判断是否与特定的模式匹配，如果匹配，则执行正常模式后面的动作指令，最后执行 END 模式命令，并输出文档处理后的结果。awk 的工作流程图如图 10-21 所示。

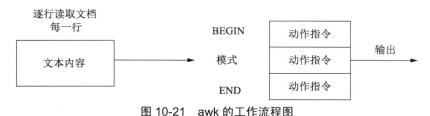

图 10-21　awk 的工作流程图

awk 命令基本语法格式如下：

```
[abcd@localhost ~] $ awk [选项] '脚本命令' 文件名
```

awk 命令常用选项及其功能如表 10-8 所示。

表 10-8　awk 命令常用选项及其功能

选　　项	功　　能
-F fs	指定以 fs 作为输入行的分隔符，awk 命令默认分隔符为空格或制表符
-f file	从脚本文件中读取 awk 脚本指令，以取代在命令参数中输入处理脚本
-v var=val	在执行处理过程之前，设置一个变量 var，并给其设备初始值为 val
-W compat	使用兼容模式运行 awk，GUN 扩展选项将被忽略
-W copyleft	输出简短的 GUN 版权信息
-W dump-variables[=file]	打印全局变量（变量名、类型、值）到文件中，如果没有提供文件名，则自动输出到名为 dump-variables 的文件中

awk 的脚本命令主要由 2 部分组成，分别为匹配规则和执行命令。

```
'匹配规则（执行命令）'
```

    awk 的匹配规则，和 sed 命令中的 address 部分作用相同，用来指定脚本命令可以作用到文本内容中的具体行，可以使用字符串或者正则表达式指定。另外，整个脚本命令是使用的单引号（''），而其中的执行命令部分需要使用花括号"{}"括起来。

    注意：在 awk 程序执行时，如果没有指定执行命令，则默认会把匹配的行输出；如果不指定匹配规则，则默认匹配文本中所有的行。

    awk 的主要特性之一是其处理文本文件中数据的能力，它会自动给每行中的每个数据元素分配一个变量。

    awk 的内置变量及功能如表 10-9 所示。

表 10-9　awk 的内置变量及功能

变　　量	功　　能
$0	当前记录
$1~$n	当前记录的第 n 个字段
ARGC	命令行参数个数
FILENAME	当前输入文档的名称
FNR	当前输入文档的当前记录编号，尤其是当有多个输入文档时有用
NR	输入流的当前记录编号
NF	当前记录的字段个数
FS	字段分隔符
OFS	输入字段分隔符，默认为空格
ORS	输入记录分隔符，默认为换行符\n
RS	输入记录分隔符，默认为换行符\n

【例 10-9】输出当前文档的当前行编号。

（1）创建两个样本文件，分别命名为 text 和 text1，在样本文件中写入如图 10-22 所示的内容。

（2）在终端页面中输入如下命令：

```
[abcd@localhost ~] $ awk '{print FNR}' text text1
```

输出结果如图 10-23 所示。

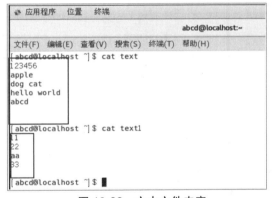

图 10-22　文本文件内容

图 10-23　输出结果

表达式由变量、常量、函数、正则表达式和操作符组成，awk 中变量有字符变量和数字变量。如果在 awk 中定义的变量没有初始化，则初始值为空字符或 0。当字符操作时必须加引号。操作符及含义如表 10-10 所示。

表 10-10　常用操作符及含义

操　作　符	含　　义
+	加
−	减
*	乘

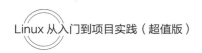
续表

操　作　符	含　　义
/	除
%	求余
^	幂运算
++	自加 1
--	自减 1
+=	相加后赋值给变量
-=	相减后赋值给变量
*=	相乘后赋值给变量
/=	相除后赋值给变量
>	大于
<	小于
>=	大于或等于
<=	小于或等于
==	等于
!=	不等于
~	匹配正则表达式
!~	不匹配正则表达式
&&	与
||	或

例如：

（1）awk 赋值运算符，a+5 等价于 a=a+5，如图 10-24 所示。

（2）awk 正则运算符，如图 10-25 所示。

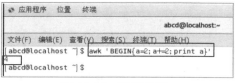

图 10-24　赋值运算　　　　　　　　　　图 10-25　正则运算符

除此之外，awk 还支持 if 条件判断、while 和 for 循环语句等。

（1）if 条件判断语句。

if 语句基本格式有两种：

```
if（表达式）
动作 1
else
动作 2
```

或者

```
if（表达式）动作 1；else 动作 2
```

如果表达式的判断结果为真，则执行动作 1，否则执行动作 2。

例如：判断 boot 分区可用容量小于 20MB 时报警，否则显示 OK，如图 10-26 所示。

（2）while 循环语句。

while 循环语句基本格式有两种：

```
while（条件）
动作
```

或者

```
do
动作
while（条件）
```

while 循环语句如图 10-27 所示。

图 10-26　if 条件判断

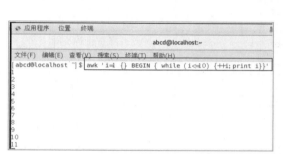

图 10-27　while 循环语句

（3）for 循环语句。

for 循环语句基本格式如下：

```
for（变量；条件；计数器）
动作
```

for 循环语句如图 10-28 所示。

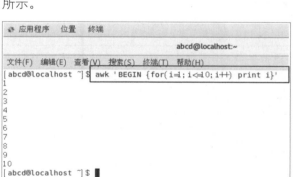

图 10-28　for 循环语句

10.4.3　文件比较工具：diff

diff（difference）命令常用来比较两个文件中的内容。diff 命令在最简单的情况下，比较两个文件的不同。如果使用"-"代替"文件"参数，则要比较的内容将来自标准输入。diff 命令是以逐行的方式比较文本文件的异同处。如果该命令指定进行目录的比较，则将会比较该目录中具有相同文件名的文件，而不会对其子目录文件进行任何比较操作。

diff 命令的基本格式有两种，分别如下：

（1）比较文件。

```
[abcd@localhost ~] $ diff [选项]文件名 1 文件名 2
```

（2）比较目录。

```
[abcd@localhost ~] $ diff [选项]目录 1 目录 2
```

diff 命令常用的选项及功能如表 10-11 所示。

表 10-11　diff 命令常用的选项及功能

选　　项	功　　能
-行数	指定要显示多少行的文本。此参数必须与-c 或-u 参数一并使用
-a	diff 只会逐行比较文本文件
-b	不检查空格字符的不同
-B	不检查空白行
-c	显示全部内文，并标出不同之处
-c 行数	与执行"-c-行数"指令相同
-d	使用不同的演算法，以较小的单位来做比较
-D	此参数的输出格式可用于前置处理器巨集
-e	此参数的输出格式可用于 ed 的 script 文件
-f	输出的格式类似 ed 的 script 文件，但按照原来文件的顺序来显示不同处
-H	比较大文件时，可加快速度
-l	若两个文件在某几行有所不同，而这几行同时都包含了选项中指定的字符或字符串，则不显示这两个文件的差异
-i	不检查大小写的不同
-l	将结果交由 pr 程序来分页
-n	将比较结果以 RCS 的格式来显示
-N	在比较目录时，若文件 A 仅出现在某个目录中，预设会显示：Only in 目录：文件 A 若使用-N 参数，则 diff 会将文件 A 与一个空白的文件比较
-p	若比较的文件为 C 语言的程序码文件时，显示差异所在的函数名称
-P	与-N 类似，但只有当第二个目录包含了一个第一个目录所没有的文件时，才会将这个文件与空白的文件做比较
-q	仅显示有无差异，不显示详细的信息
-r	比较子目录中的文件
-s	若没有发现任何差异，仍然显示信息
-S	从指定的文件开始比较目录
-t	在输出时，将 tab 字符展开
-T	在每行前面加上 tab 字符以便对齐
-u	以合并的方式来显示文件内容的不同

续表

选　　项	功　　能
-v	显示版本信息
-w	忽略全部的空格字符
-W	在使用-y 参数时，指定栏宽
-x	不比较选项中所指定的文件或目录
-X	可以将文件或目录类型存成文本文件，然后在？中指定此文本文件
-y	以并列的方式显示文件的异同之处
--help	显示帮助
--left-column	在使用-y 参数时，若两个文件某一行内容相同，则仅在左侧的栏位显示该行内容

diff 命令的显示结果有以下两种方式：

（1）<表示第一个文件中的数据行。

（2）>表示第二个文件中的数据行。

注意：diff 命令能够分析并输出两个文件的不同的行。diff 的输出结果表明需要对一个文件做怎样的操作之后才能与第二个文件相匹配（与第一个文件相比，第二个文件发生了哪些变化），其中包含三种操作分别为：a=add，c=change，d=delete。diff 命令并不会改变文件的内容，但是 diff 可以输出一个 ed 脚本来应用这些改变。

【例 10-10】比较两个文件的不同。

（1）创建两个样本文件，分别命名为 text 和 text1，在样本文件中输入如图 10-29 所示的内容。

（2）在终端页面中输入命令如下：

```
[abcd@localhost ~] $ diff text text1
```

输出结果如图 10-30 所示。

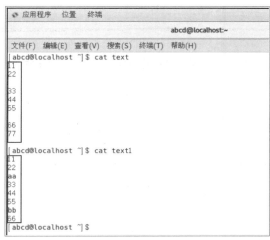

图 10-29　输入各个文本文件的内容

图 10-30　输出结果

- "3c3"：表示第一个文件的第 3 行需要修改才能和第二个文件的第 3 行相匹配；
- "---"：表示分隔线；
- ">aa"：>表示第二个文件，第一个文件中需要添加的内容为 aa，该内容存放在第二个文件中；

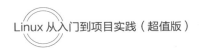

- "＞bb"：＞表示第二个文件，第一个文件中需要添加的内容为 bb，该内容存放在第二个文件中；
- "10，10d8"：表示删除第一个文件中的第 10 和第 10 行才能和第二个文件中的第 8 行相匹配；
- "＜77"：表示第一个文件中待删除的内容为 77。

10.4.4 文件打印准备：pr

pr 命令主要用于重新格式化正文，该命令会按照打印机的格式重新编排纯文本文件中的内容。pr 命令的默认输出为每页 66 行，其中 56 行为正文的内容，并包括表头。

pr 命令仅仅改变文件在屏幕上的显示样式和打印输出样式，并不会更改文件本身。pr 命令的基本格式如下：

```
[abcd@localhost ~] $ pr [选项] 文件名
```

pr 常用的选项及各自的功能如表 10-12 所示。

表 10-12　pr 常用选项及功能

选　　项	功　　能
-n	产生 n 栏的输出
-f	在首页之后的每一页标题前放置一个 ASCII 分页字符标题
-h	"header" 设置每个页面的标题
-l	设置输出页面长度，即每页显示多少行。默认是每个页面一共 66 行，文本占 56 行
-k	分成几列打印，默认为 1
-t	不打印标题和上下边距
-o	每行缩进的空格数
-w	多列输出时，设置页面宽度，默认是 72 个字符

【例 10-11】打印文件。

（1）首先创建一个样本文件命名为 text，在样本文件中写入内容，同时使用 cat 命令查看 text 文件中的内容，如图 10-31 所示。

（2）在终端页面中输入如下命令：

```
[abcd@localhost ~] $ pr text
```

输出结果如图 10-32 所示。

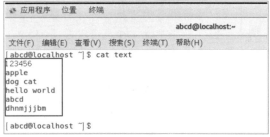

图 10-31　text 文件的内容

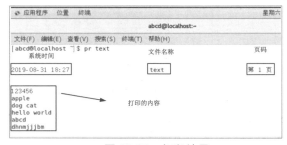

图 10-32　打印结果

注意：可以使用选项来设置需要打印的格式。

10.5　就业面试技巧与解析

本章主要讲解了什么是正则表达式、正则表达式的分类和用途、基本正则表达式和扩展正则表达式、格式化输出工具、数据处理工具、文件比较工具以及文件打印准备工具等内容。通过学习本章大家都记住了哪些内容呢？让我们一起来检验一下吧！

10.5.1　面试技巧与解析（一）

面试官：什么是正则表达式？

应聘者：简单地说，正则表达式就是为了处理大量的文本或字符串而定义的一套规则和方法，通过定义的这些特殊符号的辅助，系统管理员就可以快速过滤、替换或输出需要的字符串。Linux 正则表达式一般以行为单位进行处理，一次处理一行。

在 Linux 系统中有两种常用的正则表达式引擎，根据 POSIX 规范将正则表达式分为以下两种：

（1）基本正则表达式（BRE，basic regular expression）引擎。

（2）扩展正则表达式（ERE，extended regular expression）引擎。

正则表达式是对字符串操作的一种逻辑公式，就是用原先定义好的一些特定字符及这些特定字符的组合，组成一个"规则字符串"。这个"规则字符串"用来表达对字符串的一种过滤逻辑，给定一个正则表达式和另一个字符串，可以达到如下目的：

（1）给定的字符串是否符合正则表达式的过滤逻辑（称作"匹配"）。

（2）可以通过正则表达式从字符串中获取想要的特定部分。

（3）测试字符串内的模式。例如，可以测试输入字符串，以查看字符串内是否出现电话号码模式或信用卡号码模式。这称为数据验证。

（4）替换文本。可以使用正则表达式来识别文档中的特定文本，完全删除该文本或者用其他文本替换它。

10.5.2　面试技巧与解析（二）

面试官：文件格式化处理的工具有哪些？

应聘者：在 Linux 系统中，有许多对文件格式化处理工具，如：格式化输出工具 printf、数据处理工具 awk、文件比较工具 diff 以及为文件打印做准备的 pr 等。

（1）printf 是 Linux 下的格式化输出命令，它和 C 语言中的 printf 命令有点类似，都是用于将数据进行格式化输出。

注意：printf 命令默认输出结果没有换行符，需要手动添加"\n"；printf 命令后面不能接受管道符参数；printf 命令后面也不能直接跟文件名；printf 命令后可以跟系统命令执行的结果。

（2）awk 是除了 sed 命令之外，Linux 系统中另一个功能比较强大的数据处理工具。和 sed 命令类似，awk 命令也是逐行扫描文件（从第一行到最后一行），寻找含有目标文本的行，如果匹配成功，则会在该行执行用户想要的操作；反之，则不对行做任何处理。

（3）diff（difference）命令常用来比较两个文件中的内容。diff 命令在最简单的情况下，比较两个文件的不同。如果使用 "-" 代替 "文件" 参数，则要比较的内容将来自标准输入。diff 命令是以逐行的方式比较文本文件的异同处。如果该命令指定进行目录的比较，则将会比较该目录中具有相同文件名的文件，而不会对其子目录文件进行任何比较操作。

（4）pr 命令主要用于重新格式化正文，按照打印机的格式重新编排纯文本文件中的内容。pr 命令的默认输出为每页 66 行，其中 56 行为正文的内容，包括表头。

需要强调的是，pr 命令仅改变文件在屏幕上的显示样式和打印输出样式，并不会更改文件本身。

第 11 章

网络安全

 学习指引

现在的计算机是处在一个非常开放的网络环境中的，在这个开放的网络环境中，用户不仅可以获取许多资讯信息，而且还可以更加轻松地进行社交和学习等。但在这开放网络环境中同时还存在着一定的危险性，网络中还有着大量的攻击、盗号和欺诈等活动，因此，对于 IT 运维人员来说，掌握扎实的安全理论知识以及专业工具的使用技巧防止自己的计算机或服务器免受攻击就显得非常重要。

 重点导读

- 了解防火墙。
- Intables 命令的使用环境以及规范。
- 指定防火墙规则。
- Firewalld 防火墙。
- 防火墙的备份与还原。

11.1 防火墙概述

为保护系统服务器免受来自网络世界的恶意攻击，为系统设定防火墙是非常有必要的。尽管系统默认的网络安全功能可以使用户随时注意到系统的漏洞以及网络上的安全通报，但最好的办法是能够依据自己的环境来设定防火墙机制，这样，自己的网络环境安全会比较有保障。

11.1.1 什么是防火墙

防火墙通常指一种将内部网和公众访问网分开的方法，它实际上是一种建立在现代通信网络技术和信息安全技术基础上的应用性安全技术。

防火墙技术的功能主要在于能够及时发现并处理计算机网络运行时可能存在的安全风险、数据传输等问题，其中处理措施包括隔离与保护，同时可对计算机网络安全当中的各项操作实施记录与检测，以确保计算机网络运行的安全性，保障用户资料与信息的完整性，为用户提供更好、更安全的计算机网络使用体验。

11.1.2 防火墙的功能、技术及应用

1. 防火墙的功能

（1）入侵检测功能。入侵检测功能是防火墙技术的主要功能之一。防火墙有反端口扫描、检测拒绝服务工具、检测 IIS 服务器入侵、检测木马或者网络攻击、检测缓冲区溢出攻击等功能，可以极大程度上减少网络威胁因素的入侵，有效阻挡大多数网络安全攻击。

（2）网络地址转换功能。利用防火墙技术可以有效实现内部网络或者外部网络的 IP 地址转换，可以分为源地址转换和目的地址转换，即 SNAT 和 DNAT。SNAT 主要用于隐藏内部网络结构，避免受到来自外部网络的非法访问和恶意攻击，有效缓解地址空间的短缺问题，而 DNAT 主要用于外网主机访问内网主机，以此避免内部网络被攻击。

（3）网络操作的审计监控功能。通过此功能可以有效对系统管理的所有操作以及安全信息进行记录，提供有关网络使用情况的统计数据，方便计算机网络管理以进行信息追踪。

（4）强化网络安全服务。防火墙技术管理可以实现集中化的安全管理，将安全系统装配在防火墙上，在信息访问的途径中就可以实现对网络信息安全的监管。

注意： 防火墙最大的功能就是可以限制某些服务的存取来源，主要包括：

（1）可以限制档案传输服务（FTP）只在子网域内的主机才能够使用，而不对整个 Internet 开放；

（2）可以限制整部 Linux 主机仅接受客户端的 WWW 要求，其他的服务都关闭；

（3）可以限制整部主机仅能主动对外联机，对我们主机主动联机的封包状态（TCP 封包的 SYN flag）就予以抵挡等等。

2. 防火墙的关键性技术

（1）包过滤技术。该技术能够完成对防火墙的状态检测，从而预先确定针对地址、端口与源地址的策略，防火墙通过对所有的数据进行分析，如果数据包内具有的信息和策略要求是不相符的，则其数据包就能够顺利通过，如果是完全相符的，则其数据包就被迅速拦截。

（2）加密技术。通过加密技术，相关人员就能够对传输的信息进行有效的加密，其中信息密码由信息交流的人员掌握。对信息接收的人员需要对加密的信息实施解密处理后，才能获取所传输的信息数据。在防火墙技术应用中，想要实现信息的安全传输，还需要做好用户身份的验证，在进行加密处理后，信息的传输需要对用户授权，然后对信息接收方以及发送方要进行身份的验证，从而建立信息安全传递的通道，保证计算机的网络信息在传递中具有良好的安全性。

（3）防病毒技术。防火墙具有防病毒的功能，在防病毒技术的应用中，主要包括病毒的预防、清除和检测等方面。在网络的建设过程中，通过安装相应的防火墙来对计算机和互联网间的信息数据进行严格的控制，从而形成一种安全的屏障来对计算机外网以及内网的数据实施保护。

（4）代理服务器。根据其计算机的网络运行方法可以通过防火墙技术设置相应的代理服务器，从而借助代理服务器来进行信息的交互。

3. 防火墙的主要应用

（1）内网中的防火墙技术。防火墙在内网中的设定位置是比较固定的，一般将其设置在服务器的入口处。通过对外部的访问者进行控制，从而达到保护内部网络的作用，处于内部网络的用户，可以根据自己的需求明确权限规划，使用户可以访问规划内的路径。

总的来说，内网中的防火墙主要起到两个作用：一是认证应用，内网中的多项行为具有远程的特点，

只有在约束的情况下，通过相关认证才能进行；二是记录访问记录，避免自身的攻击，形成安全策略。

（2）外网中的防火墙技术。应用于外网中的防火墙，主要发挥其防范作用，外网在防火墙授权的情况下，才可以进入内网。针对外网布设防火墙时，必须保障全面性，促使外网的所有网络活动均可在防火墙的监视下，如果外网有非法入侵的情况，防火墙则可主动拒绝为外网提供服务。在防火墙的作用下，内网对于外网而言，处于完全封闭的状态，外网无法解析到内网的任何信息。防火墙成为外网进入内网的唯一途径，所以防火墙能够详细记录外网活动，汇总成日志，防火墙通过分析日常日志，判断外网的行为是否具有攻击特性。

防火墙虽有软件或硬件之分，但主要功能还是依据策略对外部请求进行过滤，成为公众网与内网之间的保护屏障。防火墙会监控每一个数据包并判断是否有相应的匹配策略规则，直到满足其中一条策略规则为止，而防火墙规则策略可以是基于来源地址、请求动作或协议来定制的，最终仅让合法的用户请求流入到内网中，其余的均被丢弃。

11.2 iptables 工具

iptables 是 Linux 防火墙系统的重要组成部分。iptables 的主要功能是实现对网络数据包进出设备及转发的控制。当数据包需要进入设备、从设备中流出或者由该设备转发、路由时，都可以使用 iptables 进行控制。

11.2.1 iptables 简介

iptables 是集成在 Linux 内核中的包过滤防火墙系统。使用 iptables 可以添加、删除具体的过滤规则，iptables 默认维护着 4 个表和 5 个链，所有的防火墙策略规则都被分别写入这些表与链中。

"四表"是指 iptables 的功能，默认的 iptables 规则表有 filter 表（过滤规则表）、nat 表（地址转换规则表）、mangle（修改数据标记位规则表）、raw（跟踪数据表规则表）。

（1）filter 表。控制数据包是否允许进出及转发，可以控制的链路有 INPUT、FORWARD 和 OUTPUT。

（2）nat 表。控制数据包中地址转换，可以控制的链路有 PREROUTING、INPUT、OUTPUT 和 POSTROUTING。

（3）mangle。修改数据包中的原数据，可以控制的链路有 PREROUTING、INPUT、OUTPUT、FORWARD 和 POSTROUTING。

（4）raw。控制 nat 表中连接追踪机制的启用状况，可以控制的链路有 PREROUTING、OUTPUT。

"五链"是指内核中控制网络的 NetFilter 定义的 5 个规则链。每个规则表中包含多个数据链：INPUT（入站数据过滤）、OUTPUT（出站数据过滤）、FORWARD（转发数据过滤）、PREROUTING（路由前过滤）和 POSTROUTING（路由后过滤），防火墙规则需要写入到这些具体的数据链中。

Linux 防火墙的过滤框架，如图 11-1 所示。从图 11-1 中可以看出，如果是外部主机发送数据包给防火墙本机，数据将会经过 PREROUTING 链与 INPUT 链；如果是防火墙本机发送数据包到外部主机，数据将会经过 OUTPUT 链与 POSTROUTING 链；如果防火墙作为路由负责转发数据，则数据将经过 PREROUTING 链、FORWARD 链以及 POSTROUTING 链。

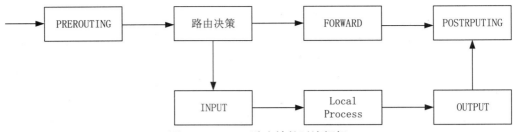

图 11-1　Linux 防火墙的过滤框架

11.2.2　iptables 语法格式

iptables 命令的基本语法格式如下：

```
iptables [-t table] COMMAND [chain] CRETIRIA -j ACTION
```

- -t：指定需要维护的防火墙规则表 filter、nat、mangle 或 raw。在不使用-t 时则默认使用 filter 表。
- COMMAND：子命令，定义对规则的管理。
- chain：指明链表。
- CRETIRIA：匹配参数。
- ACTION：触发动作。

iptables 命令常用的选项及各自的功能如表 11-1 所示。

表 11-1　iptables 命令常用选项和功能

选　　项	功　　能
-A	添加防火墙规则
-D	删除防火墙规则
-I	插入防火墙规则
-F	清空防火墙规则
-L	列出添加防火墙规则
-R	替换防火墙规则
-Z	清空防火墙数据表统计信息
-P	设置链默认规则

iptables 命令常用匹配参数及各自的功能如表 11-2 所示。

表 11-2　iptables 命令常用匹配参数和功能

参　　数	功　　能
[!]-p	匹配协议，！表示取反
[!]-s	匹配源地址
[!]-d	匹配目标地址

续表

参　　数	功　　能
[!]-i	匹配入站网卡接口
[!]-o	匹配出站网卡接口
[!]--sport	匹配源端口
[!]--dport	匹配目标端口
[!]--src-range	匹配源地址范围
[!]--dst-range	匹配目标地址范围
[!]--limit	匹配数据表速率
[!]--mac-source	匹配源 MAC 地址
[!]--sports	匹配源端口
[!]--dports	匹配目标端口
[!]--stste	匹配状态（INVALID、ESTABLISHED、NEW、RELATED）
[!]--string	匹配应用层字串

iptables 命令触发动作及各自的功能如表 11-3 所示。

表 11-3　iptables 命令触发动作和功能

触 发 动 作	功　　能
ACCEPT	允许数据包通过
DROP	丢弃数据包
REJECT	拒绝数据包通过
LOG	将数据包信息记录 syslog 日志
DNAT	目标地址转换
SNAT	源地址转换
MASQUERADE	地址欺骗
REDIRECT	重定向

内核会按照顺序依次检查 iptables 防火墙规则，如果发现有匹配的规则目录，则立刻执行相关动作，停止继续向下查找规则目录；如果所有的防火墙规则都未能匹配成功，则按照默认策略处理。使用-A 选项添加防火墙规则会将该规则追加到整个链的最后，而使用-I 选项添加的防火墙规则则会默认插入到链中作为第一条规则。

注意：在 Linux CentOS 系统中，iptables 是默认安装的，如果系统中没有 iptables 工具，可以先进行安装。

11.2.3　规则的查看与清除

使用 iptables 命令可以对具体的规则进行查看、添加、修改和删除。

1. 查看规则

对规则的查看需要使用如下命令：

```
iptables -nvL
```

-L 表示查看当前表的所有规则，默认查看的是 filter 表，如果要查看 nat 表，可以加上-t nat 参数。

-n 表示不对 IP 地址进行反查，加上这个参数显示速度将会加快。

-v 表示输出详细信息，包含通过该规则的数据包数量、总字节数以及相应的网络接口。

【例 11-1】查看规则。

（1）首先需要使用 su 命令，切换当前用户到 root 用户，命令如下：

```
[abcd@localhost ~] $ su root
```

（2）然后在终端页面输入命令如下：

```
[root@localhost abcd] # iptables -L
```

（3）输出结果的部分截图如图 11-2 所示。

图 11-2　查看规则

2. 添加规则

添加规则有两个参数分别是-A 和-I。其中-A 是添加到规则的末尾；-I 可以插入到指定位置，没有指定位置的话默认插入到规则的首部。

【例 11-2】查看当前规则。

（1）首先需要使用 su 命令，切换当前用户到 root 用户，命令如下：

```
[abcd@localhost ~] $ su root
```

（2）然后在终端页面输入命令如下：

```
[root@localhost abcd] # iptables -nL --line-number
```

（3）输出结果的部分截图如图 11-3 所示。

【例 11-3】添加一条规则到尾部。

（1）首先需要使用 su 命令，切换当前用户到 root 用户，命令如下：

```
[abcd@localhost ~] $ su root
```

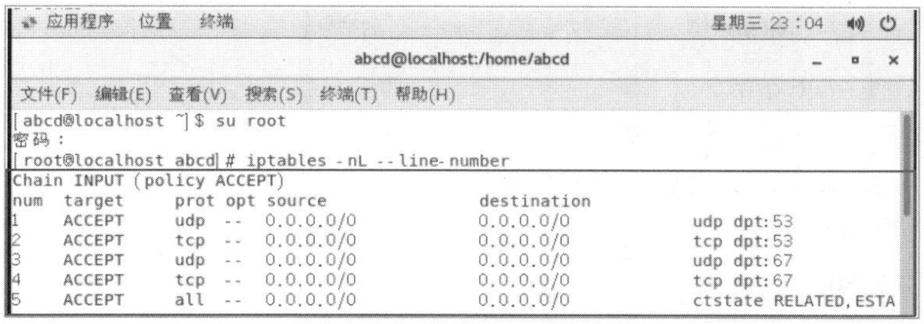

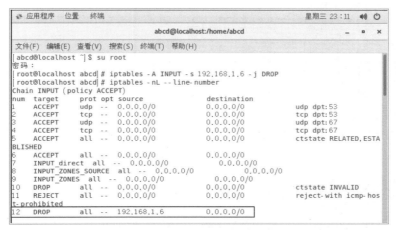

图 11-3　当前规则

（2）然后在终端页面输入如下命令：

```
[root@localhost abcd] # iptables -A INPUT -s 192.168.1.5 -j DROP
```

（3）输出结果的部分截图如图 11-4 所示。

图 11-4　添加结果

【例 11-4】再插入一条规则到第 4 行，将行数直接写到规则链的后面。
（1）首先需要使用 su 命令，切换当前用户到 root 用户，命令如下：

```
[abcd@localhost ~] $ su root
```

（2）然后在终端页面输入如下命令：

```
[root@localhost abcd] # iptables -I INPUT 3 -s 192.168.1.4 -j DROP
```

（3）输出结果的部分截图如图 11-5 所示。

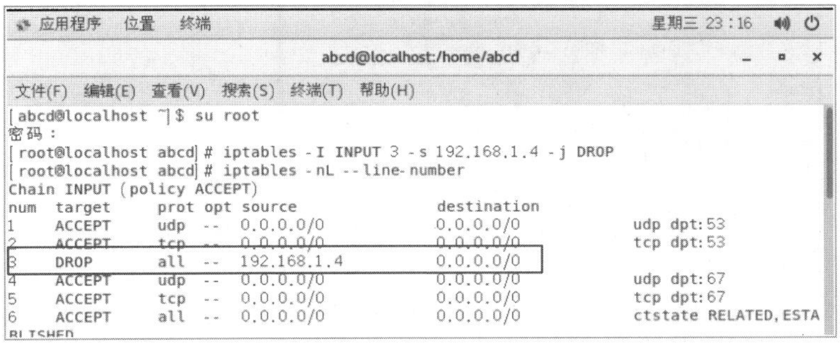

图 11-5　添加结果

3. 修改规则

在修改规则时需要使用-R 参数。

【例 11-5】把添加在第 3 行规则的 DROP 修改为 ACCEPT。

（1）首先需要使用 su 命令，切换当前用户到 root 用户，命令如下：

```
[abcd@localhost ~] $ su root
```

（2）然后在终端页面输入如下命令：

```
[root@localhost abcd] # iptables -R INPUT 3 -s 194.168.1.4 -j ACCEPT
```

（3）输出结果的部分截图如图 11-6 所示。

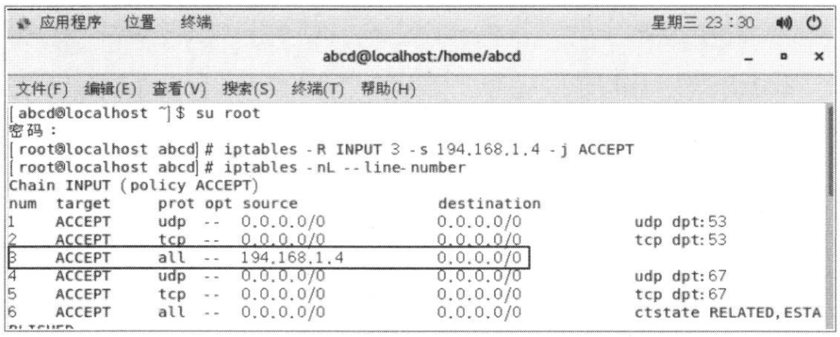

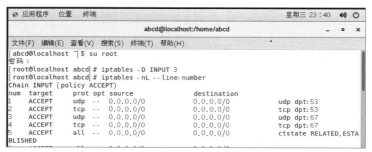

图 11-6　修改结果

和图 11-5 进行对比发现，第 3 行规则的 target 已修改为 ACCEPT。

4. 删除规则

删除规则有两种方法，但都必须使用-D 参数。

【例 11-6】删除添加的第 3 行的规则。

（1）首先需要使用 su 命令，切换当前用户到 root 用户，命令如下：

```
[abcd@localhost ~] $ su root
```

（2）然后在终端页面输入如下命令：

```
[root@localhost abcd] # iptables -D INPUT 3 -s 194.168.1.4 -j ACCEPT
```

或

```
[root@localhost abcd] # iptables -D INPUT 3
```

（3）输出结果的部分截图如图 11-7 所示。

图 11-7　删除结果

注意： 有时需要删除的规则较长，删除时需要写一大串的代码，这样比较容易写错，这时可以先使用-line-number 找出该条规则的行号，再通过行号删除规则。

11.2.4 防火墙的备份与还原

默认的 iptables 防火墙规则会立刻生效，但如果不保存，当计算机重启后所有的规则都会丢失，所以对防火墙规则进行及时保存的操作是非常必要的。iptables 软件包提供了两个非常有用的工具，我们可以使用这两个工具处理大量的防火墙规则。这两个工具分别是 iptables-save 和 iptables-restore，使用该工具可以实现防火墙规则的保存与还原。这两个工具的最大优势是处理庞大的规则集时速度非常快。CentOS 7 系统中防火墙规则默认保存在/etc/sysconfig/iptables 文件中，使用 iptables-save 将规则保存至该文件中可以实现保存防火墙规则的作用，计算机重启后会自动加载该文件中的规则。如果使用 iptables-save 将规则保存至其他位置，可以实现备份防火墙规则的作用。当防火墙规则需要做还原操作时，可以使用 iptables-restore 将备份文件直接导入当前防火墙规则。

1. iptables-save 命令

iptables-save 命令用来批量导出 Linux 防火墙规则，语法介绍如下：

保存在默认文件夹中（保存防火墙规则）：

```
[root@localhost abcd] # iptables-save > /etc/sysconfig/iptables
```

保存在其他位置（备份防火墙规则）：

```
[root@localhost abcd] # iptables-save > 文件名称
```

（1）直接执行 iptables-save 命令：显示出当前启用的所有规则，按照 raw、mangle、nat、filter 表的顺序依次列出，如图 11-8 所示。

图 11-8 显示所有的规则

其中：

- "#"号开头的表示注释；
- "*表名"表示所在的表；
- "：链名默认策略"表示相应的链及默认策略，具体的规则部分省略了命令名"iptables"；
- 在末尾处"COMMIT"表示提交前面的规则设置。

（2）备份到其他文件中。例如文件：text，如图 11-9 所示。

（3）列出 nat 表的规则内容，命令如下：

```
iptables-save -t nat
```

"-t 表名"：表示列出某一个表。

图 11-9　备份规则到 text 文件

2. iptables-restore 命令

iptables-restore 命令可以批量导入 Linux 防火墙规则，同时也需要结合重定向输入来指定备份文件的位置。命令如下：

```
[root@localhost abcd] # iptables-restore < 文件名称
```

注意： 导入的文件必须是使用 iptables-save 工具导出来的才可以。

先使用 iptables-restore 命令还原 text 文件，然后使用 iptables -t nat -nvL 命令查看清空的规则是否已经还原，如图 11-10 所示。

图 11-10　还原防火墙规则

11.3　firewalld 防火墙

前面学习了 iptables 的概念及其用法，那么在本节中将学习 firewalld 的使用方法。

11.3.1　firewalld 简介

firewalld 是 CentOS7 中的特性之一，它不仅支持动态的更新，不需要重新启动服务，而且引入了防火墙的"zone"概念。

firewalld 是配置和监控防火墙规则的系统守护进程。firewalld 通过"zones"来管理防火墙规则。每一个进入系统的数据包，都会首先检查它的源 IP 地址和接口（进出的网卡接口），如果地址与某个 zone 匹配，则该 zone 中的规则将生效。而每个 zone 都会有开启或关闭的服务和端口的列表，以实现允许或拒绝连接服务和端口。如果数据包的源 IP 地址和网卡接口都不能和任何 zone 匹配，则该数据包将匹配默认 zone，一般情况下是一个名称为 public 的默认 zone。firewalld 会提供 block、dmz、drop、external、home、internal、public、trusted、work 这 9 个 zone。

大部分 zone 都定义有自己的允许规则，规则通过端口/协议（631/udp）或者预定义的服务（ssh）这种形式设置，如果数据包没有匹配这些允许的规则，则该数据包会被防火墙拒绝。但有一个名称为 trusted 的 zone，默认会运行所有的数据流量，如果有一个数据包进入了该 zone，则被允许访问所有的资源。

firewalld 预定义的 zone 名称及其功能如表 11-4 所示。

表 11-4　zone 名称及其功能

zone 名称	功　　能
trusted	允许所有的数据包
home	允许其他主机入站访问本机的 ssh, mdns, ipp-client, samba-client 或者 dhcpv6-client 这些预定义的服务；本机访问其他主机后，对方返回的入站数据，都将被允许；拒绝其他所有入站的数据包
internal	允许其他主机入站访问本机的 ssh, mdns, ipp-client, samba-client 或者 dhcpv6-client 这些预定义的服务；本机访问其他主机后，对方返回的入站数据，都将被允许；拒绝其他所有入站的数据包
work	允许其他主机入站访问本机的 ssh 或 dhcpv6-client 这些预定义的服务；本机访问其他主机后，对方返回的入站数据，都将被允许；拒绝其他所有入站的数据包
public	允许其他主机入站访问本机的 ssh 或 dhcpv6-client 这些预定义的服务；本机访问其他主机后，对方返回的入站数据，都将被允许；拒绝其他所有入站的数据包
external	允许其他主机入站访问本机的 ssh 服务；本机访问其他主机后，对方返回的入站数据，都将被允许；拒绝其他所有入站的数据包；通过本 zone 进行转发的 IPv4 数据包，都将会进行 NAT 后再转发出去
dmz	允许其他主机入站访问本机的 ssh 服务；本机访问其他主机后，对方返回的入站数据，都将被允许；拒绝其他所有入站的数据包
block	本机访问其他主机后，对方返回的入站数据，都将被允许；拒绝其他所有入站的数据包
drop	本机访问其他主机后，对方返回的入站数据，都将被允许；丢弃掉所有其他入站的数据包

11.3.2　firewalld 的管理工具

对于系统的管理员来说，可以使用 firewalld-cmd 命令来管理防火墙规则。一般情况下，CentOS7 中已经安装 firewalld；如果系统中没有的话，需要安装 firewalld 软件包，系统就会提供该命令工具。安装 firewalld 软件包的命令如下：

```
[root@localhost abcd] # yum install firewalld firewall-config
```

firewalld-cmd 命令的基本格式如下：

```
[root@localhost abcd] # firewalld-cmd [选项]
```

firewalld-cmd 命令的常用选项及功能如表 11-5 所示。

表 11-5　firewalld-cmd 命令的常用选项及功能

选　　项	功　　能
--get-default-zone	获取默认的 zone 信息
--set-default-zone \<zone>	设置默认的 zone
--get-active-zones	显示当前正在使用的 zone 信息
--get-zones	显示系统预定义的 zone
--get-services	显示系统预定义的服务名称
--get-zones-of-interface=\<interface>	查询某个接口与哪个 zone 匹配
--get-zones-of-source=\<source>[/\<mask>]	查询某个源地址与哪个 zone 匹配
--list-all-zones	显示所有的 zone 信息的所有规则
--add-service=\<service>	向 zone 中添加允许访问的服务
--add-port=\<portid>[-\<portid>]/\<protocol>	向 zone 中添加允许访问的端口
--add-interface=\<interface>	将接口与 zone 绑定
--add-source=\<source>[/\<mask>]	将源地址与 zone 绑定
--list-all	列出某个 zone 的所有规则
--remove-service=\<service>	从 zone 中移除允许某个服务的规则
--remove-port=\<portid>[-\<portid>]/\<protocol>	从 zone 中移除允许某个端口的规则
--remove-source=\<source>[/\<mask>]	将源地址与 zone 解除绑定
--remove-interface=\<interface>	将网卡接口与 zone 解除绑定
--permanent	设置永久的有效规则，默认规则都是临时的
--reload	重新加载防火墙规则

systemctl 是 CentOS 7 的服务管理工具中主要的工具，它把 service 和 chkconfig 的功能融为一体。firewalld 的使用包括以下几个方面。

- 启动服务：systemctl start firewalld.service。
- 关闭服务：systemctl stop firewalld.service。
- 重启服务：systemctl restart firewalld.service。
- 显示服务的状态：systemctl status firewalld.service。
- 在开机时启用服务：systemctl enable firewalld.service。
- 在开机时禁用服务：systemctl disable firewalld.service。
- 查看服务是否开机启动：systemctl is-enabled firewalld.service。
- 查看已启动的服务列表：systemctl list-unit-files|grep enabled。
- 查看启动失败的服务列表：systemctl --failed。

例如：

（1）查看默认的 zone。命令以及输出结果如图 11-11 所示。

（2）设置默认 zone 为 trusted。命令以及输出结果如图 11-12 所示。

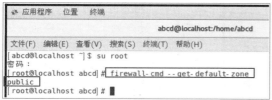

图 11-11　默认 zone

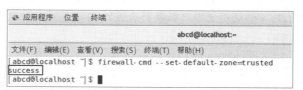

图 11-12　设置默认 zone 为 trusted

（3）显示系统预定义的 zone，默认为 9 个 zone，如图 11-13 所示。

（4）显示所有的 zone 以及对应的规则信息，显示的部分结果如图 11-14 所示。

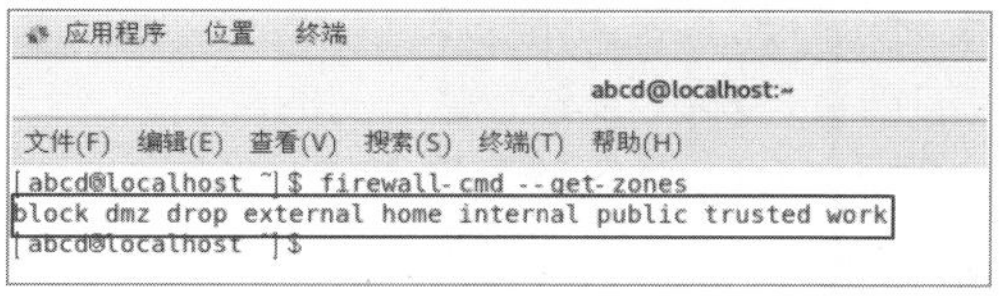

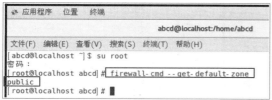

图 11-13　系统预定义的 zone

图 11-14　部分 zone 以及对应的规则信息

（5）向 public 的 zone 中添加允许访问 FTP 服务的规则，添加之后的结果如图 11-15 所示。

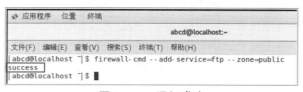

图 11-15　添加成功

11.4　SELinux 简介

前面学习了 firewalld 防火墙，那么在本节中将了解一下 SELinux 控制机制。

11.4.1　什么是 SELinux

SELinux（Security-Enhanced Linux）是由美国国家安全局（NSA）开发的一种强制访问控制机制。它主要整合在 Linux 内核当中，是针对特定的进程与指定的文件资源进行权限控制的系统。主要是增强传统 Linux 操作系统的安全性，并解决传统 Linux 系统中自主访问控制（DAC）系统中的各种权限问题（如 root 权限过高等）。

注意：root 用户需要遵守 SELinux 的规则才能正确地访问系统资源。另外，root 用户可以修改 SELinux 的规则。也就是说用户既要符合系统的读、写、执行权限，又要符合 SELinux 的规则，才能正确地访问系统资源。

传统的 Linux 系统中，默认权限是对文件或目录的所有者、所属组和其他人的读、写和执行权限进行控制，这种控制方式称为自主访问控制（DAC）方式；而在 SELinux 中，采用的是强制访问控制（MAC）系统，也就是控制一个进程对具体文件系统上面的文件或目录是否拥有访问权限，而判断进程是否可以访问文件或目录的依据，取决于 SELinux 中设定的很多策略规则。接下来分别介绍这两种控制方式：

1. 自主访问控制系统（Discretionary Access Control，DAC）

DAC 是 Linux 的默认访问控制方式，也就是依据用户的身份和该身份对文件及目录的 rwx 权限来判断是否可以访问。但使用该方式通常会遇到以下问题：

（1）root 权限过高，使用 rwx 权限对 root 用户并不生效，一旦 root 用户被窃取或者 root 用户本身的误操作，就会对 Linux 系统产生严重的安全问题。

（2）Linux 默认权限过于简单，只有所有者、所属组和其他人的身份，权限也只有读、写和执行权限，并不利于权限细分与设定。

（3）不合理权限的分配会导致严重后果。

2. 强制访问控制（Mandatory Access Control，MAC）

MAC 是通过 SELinux 的默认策略规则来控制特定的进程对系统的文件资源的访问。也就是说，即使你是 root 用户，但是当你访问文件资源时，如果使使用了错误的进程，那么也是不能访问的。

SELinux 的强制访问控制并不会完全取代自主访问控制。对于 Linux 系统的安全来说，强制访问控制是一个额外的安全层，当使用 SELinux 时，自主访问控制仍然被使用，且会首先被使用，如果允许访问，则再使用 SELinux 策略；反之，如果自主访问控制规则拒绝访问，则就不需要使用 SELinux 策略。

SELinux 的作用如下：

（1）SELinux 使用被认为是最强大的访问控制方式，即 MAC 控制方式。

（2）SELinux 赋予了用户或进程最小的访问权限。也就是说，每个用户或进程仅被赋予了完成相关任务所必须的一组有限的权限。通过赋予最小访问权限，可以防止对其他用户或进程产生不利的影响。

（3）SELinux 管理过程中，每个进程都有自己的运行区域，各个进程只运行在自己的区域内，无法访问其他进程和文件，除非被授予了特殊权限。

SELinux 提供了 3 种工作模式，分别是 Disabled 工作模式、Permissive 工作模式和 Enforcing 工作模式。它们的具体介绍如下：

（1）Disabled 工作模式（关闭模式）。在 Disable 模式中，SELinux 被关闭，使用 DAC 访问控制方式。该模式对于那些不需要增强安全性的环境来说是非常有用的。

注意：在禁用 SELinux 之前，需要考虑一下是否可能会在系统上再次使用 SELinux，如果决定以后将其设置为 Enforcing 或 Permissive，那么当下次重启系统时，系统将会通过一个自动 SELinux 文件重新进行标记。

关闭 SELinux 的方式，只需要编辑配置文件/etc/seLinux/config，并将文本中"SELINUX="更改为"SELINUX=disabled"即可，重新启动系统之后，SELinux 就被禁用了。

（2）Permissive 工作模式（宽容模式）。在 Permissive 模式中，SELinux 被启用，但安全策略规则并没有被强制执行。当安全策略规则应该拒绝访问时，访问仍然被允许。这时会向日志文件发送一条该访问应该被拒绝的消息。SELinux Permissive 模式主要用于审核当前的 SELinux 策略规则；它还能用于测试新应用程序，将 SELinux 策略规则应用到程序时会有什么效果；以及用于解决某一特定服务或应用程序在 SELinux 下不再正常工作的故障。

（3）Enforcing 工作模式（强制模式）。在 Enforcing 模式中，SELinux 被启动，并强制执行所有的安全策略规则。

11.4.2　SELinux 的配置文件

SELinux 是预先配置的，可以在不进行任何手动配置的情况下使用 SELinux 功能。然而，一般来说，预先配置的 SELinux 设置很难满足所有的 Linux 系统安全需求。

在 CentOS7 系统中 SELinux 全局配置文件为/etc/sysconfig/seLinux。打开该文件可以使用如下命令：

```
[abcd@localhost ~] $ vim /etc/sysconfig/seLinux
```

其文件内容如图 11-16 所示。

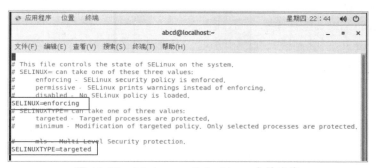

图 11-16　/etc/sysconfig/seLinux 文件内容

在全局配置文件中，除去以"#"号开头的注释行，有效配置参数仅有两行。

（1）SELinux=enforcing 为 SELinux 默认的工作模式，有效值可以是 Permissive、Enforcing 或 Disabled。Disabled 代表禁用 SELinux 功能，如果设置禁用，则需要重启计算机。Permissive 代表警告模式，处于此状态下时，当主题程序试图访问无权限的资源时，SELinux 会记录日志不会拦截该访问，只是记录在 SELinux 日志中。Enforcing 模式代表强制开启，SELinux 会拦截非法的资源访问并记录相关日志。

（2）SELINUXTYPE-targeted 用来设置 SELinux 的类型，可以设置为 targeted 类型或 mls 类型。targeted 类型主要对系统中的服务进程进行访问控制，mls 类型将对系统中的所有进程进行控制，启用 mls 后，用户执行简单的命令都会报错。

注意：如果从 Enforcing、Permissive 切换到 Disabled，或者从 Disabled 切换到其他两种模式，则必须重启 Linux 系统才能生效，但是 Enforcing 和 Permissive 这两种模式互相切换不用重启 Linux 系统就可以生效。这是因为 SELinux 是整合到 Linux 内核中的，所以必须重启才能正确关闭和启动。如果从关闭模式切换到启动模式，那么重启 Linux 统的速度会比较慢，那是因为需要重新写入安全上下文信息。

除了通过配置文件可以对 SELinux 进行修改工作模式之外，还可以使用命令查看和修改 SELinux 工作模式，可查看使用到的命令各类如下：

（1）getenforce 命令可以查看系统当前 SELinux 的工作模式。getenforce 命令的使用如图 11-17 所示。

（2）如果想要查看配置文件中的当前模式和模式设置，可以使用 sestatus 命令。sestatus 命令的使用如图 11-18 所示。

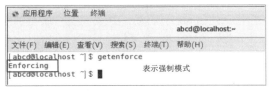

图 11-17　getenforce 命令

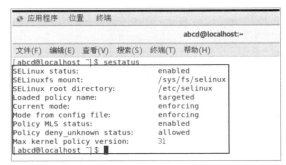

图 11-18　sestatus 命令

（3）使用 setenforce 命令可以修改 SELinux 的运行模式。setenforce 命令只能让 SELinux 在 Enforcing 和 Permissive 两种模式之间进行切换。如果从启动切换到关闭，或从关闭切换到启动，则只能修改配置文件。

setenforce 命令的基本格式如下：

```
[abcd@localhost ~] $ setenforce 选项
```

setenforce 命令的选项有以下两种。

- 0：切换成 Permissive（宽容模式）。
- 1：切换成 Enforcing（强制模式）。

其切换过程如图 11-19 所示。

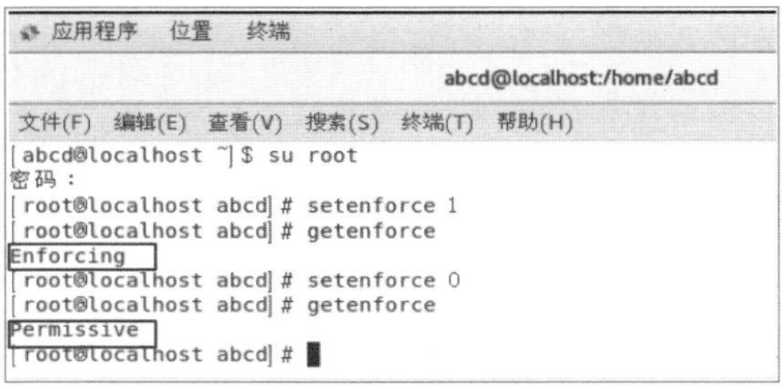

图 11-19　运行模式的切换

11.4.3　SELinux 安全上下文的查看和修改

SELinux 管理过程中，进程能否正确地访问文件资源，取决于它们的安全上下文是否匹配。进程和文件都有自己的安全上下文，SELinux 会为这些进程和文件添加安全上下文的安全信息标签，如 SELinux 用户、角色、类型以及级别。当运行 SELinux 后，所有这些信息都将作为访问控制的依据。

注意：每个进程、文件和目录都有自己的安全上下文，进程具体是否能够访问文件或目录，取决于安全上下文是否匹配。如果进程的安全上下文和文件或目录的安全上下文能够匹配，则该进程可以访问这个文件或目录。当然，判断进程的安全上下文和文件或目录的安全上下文是否匹配，则需要依靠策略中的规则。

1．SELinux 安全上下文标签信息

SELinux 的安全上下文标签信息包括 SELinux 用户、角色、类型、级别（使用冒号分隔），接下来分别介绍：

（1）SELinux 用户。用户身份是通过 SELinux 策略授权特定角色集合的账户身份，每个系统账户都通

过策略映射到一个 SELinux 用户。使用 root 身份运行 semanage login –l 命令可以查看系统账户与 SELinux 账户之间的映射关系，如下所示：

```
[root@localhost abcd] # semanage login -l
Login Name          SELinux User        MLS/MCS Range
_default_           unconfined_u        s0-s0:c0.c1123
Root                unconfined_u        s0-s0:c0.c1123
System_u            System_u            s0-s0:c0.c1123
```

注意：如果系统中没有安装 semanage，可以使用 yum -y install policycoreutils-python 命令来进行安装。还可以使用 seinfo 命令来进行查询用户的全部身份。seinfo 命令格式如下：

```
[root@localhost ~]# seinfo [选项]
```

seinfo 命令的常用选项如下。

- -u：列出 SELinux 中所有的身份（user）；
- -r：列出 SELinux 中所有的角色（role）；
- -t：列出 SELinux 中所有的类型（type）；
- -b：列出所有的布尔值（也就是策略中的具体规则名称）；
- -x：显示更多的信息。

（2）角色。SELinux 采用基于角色的访问控制模型，角色又是访问控制模型的重要属性。SELinux 账户被赋予特定的角色，而角色则被赋予操控特定的域。角色主要用来表示此数据是进程还是文件或目录。

（3）类型。类型是安全上下文中最重要的字段，进程是否可以访问文件，主要取决于进程的安全上下文类型字段是否和文件的安全上下文类型字段相匹配，如果匹配则可以访问。

注意：类型字段在文件或目录的安全上下文中被称作类型（type），但是在进程的安全上下文中被称作域（domain）。也就是说，在主体（Subject）的安全上下文中，这个字段被称为域；在目标（Object）的安全上下文中，这个字段被称为类型。域和类型需要匹配（进程的类型要和文件的类型相匹配），才能正确访问。

（4）级别。级别是 mls 和 mcs 的属性，一个 mls 范围是一对级别，书写格式为低级别-高级别，如果两个级别是一致的，可以仅显示低级别，例如 s0-s0 与 s0 是相等的。

2. 查看上下文信息

（1）使用 ls –Z 命令查看文件或目录的上下文信息，如图 11-20 所示。

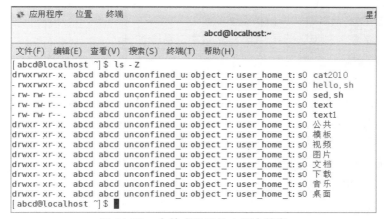

图 11-20　文件或目录的上下文信息

（2）使用 ps aux –Z 命令查看进程的安全上下文信息，进程的部分安全上下文信息如图 11-21 所示。

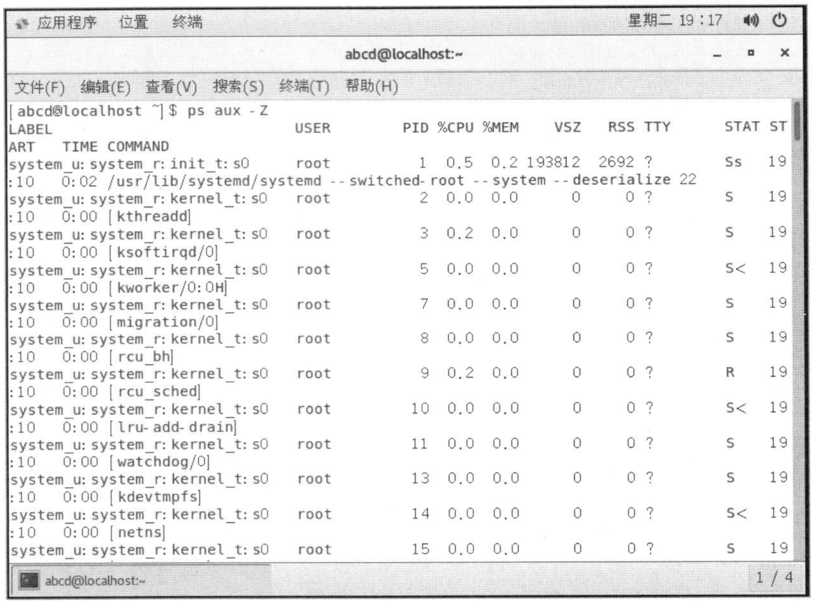

图 11-21　进程的上下文信息

3. 修改上下文信息

SELinux 安全上下文的修改可以使用 chcon 命令和 semanage 命令。

（1）chcon 命令。chcon 命令的基本格式如下：

```
[root@localhost ~]# chcon [选项] 文件或目录
```

chcon 命令的常用选项如下。

- -R：递归，当前目录和目录下的所有子文件同时设置。
- -t：修改安全上下文的类型属性，最常用。
- -u：修改安全上下文的用户属性。
- -r：修改安全上下文的角色属性。
- -l：修改安全上下文的范围属性。

【例 11-7】修改文件安全上下文中的类型。

首先需要使用 su 命令，切换当前用户到 root 用户，命令如下：

```
[abcd@localhost ~] $ su root
```

查看文件的安全上下文，在终端页面输入命令如下：

```
[root@localhost abcd] # ls -Z /home/abcd
```

输出结果如图 11-22 所示。

修改文件安全上下文中的类型，输入命令如下：

```
[root@localhost abcd] # chcon -t admin_home_t /home/abcd
```

再使用 ls 命令查看文件安全上下文中的类型是否被修改，命令如下：

```
[root@localhost abcd] # ls -Z /home/abcd
```

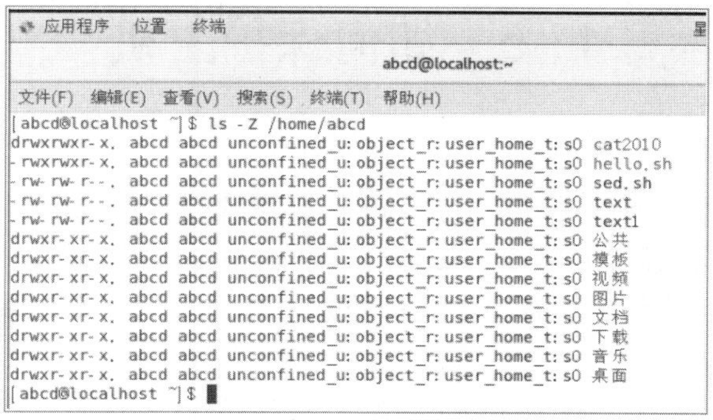

图 11-22　/home/abcd 文件的安全上下文

（2）semanage 命令。semanage 命令主要用于查看和修改默认的安全上下文。semanage 命令的基本格式如下：

```
[root@localhost ~] # semanage [login|user|port|interface|fcontext|translation] -l
[root@localhost ~]# semanage fcontext [选项] [-first] file_spec
```

semanage 命令常用选项如下。

- -a：添加默认安全上下文配置。
- -d：删除指定的默认安全上下文。
- -m：修改指定的默认安全上下文。
- -t：设定默认安全上下文的类型。
- -l：显示预设安全上下文。

【例 11-8】查看默认的安全上下文中的信息。

首先需要使用 su 命令，切换当前用户到 root 用户，代码如下：

```
[abcd@localhost ~] $ su root
```

查看 SELinux 默认的安全上下文，在终端页面输入命令如下：

```
[root@localhost abcd] # semanage fcontext -l
```

输出结果如图 11-23 所示。

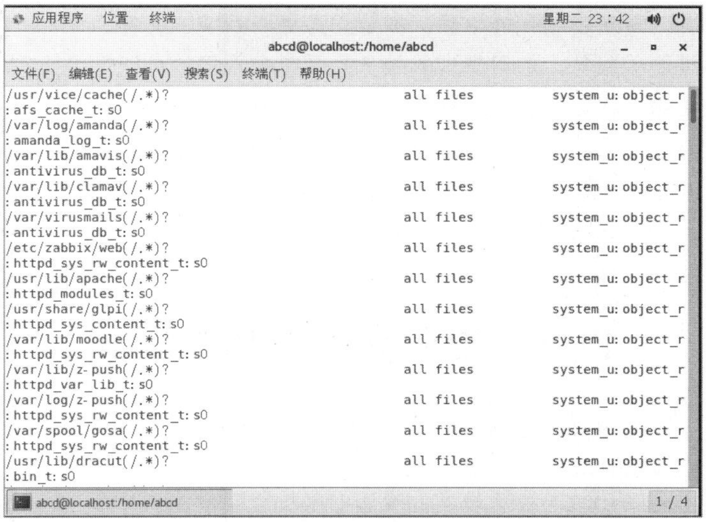

图 11-23　默认安全上下文

11.5 如何保护主机

1. 主机的保护

（1）减少信息的曝光机会。如不要将 Email Address 随意散布到 Internet 中。

（2）建立严格的密码设定规则，包括/etc/shadow、/etc/login.defs 等档案的设定，另外需要规范使用者密码变更时间等。如果主机比较稳定并且不会持续添加其他账号时，可以考虑使用 chattr 来限制账号（/etc/passwd、/etc/shadow）的更改。

（3）完善的权限设定。由于恶意的攻击方式可能会获得主机的某个使用者账号的登录权限，所以如果系统的权限设定比较严谨，那么攻击者也只能取得一般使用者的权限，对于主机的比较有限。所以，权限设定是重要的。

（4）利用系统的程序漏洞主动进行攻击。这种攻击模式是目前最常见的，攻击者只要拿到攻击程序就可以进行攻击，而且由攻击开始到取得系统的 root 权限不需要猜密码，在很短的时间内就能够入侵成功。但这个攻击本身是靠主机的程序漏洞来完成的。所以，要避免主机受攻击，就要让主机保持实时更新，或者关闭大部分不需要的程序。

2. 主机的修复

（1）拔除网线。发现主机被入侵时，第一个要做的就是拔除网线，移除网络功能。拔除网线最主要的功能除了保护自己之外，还可以保护同网域的其他主机。

（2）分析登录文件信息，搜寻可能的入侵途径。首先需要分析登录档，然后检查主机开放的服务，最后查询 Internet 上面的安全通报。

（3）重要数据备份。当主机被入侵之后，检查完了入侵途径，需要将重要数据进行备份。重要的数据是指非 Linux 系统上面原有的数据。

注意：不要备份一些 binary 执行文件，Linux 系统在安装完成之后会带有这些档案。另外，这些档案也很有可能已经被修改过了，再备份这些数据，反而造成下次系统启动时还是不干净状态。

（4）重新安装。在这次的安装中，最好选择适合自己电脑的安装套件，不需要把全部套件都安装上去。

（5）套件的漏洞修补。重新安装完成之后，需要立即更新系统的套件。

（6）关闭或移除不需要的服务。启用越少的服务，系统被入侵的可能性就比较低。

（7）数据复制与恢复服务设定。刚才备份的数据必须立即复制回系统，同时将系统的服务再次重新开放。这些服务的设定最好能够再次确认一下，避免一些不恰当的设定参数在里面。

（8）连上 Internet。到这里所有的工作都差不多进行完了，现在可以重新接入网线，回复主机的正常运作。

11.6 就业面试技巧与解析

本章主要讲解了关于网络安全方面的知识，包括防火墙的概念、功能以及应用，iptables 工具的语法格式、查看与清除、防火墙的备份与还原，firewalld 防火墙，SELinux 的简介、配置文件、安全上下文的查看与修改以及如何对主机进行保护等内容。关于网络安全的内容已简单介绍完毕，如果读者想要深入了解网络安全还需要更进一步学习。让我们来看一下在就业面试的过程中会遇到哪些面试题呢?

11.6.1　面试技巧与解析（一）

面试官：什么是防火墙?

应聘者：防火墙通常指一种将内部网和公众访问网分开的方法,它实际上是一种建立在现代通信网络技术和信息安全技术基础上的应用性安全技术。

防火墙技术的功能主要在于能够及时发现并处理计算机网络运行时可能存在的安全风险、数据传输等问题,其中处理措施包括隔离与保护,同时可对计算机网络安全当中的各项操作实施记录与检测,以确保计算机网络运行的安全性,保障用户资料与信息的完整性,为用户提供更好、更安全的计算机网络使用体验。

防火墙最重要的两个工具分别是 iptables 和 firewalld。

iptables 是 Linux 防火墙系统的重要组成部分。iptables 的主要功能是实现对网络数据包进出设备及转发的控制。当数据包需要进入设备、从设备中流出或者由该设备转发、路由时,都可以使用 iptables 进行控制。

firewalld 是配置和监控防火墙规则的系统守护进程。firewalld 通过 zones 来管理防火墙规则。

防火墙的应用主要有两种:

(1) 内网中的防火墙技术。

防火墙在内网中的设定位置是比较固定的,一般将其设置在服务器的入口处。内网中的防火墙主要起到两个作用:一是认证应用,内网中的多项行为具有远程的特点,只有在约束的情况下,通过相关认证才能进行;二是记录访问记录,避免自身的攻击,形成安全策略。

(2) 外网中的防火墙技术。

针对外网布设防火墙时,必须保障全面性,促使外网的所有网络活动均可在防火墙的监视下,如果外网有非法入侵的情况,防火墙则可主动拒绝为外网提供服务。在防火墙的作用下,内网对于外网而言,处于完全封闭的状态,外网无法解析到内网的任何信息。防火墙成为外网进入内网的唯一途径,所以防火墙能够详细记录外网活动,汇总成日志,防火墙通过分析日常日志,判断外网的行为是否具有攻击特性。

11.6.2　面试技巧与解析（二）

面试官：什么是 SELinux?

应聘者：SELinux（Security-Enhanced Linux）一种强制访问控制机制。它主要整合在 Linux 内核当中,是针对特定的进程与指定的文件资源进行权限控制的系统。旨在增强传统 Linux 操作系统的安全性,并解决传统 Linux 系统中自主访问控制（DAC）系统中的各种权限问题（如 root 权限过高等）。

SELinux 的强制访问控制并不会完全取代自主访问控制。对于 Linux 系统的安全来说,强制访问控制是一个额外的安全层,当使用 SELinux 时,自主访问控制仍然被使用,且会首先被使用,如果允许访问,则再使用 SELinux 策略;反之,如果自主访问控制规则拒绝访问,则就不需要使用 SELinux 策略。

SELinux 是预先配置的，可以在不进行任何手动配置的情况下使用 SELinux 功能。在 CentOS 7 系统中 SELinux 全局配置文件为/etc/sysconfig/seLinux。

SELinux 管理过程中，进程能否正确的访问文件资源，取决于它们的安全上下文是否匹配。进程和文件都有自己的安全上下文，SELinux 会为进程和文件添加安全上下文的安全信息标签，如 SELinux 用户、角色、类型以及级别。当运行 SELinux 后，所有这些信息都将作为访问控制的依据。

SELinux 的安全上下文包括 SELinux 用户：角色：类型：级别（使用冒号分隔）。

第 12 章
高性能集群软件 Keepalived

 学习指引

Keepalived 是一个高性能的集群软件，主要通过虚拟路由冗余（VRRP）来实现高可用功能。在本章中我们将主要介绍 Keepalived 的工作原理、体系结构、安装和配置以及 Keepalived 的一些基础应用等内容。

重点导读

- 集群的定义以及分类。
- Keepalived 的工作原理。
- VRRP 的工作原理。
- Keepalived 的安装与配置。
- Keepalived 的基础应用。

12.1 集群

集群是一种比较新颖的计算机技术，集群技术，具有成本低、性能稳定、可靠、灵活等特性。集群的任务调度是集群系统中的核心技术。

12.1.1 什么是集群

集群是由一些相互独立、通过高速网络互联的计算机组成。集群上的计算机构成了一个组，可以通过单一系统的模式对其进行管理。客户在与集群相互作用时，集群像是一个独立的服务器。集群的配置主要用于提高可用性和可缩放性，通过部署集群架构可以将成百上千台的主机结合在一起，以满足大数据时代的海量访问负载。

根据自身的功能不同，可以将集群分为高可用集群、负载平衡集群和分布式计算集群 3 种（在后面将会详细介绍）。

1. 集群技术的层次

根据集群的体系结构，可以把集群中所使用的关键技术归纳为以下 4 个层次：

（1）网络层：网络互联结构、通信协议、信号技术等。

（2）节点机及操作系统层：高性能客户机、分层或基于微内核的操作系统等。

（3）集群系统管理层：资源管理、资源调度、负载平衡、并行 IPO、安全等。

（4）应用层：并行程序开发环境、串行应用、并行应用等。

集群技术是网络层、节点机及操作系统层、集群系统管理层和应用层的有机结合，所有的系统层次中的相关技术分别负责解决不同的问题，因此每个层次都有它本身不可或缺的重要性。

2. 集群技术的特点

集群技术的特点有如下：

（1）通过多台计算机完成同一个工作，达到更高的效率。

（2）两机或多机内容、工作过程等完全一样。如果一台死机，另一台可以起作用。

（3）使用计算机集群技术，可以集中几十台甚至上百台计算机的运算能力来满足要求。提高处理性能是集群技术研究的一个重要目标之一。

（4）在达到同样性能的条件下，采用计算机集群比采用同等运算能力的大型计算机具有更高的性价比。

（5）用户如果想要扩展系统的能力、获得额外的 CPU 和存储器，只需要采用集群技术，将新的服务器加入集群中就可以了。从客户的角度来看，服务器无论从连续性还是性能上都几乎没有变化，但系统能力却好像在不知不觉中完成了升级。

（6）集群技术使系统在故障发生时仍可以继续工作，将系统停运时间减到最小。集群系统在提高系统的可靠性的同时，也大大减小了故障损失。

12.1.2　高可用集群

高可用集群也叫 HA 集群，常被称作"双机热备"。高可用集群一般有两台服务器，其中一台进行工作，另外一台作为冗余，当提供服务的机器出现故障时，冗余将接替出现故障的服务器继续提供服务。通常实现高可用集群的开源软件是 Keepalived。

高可用集群就是当某一个节点或服务器发生故障时，另一个节点能够自动且立即向外提供服务，即将有故障节点上的资源转移到另一个节点上去，这样另一个节点有了资源就可以立即向外提供服务。高可用集群在单个节点发生故障时，能够自动将资源、服务进行切换，这样可以保证服务一直在线。而在这个过程中，所有行为过程对于客户端来说是透明的。

12.1.3　负载均衡集群

负载均衡集群，需要有一台服务器作为分发器，它负责把用户的请求分发给后端的服务器处理，在这个集群里，除了分发器外，就是给用户提供服务的服务器了，这些服务器数量至少为 2，实现负载均衡的开源软件有 LVS、Keepalived、haproxy、nginx，商业的有 F5、Netscaler。

12.1.4　分布式计算集群

分布式是以缩短单个任务的执行时间来提升效率的，而集群则是通过提高单位时间内执行的任务数来提升效率。分布式集群主要是解决大型应用平台，由于高并发的负载，集群可以分发各个服务器的访问压力，也可以实现服务器故障转移，一台硬件出问题，会快速转到好的服务器上继续运行，业务不会中断。这样就避免了因单台服务器出现故障，引发访问负载过高，而导致业务中断的问题。

12.2　Keepalived 简介

Keepalived 是用 C 语言编写的路由软件。该项目的主要目标是为 Linux 系统和基于 Linux 的基础结构提供负载均衡和高可用性的功能。负载平衡框架依赖于提供第 4 层负载平衡的著名且广泛使用的 Linux 虚拟服务器（IPVS）内核模块。Keepalived 实现了一组检查器，以根据其运行状况动态，自适应地维护和管理负载平衡的服务器池。另一方面，VRRP 实现了高可用性协议。VRRP 是路由器故障转移的基础砖。此外，Keepalived 还实现了一组 VRRP 有限状态机的挂钩，从而提供了低级和高速协议交互。为了提供最快的网络故障检测，Keepalived 实施 BFD 协议。VRRP 状态转换可以考虑用 BFD 提示来驱动快速状态转换。为了提供弹性基础架构 Keepalived 框架可以独立使用，也可以一起使用。

12.2.1　Keepalived 的用途

Keepalived 的作用是定时检测服务器的状态,如果有一台服务器宕机或出现故障,Keepalived 将检测到,并将有故障的服务器从系统中剔除，同时使用其他服务器代替该服务器的工作，当服务器工作正常后 Keepalived 自动将服务器加入到服务器群中，这些工作全部自动切换完成。所以 Keepalived 不仅具有服务器状态检查功能和故障隔离功能，同时也具有高可靠性服务器集群（HA cluster）功能。

12.2.2　VRRP 的工作原理

在现实的网络环境中，主机之间的通信都是通过配置静态路由（默认网关）完成的，主机之间的路由器一旦出现故障，通信就会失败，因此，在这种通信模式中，路由器就成了一个单点瓶预，为了解决这个问题，就引入了 VRRP 协议。

VRRP 协议是一种主备模式的协议，通过 VRRP，我们可以在网络发生故障时透明地进行设备切换而不会影响主机间的数据通信。这其中涉及两个概念：物理路由器和虚拟路由器。

VRRP 可以将两台或多台物理路由器设备虚拟成一个虚拟路由器，这个虚拟路由器通过虚拟 IP（一个或多个）对外提供服务，而在虚拟路由器内部是多个物理路由器协网工作，同一时间只有台物理路由器对外提供服务，这台物理路由器被称为主路由器（处于 MASTER 角色）。一般情况下 MASTER 由选举算法产生，它拥有对外服务的虚拟 IP，提供各种网络功能，如 ARP 请求、ICMP、数据转发等。而其他物理路由器不拥有对外的虚拟 IP，也不提供对外网络功能，仅仅接收 MASTER 的 VRRP 状态通告信息，这些路由器被统称为备份路由器（处 F BACKUP 角色）。当主路由器失效时，处于 BACKUP 角色的备份路由器将重新进行选举，产生一个新的主路由器进入 MASTER 角色，继续提供对外服务，整个切换过程对用户来说完全透明。

12.2.3　Keepalived 的工作原理

Keepalived 对服务器运行状态和故障隔离的工作原理。

Keepalived 工作在 TCP/IP 参考模型的 3 层、4 层、5 层（物理层、链路层）。

网络层（3 层）：Keepalived 通过 ICMP 协议向服务器集群中的每一个节点发送一个 ICMP 数据包（有点类似于 Ping 的功能），如果某个节点没有返回响应数据包，那么它将认为该节点发生了故障，Keepalived 将报告这个节点失效，并从服务器集群中剔除故障节点。

传输层（4 层）：Keepalived 在传输层里利用了 TCP 协议的端口连接和扫描技术来判断集群节点的端口是否正常，比如对于常见的 Web 服务器 80 端口或者 ssh 服务 22 端口，Keepalived 一旦在传输层探测到这些端口号没有数据响应和数据返回，它就认为这些端口发生异常，然后强制将这些端口所对应的节点从服务器集群中剔除掉。

应用层（5 层）：在该层 Keepalived 的运行方式也更加全面化和复杂化，用户可以自定义 Keepalived 工作方式，例如：可以通过编写程序或者脚本来运行 Keepalived，而 Keepalived 将根据用户的设定参数检测各种程序或者服务是否允许正常，如果 Keepalived 的检测结果和用户设定的不一致时，Keepalived 将把对应的服务器从服务器集群中剔除。

12.2.4　Keepalived 的体系结构

Keepalived 的体系结构如图 12-1 所示。

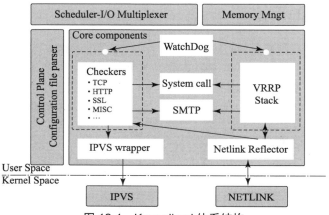

图 12-1　Keepalived 体系结构

该体系结构大致分用户空间（User space）和内核空间（Kernel space）这两层，每层的功能和组成也不同，具体介绍如下：

内核空间：主要包括 IPVS（IP 虚拟服务器，用于实现网络服务的负载均衡）和 NETLINK（提供高级路由及其他相关的网络功能）两个部分。

用户空间：是建立在内核空间之上的，主要有 4 个部分。

（1）Scheduler I/O Multiplexer 是一个 I/O 复用分发调度器，它负载安排 Keepalived 所有内部的任务请求。

（2）Memory Mngt 是一个内存管理机制，这个框架提供了访问内存的一些通用方法。

（3）Control Plane 是 Keepalived 的控制版面，可以实现对配置文件编译和解析。

（4）Core componets 是核心组件，它主要包括了 5 个部分。

① Watchdog：是计算机可靠领域中极为简单又非常有效的检测工具，Keepalived 正是通过它监控 Checkers 和 VRRP 进程的。

② Checkers：这是 Keepalived 最基础的功能，也是最主要的功能，可以实现对服务器运行状态检测和故障隔离。

③ VRRP Stack：这时 Keepalived 后来引用 VRRP 功能，可以实现 HA 集群中失败切换的功能。

④ IPVS wrapper：这个是 IPVS 功能的一个实现，IPVS wrapper 模块将可以设置好的 IPVS 规则发送的内核空间并且提供给 IPVS 模块，最终实现 IPVS 模块的负载功能。

⑤ Netlink Reflector：用来实现高可用集群 Failover 时虚拟 IP(VIP)的设置和切换，Netlink Reflector 的所有请求最后都发送到内核空间层的 NETLINK 模块来完成。

12.3 Keepalived 安装与配置

Keepalived 是一个免费开源的、用 C 编写的、类似于 layer3.4 & 7 交换机制的软件，具备我们平时说的第 3 层、第 4 层和第 7 层交换机的功能。Keepalived 主要提供 loadbalancing（负载均衡）和 high-availability（高可用）功能，负载均衡实现需要依赖 Linux 的虚拟服务内核模块（IPVS），而高可用是通过 VRRP 协议实现多台机器之间的故障转移服务。

12.3.1 Keepalived 的安装过程

1. 下载 Keepalived 安装包

下载最新版本的 Keepalived 安装包 Keepalived-2.0.18.tar.gz，下载地址为 http://www.keepalived.org/download.html，打开网页如图 12-2 所示，下载时选择将其存储到电脑桌面上。

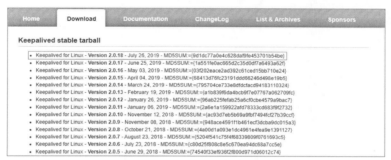

图 12-2 安装包下载页面

2. 安装 Keepalived 安装包

（1）在 Linux 主机上安装上传下载工具包。输入命令 yum install -y lrzsz，安装上传下载工具包 rz 和 sz，安装过程和结果如图 12-3 所示。

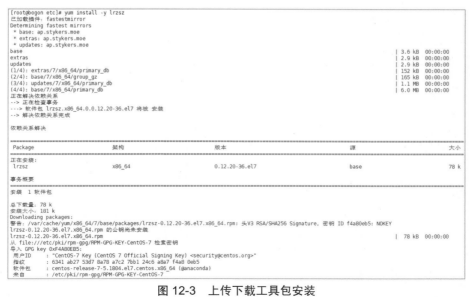

图 12-3 上传下载工具包安装

（2）将安装包上传到指定路径下（本例下载到/usr/local 下）。使用 cd 命令进入/usr/local 目录下，如图 12-4 所示。

```
[root@bogon /]# cd usr
[root@bogon usr]# ls
bin  etc  games  include  lib  lib64  libexec  local  sbin  share  src
[root@bogon usr]# cd local
[root@bogon local]# ls
bin  etc  games  include  lib  lib64  libexec  sbin  share  src
[root@bogon local]# □
```

图 12-4　进入 local 文件夹下

（3）执行 rz 命令上传文件，弹出文件选择窗口，如图 12-5 所示。

图 12-5　文件选择窗口

（4）点击"桌面"按钮，选择已经下载好的 keepalived-2.0.18.tar.gz 安装包，单击"打开"按钮即可完成上传。使用 ls 命令查看是否上传成功，如图 12-6 所示。可以看到，keepalived-2.0.18.tar.gz 安装包已经上传成功。

（5）解压安装包。输入命令 tar zxvf keepalived-2.0.18.tar.gz 将安装包进行解压，解压过程如图 12-7 所示。

```
[root@bogon local]# tar zxvf keepalived-2.0.18.tar.gz
keepalived-2.0.18/
keepalived-2.0.18/install-sh
keepalived-2.0.18/missing
keepalived-2.0.18/compile
keepalived-2.0.18/Makefile.in
keepalived-2.0.18/bin_install/
keepalived-2.0.18/bin_install/Makefile.in
keepalived-2.0.18/bin_install/Makefile.am
keepalived-2.0.18/keepalived.spec.in
keepalived-2.0.18/snap/
keepalived-2.0.18/snap/snapcraft.yaml
keepalived-2.0.18/snap/hooks/
keepalived-2.0.18/snap/hooks/post-refresh
keepalived-2.0.18/snap/hooks/install
keepalived-2.0.18/INSTALL
keepalived-2.0.18/doc/
keepalived-2.0.18/doc/Makefile.in
keepalived-2.0.18/doc/man/
keepalived-2.0.18/doc/man/man8/
keepalived-2.0.18/doc/man/man8/Makefile.in
keepalived-2.0.18/doc/man/man8/Makefile.am
keepalived-2.0.18/doc/man/man8/keepalived.8.in
keepalived-2.0.18/doc/man/man8/keepalived.8
keepalived-2.0.18/doc/man/man1/
keepalived-2.0.18/doc/man/man1/genhash.1
keepalived-2.0.18/doc/man/man5/
keepalived-2.0.18/doc/man/man5/keepalived.conf.5
keepalived-2.0.18/doc/samples/
keepalived-2.0.18/doc/samples/keepalived.conf.vrrp.static_ipaddress
keepalived-2.0.18/doc/samples/keepalived.conf.vrrp.localcheck
keepalived-2.0.18/doc/samples/keepalived.conf.vrrp.routes
keepalived-2.0.18/doc/samples/dh1024.pem
keepalived-2.0.18/doc/samples/keepalived.conf.sample
keepalived-2.0.18/doc/samples/keepalived.conf.track_interface
```

```
[root@bogon local]# ls
bin  etc  games  include  keepalived-2.0.18.tar.gz  lib  lib64  libexec  sbin  share  src
[root@bogon local]# □
```

图 12-6　查看文件是否上传成功

图 12-7　解压安装包

（6）解压完成后输入 ls 命令，即可看到已经解压完成的文件，如图 12-8 所示。

（7）在编译之前先安装 OpenSSL，否则会报错。输入命令 yum –y install openssl-devel，如图 12-9 所示。

```
[root@bogon local]# ls
bin  etc  games  include  keepalived-2.0.18  keepalived-2.0.18.tar.gz  lib  lib64  libexec  sbin  share  src
[root@bogon local]# 
```

图 12-8　解压完成

```
[root@bogon local]# yum –y install openssl-devel
已加载插件：fastestmirror
[root@bogon local]# 
```

图 12-9　安装 OpenSSL

（8）编译安装 keepalived-2.0.18 的步骤如下：

① 输入命令 cd keepalived-2.0.18 进入文件夹，再输入 ls 命令罗列出文件夹中所有的文件，如图 12-10 所示。

```
[root@bogon local]# cd keepalived-2.0.18
[root@bogon keepalived-2.0.18]# ls
aclocal.m4  bin_install  compile       CONTRIBUTORS  doc      install-sh             lib           missing    TODO
ar-lib      build_setup  configure     COPYING       genhash  keepalived             Makefile.am   README.md
AUTHOR      ChangeLog    configure.ac  depcomp       INSTALL  keepalived.spec.in     Makefile.in   snap
[root@bogon keepalived-2.0.18]# 
```

图 12-10　进入 keepalived-2.0.18 文件夹

② 输入命令./configure 进行配置，会出现错误，如图 12-11 所示。

```
[root@bogon keepalived-2.0.18]# ./configure
checking for a BSD-compatible install... /usr/bin/install -c
checking whether build environment is sane... yes
checking for a thread-safe mkdir -p... /usr/bin/mkdir -p
checking for gawk... gawk
checking whether make sets $(MAKE)... yes
checking whether make supports nested variables... yes
checking whether make supports nested variables... (cached) yes
checking for pkg-config... /usr/bin/pkg-config
checking pkg-config is at least version 0.9.0... yes
checking for gcc... no
checking for cc... no
checking for cl.exe... no
configure: error: in `/usr/local/keepalived-2.0.18':
configure: error: no acceptable C compiler found in $PATH
See `config.log' for more details
[root@bogon keepalived-2.0.18]# 
```

图 12-11　配置错误

出现以上两个错误的原因是由于缺少 C 编译器，解决方法是安装 GCC 软件套件，输入命令 yum install gcc 会出现如图 12-12 所示信息说明已安装好了 GCC 软件套件。

```
[root@bogon keepalived-2.0.18]# yum install gcc
已加载插件：fastestmirror
Loading mirror speeds from cached hostfile
 * base: ap.stykers.moe
 * extras: mirror.jdcloud.com
 * updates: ap.stykers.moe
base                                                       | 3.6 kB  00:00:00
extras                                                     | 2.9 kB  00:00:00
updates                                                    | 2.9 kB  00:00:00
updates/7/x86_64/primary_db                                | 1.9 MB  00:00:00
正在解决依赖关系
--> 正在检查事务
---> 软件包 gcc.x86_64.0.4.8.5-39.el7 将被 安装
--> 正在处理依赖关系 libgomp = 4.8.5-39.el7，它被软件包 gcc-4.8.5-39.el7.x86_64 需要
--> 正在处理依赖关系 cpp = 4.8.5-39.el7，它被软件包 gcc-4.8.5-39.el7.x86_64 需要
--> 正在处理依赖关系 libgcc >= 4.8.5-39.el7，它被软件包 gcc-4.8.5-39.el7.x86_64 需要
--> 正在处理依赖关系 glibc-devel >= 2.2.90-12，它被软件包 gcc-4.8.5-39.el7.x86_64 需要
--> 正在处理依赖关系 libmpfr.so.4()(64bit)，它被软件包 gcc-4.8.5-39.el7.x86_64 需要
--> 正在处理依赖关系 libmpc.so.3()(64bit)，它被软件包 gcc-4.8.5-39.el7.x86_64 需要
--> 正在检查事务
---> 软件包 cpp.x86_64.0.4.8.5-39.el7 将被 安装
---> 软件包 glibc-devel.x86_64.0.2.17-292.el7 将被 安装
--> 正在处理依赖关系 glibc-headers = 2.17-292.el7，它被软件包 glibc-devel-2.17-292.el7.x86_64 需要
--> 正在处理依赖关系 glibc = 2.17-292.el7，它被软件包 glibc-devel-2.17-292.el7.x86_64 需要
--> 正在处理依赖关系 glibc-headers，它被软件包 glibc-devel-2.17-292.el7.x86_64 需要
---> 软件包 libgcc.x86_64.0.4.8.5-28.el7 将被 升级
---> 软件包 libgcc.x86_64.0.4.8.5-39.el7 将被 更新
---> 软件包 libgomp.x86_64.0.4.8.5-28.el7 将被 升级
---> 软件包 libgomp.x86_64.0.4.8.5-39.el7 将被 更新
---> 软件包 libmpc.x86_64.0.1.0.1-3.el7 将被 安装
---> 软件包 mpfr.x86_64.0.3.1.1-4.el7 将被 安装
--> 正在检查事务
---> 软件包 glibc.x86_64.0.2.17-222.el7 将被 升级
--> 正在处理依赖关系 glibc = 2.17-222.el7，它被软件包 glibc-common-2.17-222.el7.x86_64 需要
---> 软件包 glibc.x86_64.0.2.17-292.el7 将被 更新
---> 软件包 glibc-headers.x86_64.0.2.17-292.el7 将被 安装
--> 正在处理依赖关系 kernel-headers >= 2.2.1，它被软件包 glibc-headers-2.17-292.el7.x86_64 需要
--> 正在处理依赖关系 kernel-headers，它被软件包 glibc-headers-2.17-292.el7.x86_64 需要
--> 正在检查事务
```

图 12-12　安装 GCC 软件套件

（9）再次输入./configure 命令进行配置，当显示以下内容时表明配置成功，如图 12-13 所示。

```
[root@bogon keepalived-2.0.18]# ./configure
checking for a BSD-compatible install... /usr/bin/install -c
checking whether build environment is sane... yes
checking for a thread-safe mkdir -p... /usr/bin/mkdir -p
checking for gawk... gawk
checking whether make sets $(MAKE)... yes
checking whether make supports nested variables... yes
checking whether make supports nested variables... (cached) yes
checking for pkg-config... /usr/bin/pkg-config
checking pkg-config is at least version 0.9.0... yes
checking for gcc... gcc
checking whether the C compiler works... yes
checking for C compiler default output file name... a.out
checking for suffix of executables...
checking whether we are cross compiling... no
checking for suffix of object files... o
checking whether we are using the GNU C compiler... yes
checking whether gcc accepts -g... yes
checking for gcc option to accept ISO C89... none needed
checking whether gcc understands -c and -o together... yes
checking for style of include used by make... GNU
checking dependency style of gcc... gcc3
checking whether make sets $(MAKE)... (cached) yes
checking for ranlib... ranlib
checking for grep that handles long lines and -e... /usr/bin/grep
checking whether ln -s works... yes
checking for a sed that does not truncate output... /usr/bin/sed
checking for strip... strip
checking for ldd... ldd
checking for ar... ar
checking the archiver (ar) interface... ar
checking diagnostic pragmas in functions... yes
checking diagnostic push/pop pragmas... yes
checking for -Wall... yes
checking for -Wextra... yes
checking for -Wunused... yes
checking for -Wstrict-prototypes... yes
```

图 12-13　配置正确

（10）使用命令 make && make install 进行安装，如图 12-14 所示。

```
[root@bogon keepalived-2.0.18]# make && make install

Making all in lib

make[1]: 进入目录"/usr/local/keepalived-2.0.18/lib"

Make all-am

make[2]: 进入目录"/usr/local/keepalived-2.0.18/lib"

    CC        memory.o

    CC        utils.o
```

图 12-14　安装 Keepalived

12.3.2　Keepalived 的全局配置

Keepalived 的配置文件以块的形式组织，每个块都包含在“{}”中，其中标有“#!”的都是注释。

Keepalived 只有一个配置文件 keepalived.conf，里面主要包括 6 个配置区域，分别如下。

（1）global_defs：主要是配置故障发生时的通知对象以及机器标识。

（2）static_ipaddress：设置本节点的 IP，如果机器上已经配置了 IP 和路由，那么这两个区域可以不用配置。

（3）static_routes：设置本节点的路由信息，如果你的机器上已经配置了 IP 和路由，那么这两个区域可以不用配置。

（4）vrrp_script：用来做健康检查，检查失败时会将 vrrp_instance 的 priority 减少相应的值。

（5）vrrp_instance：用来定义对外提供服务的 VIP 区域及其相关属性。

（6）vrrp_server：是一个高扩展和高可用性服务器，在一个真正服务器的集群中构建而成，包含 Linux

操作系统中的负载均衡。

通过命令 vi keepalived.conf 打开配置文件，再输入命令 i 进入文件的编辑模式，如图 12-15 所示。

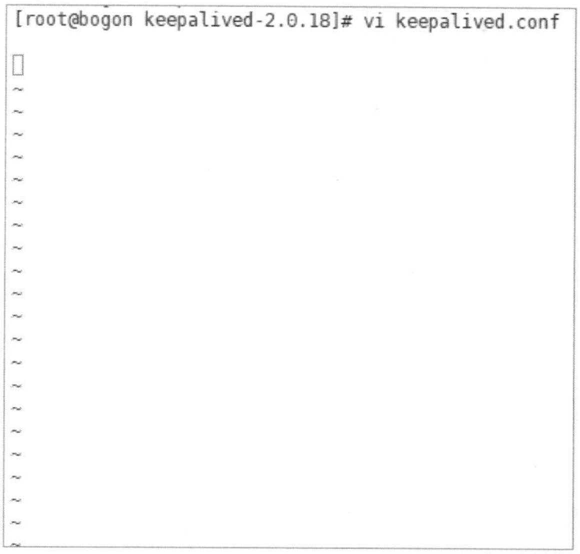

```
[root@bogon keepalived-2.0.18]# vi keepalived.conf

~
~
~
~
~
~
~
~
~
~
~
~
~
~
~
~
~
~
~
```

图 12-15　打开配置文件

在文件中输入如下代码：

```
global_defs {
  notification_email {
    acassen@firewall.loc
    failover@firewall.loc
    sysadmin@firewall.loc
  }
  notification_email_from Alexandre.Cassen@firewall.loc
  smtp_server 192.168.200.1
  smtp_connect_timeout 30
  router_id 192.168.125.128
  vrrp_skip_check_adv_addr
  vrrp_strict
  vrrp_garp_interval 0
  vrrp_gna_interval 0
}
```

以上代码主要是配置故障发生时的通知对象以及机器标志，其中：

（1）notification_email 表示故障发生时给谁发邮件通知；

（2）notification_email_from 表示通知邮件从哪个地址发出；

（3）smtp_server 表示通知邮件的 smtp 地址；

（4）smtp_connect_timeout 表示连接 smtp 服务器的超时时间；

（5）enable_traps 表示开启 SNMP（Simple Network Management Protocol）陷阱；

（6）router_id 标志本节点的字符串，通常为 IP 地址，故障发生时邮件会通知到。

接下来开始配置 vrrp_script 区域, 作用是用来做健康检查的, 当检查失败时会将 vrrp_instance 的 priority 减少相应的值，这一区域的代码如下：

```
vrrp_script chk_nginx{
        script '/usr/local/keepalived-2.0.18/nginx_check.sh'
        interval 2
        weight -20
}
```

其中，script 表示自己写的监测脚本；

interval 2 表示每 2s 监测一次；

weight -20 表示监测失败，则相应的 vrrp_instance 的优先级会减少 20 个点。

接下来配置 vrrp_instance 区域，代码如下：

```
vrrp_instance VI_1 {
    state BACKUP
    interface ens33
    virtual_router_id 51
    mcast_src_ip 192.168.125.127
    priority 100
    advert_int 1
    authentication {
        auth_type PASS
        auth_pass 1212
    }
    virtual_ipaddress {
        192.168.125.129
    }
    track_script{
    chk_nginx
  }
}
```

其中，state 表示只有 BACKUP 和 MASTER；MASTER 为工作状态，BACKUP 是备用状态；

- interface 表示网卡接口，可通过 ip addr 命令查看自己的网卡接口，如图 12-16 所示。

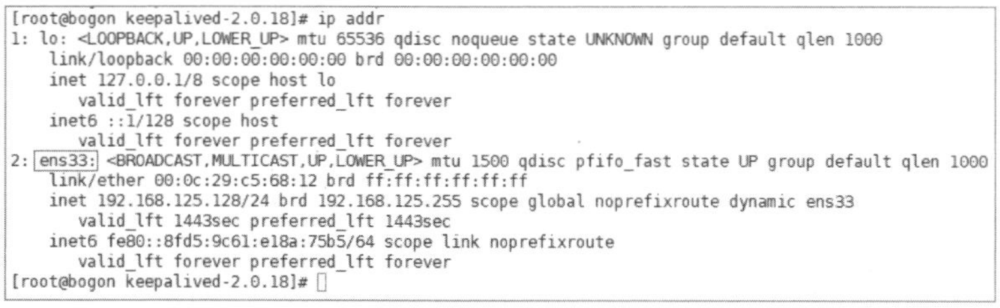

```
[root@bogon keepalived-2.0.18]# ip addr
1: lo: <LOOPBACK,UP,LOWER_UP> mtu 65536 qdisc noqueue state UNKNOWN group default qlen 1000
    link/loopback 00:00:00:00:00:00 brd 00:00:00:00:00:00
    inet 127.0.0.1/8 scope host lo
       valid_lft forever preferred_lft forever
    inet6 ::1/128 scope host
       valid_lft forever preferred_lft forever
2: ens33: <BROADCAST,MULTICAST,UP,LOWER_UP> mtu 1500 qdisc pfifo_fast state UP group default qlen 1000
    link/ether 00:0c:29:c5:68:12 brd ff:ff:ff:ff:ff:ff
    inet 192.168.125.128/24 brd 192.168.125.255 scope global noprefixroute dynamic ens33
       valid_lft 1443sec preferred_lft 1443sec
    inet6 fe80::8fd5:9c61:e18a:75b5/64 scope link noprefixroute
       valid_lft forever preferred_lft forever
[root@bogon keepalived-2.0.18]#
```

图 12-16　查看网卡接口

- virtual_router_id 表示虚拟路由标志，同组的 virtual_router_id 应该保持一致，它将决定多播的 MAC 地址。
- priority 表示设置本节点的优先级，优先级高的为 master。
- advert_int 表示 MASTER 与 BACKUP 同步检查的时间间隔。
- virtual_ipaddress 表示虚拟 IP。

以上就是配置信息，配置完成后按下 Esc 键退出编辑模式，再输入:wq 命令即可保存并关闭文件，至此完成配置操作。

12.3.3　Keepalived 的 VRRPD 配置

VRRPD 的配置是 Keepalived 比较重要的配置，主要分为两个部分，VRRP 同步组和 VRRP 实例，也就是想要使用 VRRP 进行高可用选举，就一定需要配置一个 VRRP 实例，在实例中来定义 VIP、服务器角色等。

1. VRRP Sync Groups（VRRP 同步组）

如果机器（或者说 router）有两个网段，一个内网一个外网，每个网段开启一个 VRRP 实例，假设 VRRP 配置为检查内网，那么当外网出现问题时，由于 VRRPD 认为自己仍然健康，那么就不会发生 MASTER 和 BACKUP 的切换，从而导致问题出现。Sync Group 就是为了解决这个问题，它可以把两个实例都放进一个 Sync Group，这样的话，Group 里面任何一个实例出现问题都会及时发生切换。

```
vrrp_sync_group VG_1{ #监控多个网段的实例
    group {
        VI_1 #实例名
        VI_2
        ......
    }
    notify_master /path/xx.sh              #指定当切换到 MASTER 时，执行的脚本
    netify_backup /path/xx.sh              #指定当切换到 BACKUP 时，执行的脚本
    notify_fault "path/xx.sh VG_1"         #故障时执行的脚本
    notify /path/xx.sh
    smtp_alert                             #使用 global_defs 中提供的邮件地址和 smtp 服务器发送邮件通知
}
```

2. VRRP 实例（instance）配置

VRRP 实例就表示在 Keepaliued 上面开启了 VRRP 协议，这个实例说明了 VRRP 的一些特征，比如主从、VRID 等，可以在每个 interface 上开启一个实例。

```
vrrp_instance VI_1 {
    state MASTER                #指定实例初始状态，实际的 MASTER 和 BACKUP 是选举决定的。
    interface eth0              #指定实例绑定的网卡
    virtual_router_id 51        #设置 VRID 标记，多个集群不能重复(0...255)
    priority 100                #设置优先级，优先级高的会被竞选为 Master，Master 要高于 BACKUP 至少 50
    advert_int 1                #检查的时间间隔，默认 1s
    nopreempt                   #设置为不抢占，说明：这个配置只能在 BACKUP 主机上面设置
    preempt_delay               #抢占延迟，默认 5 分钟
    debug                       #debug 级别
    authentication {            #设置认证
        auth_type PASS          #认证方式，支持 PASS 和 AH，官方建议使用 PASS
        auth_pass 1212          #认证的密码
    }
    virtual_ipaddress {         #设置 VIP，可以设置多个，用于切换时的地址绑定。格式：#<IPADDR>/<MASK> brd
<IPADDR> dev <STRING> scope <SCOPT> label <LABE
        192.168.200.16/24 dev eth0 label eth0:1
        192.168.200.17/24 dev eth1 label eth1:1
        192.168.200.18
    }
}
```

12.3.4　Keepalived 的 LVS 配置

　　虚拟服务器 virtual_server 定义块，虚拟服务器定义是 Keepalived 框架最重要的项目，是 keepalived.conf 必不可少的部分。该部分是用来管理 LVS 的，是实现 Keepalive 和 LVS 相结合的模块。通过 ipvsadm 命令可以实现的管理在这里都可以通过参数配置实现。

　　注意：real_server 是被包含在 viyual_server 模块中的，它是子模块。

```
virtual_server 192.168.200.16 23{          //VIP 地址，要和 vrrp_instance 模块中的 virtual_ipaddress
地址一致
    delay_loop 6                           #健康检查时间间隔
    lb_algo rr                             #lvs 调度算法 rr|wrr|lc|wlc|lblc|sh|dh
    lb_kind DR                             #负载均衡转发规则 NAT|DR|RUN
    persistence_timeout 5                  #会话保持时间
    protocol TCP                           #使用的协议
    persistence_granularity <NETMASK>      #lvs 会话保持粒度
    virtualhost <string>                   #检查的 web 服务器的虚拟主机（host：头）
    sorry_server<IPADDR> <port> #备用机，所有 realserver 失效后启用
    real_server 192.168.200.5 23 {              //RS 的真实 IP 地址
            weight 1                       #默认为 1,0 为失效
            inhibit_on_failure             #在服务器健康检查失效时，将其设为 0，而不是直接从 ipvs 中删除
            notify_up <string> | <quoted-string>      #在检测到 server up 后执行脚本
            notify_down <string> | <quoted-string>    #在检测到 server down 后执行脚本
    TCP_CHECK {                     //常用
            connect_timeout 3              #连接超时时间
            nb_get_retry 3                 #重连次数
            delay_before_retry 3           #重连间隔时间
            connect_port 23                #健康检查的端口的端口
            bindto <ip>
        }
    HTTP_GET | SSL_GET{                    //不常用
        url{                               #检查 url，可以指定多个
            path /
            digest <string>                #检查后的摘要信息
            status_code 200                #检查的返回状态码
            }
        connect_port <port>
        bindto <IPADD>
        connect_timeout 5
        nb_get_retry 3
        delay_before_retry 2
        }
    SMTP_CHECK{                            //不常用
        host{
        connect_ip <IP ADDRESS>
        connect_port <port>                #默认检查 25 端口
        bindto <IP ADDRESS>
            }
        connect_timeout 5
        retry 3
        delay_before_retry 2
```

```
    helo_name <string> | <quoted-string>        #smtp helo 请求命令参数，可选
    }
MISC_CHECK{                                      //不常用
    misc_path <string> | <quoted-string>        #外部脚本路径
    misc_timeout                                 #脚本执行超时时间
    misc_dynamic                                 #如设置该项，则退出状态码会用来动态调整服务器的权重，返回 0 正常，不
修改；返回 1，检查失败，权重改为 0；返回 2-255，正常，权重设置为：返回状态码-2
    }
}
```

12.4　Keepalived 基础功能应用实例

Keepalived 主要用作 RealServer 的健康状态检查以及 LoadBalance 主机和 BackUP 主机之间 failover 的实现。Keepalived 的作用是检测 Web 服务器的状态，如果有一台 Web 服务器死机，或工作出现故障，Keepalived 将检测到，并将有故障的 Web 服务器从系统中剔除，当 Web 服务器工作正常后 Keepalived 自动将 Web 服务器加入到服务器群中，这些工作全部自动完成，不需要人工干涉，需要人工做的只是修复故障的 Web 服务器。

12.4.1　Keepalived 基础 HA 功能演示

高可用集群 H.A.（High Availability）就是当某一个节点或服务器发生故障时，另一个节点能够自动且立即向外提供服务，即将有故障节点上的资源转移到另一个节点上去，这样另一个节点有了资源就可以向外提供服务。高可用集群是用于单个节点发生故障时，能够自动将资源、服务进行切换，这样可以保证服务一直在线。在这个过程中，这些行为对于客户端来说是透明的。

高可用集群一般是通过系统的可靠性（reliability）和系统的可维护性（maintainability）来衡量的。通常用平均无故障时间（MTTF）来衡量系统的可靠性，用平均维护时间（MTTR）来衡量系统的可维护性。因此，一个高可用集群服务可以这样来定义：

HA=MTTF/(MTTF+MTTR)*100%

一般高可用集群的标准有如下 4 种。

（1）99%：表示　一年宕机时间不超过 4 天；

（2）99.9% ：表示一年宕机时间不超过 10 小时；

（3）99.99%：表示一年宕机时间不超过 1 小时；

（4）99.999%：表示一年宕机时间不超过 6 分钟。

1. 实验虚拟机的安装

（1）iscsi-disks：192.168.56.20，通过 iSCSI 协议提供共享存储，默认配置 1 个 CPU，1G 内存；

（2）ha-host1：192.168.56.31，默认配置 1 个 CPU，1GB 内存；

（3）ha-host2：192.168.56.32，默认配置 1 个 CPU，1GB 内存；

（4）ha-host3192.168.56.33，默认配置 1 个 CPU，1GB 内存。

安装和管理网络：192.168.56.0/24，该网络为 VirtualBox 的 Host-Only 网络，支持物理机和 VirtualBox 虚拟机间的互相访问。

2. 克隆项目并启动上述虚拟机

具体命令如下：

```
$ git clone https://github.com/lprincewhn/iscsi.git
$ cd iscsi
$ vagrant up iscsi-disks
$ cd ..
$ git clone https://github.com/lprincewhn/Linuxha.git
$ cd LinuxHA
$ vagrant up
```

虚拟机启动完毕后可使用以下用户登录：

```
root/vagrant
vagrant/ vagrant
```

3. 创建 pcs 集群

在 3 台集群主机上安装 corosync、pacemaker、pcs 包，启动 pcsd 服务：

```
# yum -y install corosync pacemaker pcs
# systemctl start pcsd && systemctl enable pcsd
```

在 3 台集群主机上修改用户 hacluster 的密码，3 台主机的密码保持一致。这个用户仅用于集群主机间通信，无法登录系统。因此该密码仅在主机集群认证时一次性使用。命令如下：

```
[root@bogon ~]# passwd hacluster
Changing password for user hacluster.
New password:
BAD PASSWORD: The password is shorter than 8 characters
Retype new password:
passwd: all authentication tokens updated successfully.
```

接下来互相认证集群主机，命令如下：

```
[root@bogon ~]# pcs cluster auth ha-host1 ha-host2 ha-host3
Username: hacluster
Password:
ha-host1: Authorized
ha-host2: Authorized
ha-host3: Authorized
[root@bogon ~]#
```

创建集群，命令如下：

```
[root@ha-host1 ~]# pcs cluster setup --name Linuxha ha-host1 ha-host2 ha-host3
Destroying cluster on nodes: ha-host1, ha-host2, ha-host3...
ha-host3: Stopping Cluster (pacemaker)...
ha-host1: Stopping Cluster (pacemaker)...
ha-host2: Stopping Cluster (pacemaker)...
ha-host2: Successfully destroyed cluster
ha-host1: Successfully destroyed cluster
ha-host3: Successfully destroyed cluster
Sending 'pacemaker_remote authkey' to 'ha-host1', 'ha-host2', 'ha-host3'
ha-host2: successful distribution of the file 'pacemaker_remote authkey'
ha-host1: successful distribution of the file 'pacemaker_remote authkey'
ha-host3: successful distribution of the file 'pacemaker_remote authkey'
```

```
Sending cluster config files to the nodes...
ha-host1: Succeeded
ha-host2: Succeeded
ha-host3: Succeeded
Synchronizing pcsd certificates on nodes ha-host1, ha-host2, ha-host3...
ha-host1: Success
ha-host2: Success
ha-host3: Success
Restarting pcsd on the nodes in order to reload the certificates...
ha-host1: Success
ha-host2: Success
ha-host3: Success
```

启动集群并设置自动启动，命令如下：

```
[root@ha-host1 ~]# pcs cluster start --all
ha-host1: Starting Cluster...
ha-host2: Starting Cluster...
ha-host3: Starting Cluster...
[root@ha-host1 ~]# pcs cluster enable --all
ha-host1: Cluster Enabled
ha-host2: Cluster Enabled
ha-host3: Cluster Enabled
```

查看集群状态，命令如下：

```
[root@ha-host1 ~]# pcs status
Cluster name: Linuxha
WARNING: no stonith devices and stonith-enabled is not false
Stack: corosync
Current DC: ha-host3 (version 1.1.16-12.el7_4.8-94ff4df) - partition with quorum
Last updated: Mon Apr 23 03:39:50 2018
Last change: Mon Apr 23 03:38:08 2018 by hacluster via crmd on ha-host3
3 nodes configured
0 resources configured
Online: [ ha-host1 ha-host2 ha-host3 ]
No resources
Daemon Status:
  corosync: active/enabled
  pacemaker: active/enabled
  pcsd: active/enabled
```

4. 创建资源

创建一个最简单的 IP 资源，命令如下：

```
[root@ha-host1~]#pcs resource create vip ocf:heartbeat:IPaddr2 ip=192.168.56.24 cidr_netmask=24
op monitor interval=30s
```

查看 pcs 的状态，命令如下：

```
[root@ha-host1 ~]# pcs status
Cluster name: Linuxha
Stack: corosync
Current DC: ha-host3 (version 1.1.16-12.el7_4.8-94ff4df) - partition with quorum
Last updated: Mon Apr 23 03:41:46 2018
```

```
Last change: Mon Apr 23 03:41:40 2018 by root via cibadmin on ha-host1
3 nodes configured
1 resource configured
Online: [ ha-host1 ha-host2 ha-host3 ]
Full list of resources:
vip    (ocf::heartbeat:IPaddr2):       Started ha-host1
Daemon Status:
  corosync: active/enabled
  pacemaker: active/enabled
  pcsd: active/enabled
```

上面显示新创建的资源 vip，这个 IP 被分配在 ha-host1 上。

检查 ha-host1 的网口，可以看到 ha-host1 的 eth1 网口上分配了新的 IP 192.168.56.24，命令如下：

```
[root@ha-host1 ~]# ip a
3: eth1: <BROADCAST,MULTICAST,UP,LOWER_UP> mtu 1500 qdisc pfifo_fast state UP qlen 1000
    link/ether 08:00:27:55:a1:19 brd ff:ff:ff:ff:ff:ff
    inet 192.168.56.21/24 brd 192.168.56.255 scope global eth1
       valid_lft forever preferred_lft forever
    inet 192.168.56.24/24 brd 192.168.56.255 scope global secondary eth1
       valid_lft forever preferred_lft forever
    inet6 fe80::a00:27ff:fe55:a129/64 scope link
       valid_lft forever preferred_lft forever
[root@ha-host1 ~]# ssh 192.168.56.24
Last login: Wed Apr 18 05:38:12 2018 from 192.168.56.21
[root@ha-host1 ~]# exit
logout
Connection to 192.168.56.24 closed.
```

5. 触发切换

将 ha-host1 的 eth1 网口停掉，可发现 192.168.56.24 这个 IP 被切换到了 ha-host2 的 eth1 端口，命令如下：

```
[root@ha-host1 ~]# ifconfig eth1 down
[root@ha-host2 ~]# pcs status
Cluster name: Linuxha
Stack: corosync
Current DC: ha-host3 (version 1.1.16-12.el7_4.8-94ff4df) - partition with quorum
Last updated: Mon Apr 23 03:43:36 2018
Last change: Mon Apr 23 03:41:39 2018 by root via cibadmin on ha-host1
3 nodes configured
1 resource configured
Online: [ha-host2 ha-host3]
OFFLINE: [ha-host1]
Full list of resources:
vip (ocf::heartbeat:IPaddr2):       Started ha-host2
Daemon Status:
  corosync: active/enabled
  pacemaker: active/enabled
  pcsd: active/enabled
```

最后再输入如下命令：

```
[root@ha-host2 ~]# ip a
```

```
3: eth1: <BROADCAST,MULTICAST,UP,LOWER_UP> mtu 1500 qdisc pfifo_fast state UP qlen 1000
    link/ether 08:00:27:bc:94:42 brd ff:ff:ff:ff:ff:ff
    inet 192.168.56.22/24 brd 192.168.56.255 scope global eth1
        valid_lft forever preferred_lft forever
    inet 192.168.56.24/24 brd 192.168.56.255 scope global secondary eth1
        valid_lft forever preferred_lft forever
    inet6 fe80::a00:27ff:febc:9442/64 scope link
        valid_lft forever preferred_lft forever
```

上面 pcs status 的结果显示了 ha-host1 变为了 OFFLINE 状态，这是因为 eth1 也是 ha-host1 的集群间的通信网口。在实际部署中，虚拟 IP 资源一般用于承载业务，应该和集群通信用的网络分开。

12.4.2　通过 vrrp_script 实现对集群资源的监控

在 Keepalived 的配置文件中，我们可以指定 Keepalived 监控的网络接口，当系统或网络出现问题时就会进行主备切换。但是，很多时候我们需要对集群中特定的服务进行监控，但服务发生故障时就进行主备切换，此时只监控网络接口已无法满足我们的需求。Keepalived 通过提供 vrrp_script 调用自定义脚本的方式满足了我们的需求。

前面已经对 VRRPD 进行了配置，下面是 vrrp_script 模块常见的几种监控机制。

1. killall 命令探测服务运行状态

```
vrrp_script check_nginx {       # check_nginx 为自定义的一个监控名称
    script "killall -0 nginx"   # 采用 killall 信号 0 来对进程运行状态进行监控，0 为正常，1 为异常
    interval 2                  # 检测间隔时间，即两秒检测一次
    weight 30                   # 一个正整数或负整数。权重值，关系到整个集群角色选举，尤为重要
}
track_script {
    check_nginx                 # 引用上面定义的监控模块
}
```

2. 检测端口运行状态

检测端口的运行状态也是最常见的服务监控方式，在 Keepalived 的 vrrp_script 模块中可以通过如下方式对本机的端口进行检测：

```
vrrp_script check_nginx {
    script "< /dev/tcp/127.0.0.1:80"  # 通过 < /dev/tcp/127.0.0.1:80 这样的方式定义一个对本机端口状态
的检测
    interval 2
    fall 2                       # 检测失败的最大次数，超过两次认为节点资源发生故障
    rise 1                       # 请求一次成功认为节点恢复正常
    weight 30
}
track_script {
    check_nginx
}
```

通过"< /dev/tcp/127.0.0.1/80"这样的方式定义了一个对本机 80 端口的状态检测，其中，"fail"选项表示检测到失败的最大次数，也就是说，如果请求失败两次，就认为此节点资源发生故障，将进行切换操作；"rise"表示如果请求一次成功，就认为此节点资源恢复正常。

3. 通过 Shell 语句进行状态监控

```
vrrp_script check_nginx {
    script " if [ -f /usr/local/nginx/logs/nginx.pid ]; then exit 0 ; else exit 1; fi"
    interval 2
    fall 1
    rise 1
    weight 30
}
track_script {
    check_nginx
}
```

通过一个 Shell 判断语句，检测 httpd.pid 文件是否存在，如果存在，就认为状态正常，否则认为状态异常，这种监测方式对于一些简单的应用监控或者流程监控非常有用。从这里也可以得知，vrrp_script 模块支持的监控方式十分灵活。

4. 通过脚本进行服务状态监控

vrrp_script 可以通过运行指定的脚本来对服务进行监控。在编写脚本时，只需要控制脚本的返回值为 0 或非 0 即可，操作如下所示：

```
vrrp_script chk_mysqld {
    script "/etc/keepalived/check_mysqld.sh"
    interval 2
 }
track_script {
    chk_mysqld
 }
check_mysqld.sh 的内容为:
#!/bin/Bash
/usr/bin/mysql -e "show status;" > /dev/null 2>&1
if [ $? -eq 0 ];then
    MYSQL_STATUS=0
else
    MYSQL_STATUS=1
fi
exit $MYSQL_STATUS
```

12.4.3　Keepalived 集群中 MASTER 和 BACKUP 角色选举策略

在 Keepalived 集群中，其实并没有严格意义上的主、备节点，虽然可以在 Keepalived 配置文件中设置 state 选项为 MASTER 状态，但是这并不意味着此节点一直就是 MASTER 角色。控制节点角色的是 Keepalived 配置文件中的 priority 值，但它并不控制所有节点的角色，另一个能改变节点角色的是在 vrrp_script 模块中设置的 weight 值，这两个选项对应的都是一个整数值，其中 weight 值可以是个负整数，一个节点在集群中的角色就是通过这两个值的大小决定的。

在一个一主多备的 Keepalived 集群中，priority 值最大的将成为集群中的 MASTER 节点，而其他都是 BACKUP 节点。在 MASTER 节点发生故障后，BACKUP 节点之间将进行"民主选举"，通过对节点优先级值 priority 和 weight 的计算，选出新的 MASTER 节点接管集群服务。

　　在 vrrp_script 模块中，如果不设置 weight 选项值，那么集群优先级的选择将由 Keepalived 配置文件中的 priority 值决定，而在需要对集群中优先级进行灵活控制时，可以通过在 vrrp_script 模块中设置 weight 值来实现。下面举例说明：

　　假定由 A 和 B 两个节点组成的 Keepalived 集群，在 A 节点 keepalived.conf 文件中，设置 priority 值为 100，而在 B 节点 keepalived.conf 文件中，设置 priority 值为 80，并且 A、B 两个节点都使用了 vrrp_script 模块来监控 MySQL 服务，同时都设置 weight 值为 10，那么将会发生如下情况。

　　在两节点都启动 Keepalived 服务后，正常情况是 A 节点将成为集群中的 MASTER 节点，而 B 自动成为 BACKUP 节点，此时将 A 节点的 MySQL 服务关闭，通过查看日志发现，并没有出现 B 节点接管 A 节点的日志，B 节点仍然处于 BACKUP 状态，而 A 节点依旧处于 MASTER 状态，在这种情况下整个 HA 集群将失去意义。

　　产生这种情况的原因，其实就是 Keepalived 集群中主、备角色选举策略的问题。下面总结在 Keepalived 中使用 vrrp_script 模块时整个集群角色的选举算法，由于 weight 值可以是正数也可以是负数，因此，要分两种情况说明：

1. weight 值为正数时

　　在 vrrp_script 中指定的脚本如果检测成功，那么 MASTER 节点的权值将是 weight 值与 priority 值之和；如果脚本检测失效，那么 MASTER 节点的权值保持为 priority 值，因此这时的切换策略为：

　　（1）MASTER 节点 vrrp_script 脚本检测失败时，如果 MASTER 节点 priority 值小于 BACKUP 节点 weight 值与 priority 值之和，将发生主、备切换。

　　（2）MASTER 节点 vrrp_script 脚本检测成功时，如果 MASTER 节点 weight 值与 priority 值之和大于 BACKUP 节点 weight 值与 priority 值之和，主节点依然为主节点，不发生切换。

2. weight 值为负数时

　　在 vrrp_script 中指定的脚本如果检测成功，那么 MASTER 节点的权值仍为 priority 值，当脚本检测失败时，MASTER 节点的权值将是 priority 值与 weight 值之差，因此这时的切换策略为：

　　（1）MASTER 节点 vrrp_script 脚本检测失败时，如果 MASTER 节点 priority 值与 weight 值之差小于 BACKUP 节点 priority 值，将发生主、备切换。

　　（2）MASTER 节点 vrrp_scrip 脚本检测成功时，如果 MASTER 节点 priority 值大于 BACKUP 节点 priority 值时，主节点依然为主节点，不发生切换。

　　在熟悉了 Keepalived 主、备角色的选举策略后，再来分析一下前面的那个实例。由于 A、B 两个节点设置的 weight 值都为 10，因此符合选举策略的第一种，在 A 节点停止 MySQL 服务后，A 节点的脚本检测将失败，此时 A 节点的权值将保持为 A 节点上设置的 priority 值，即为 100，而 B 节点的权值将变为 weight 值与 priority 值之和，也就是 90（10+80），这样就出现看 A 节点权值仍然大于 B 节点权值的情况，因此不会发生主、备切换。

　　对于 weight 值的设置，有一个简单的标准，即 weight 值的绝对值要大于 MASTER 和 BACKUP 节点 priority 值之差。对于上面 A、B 两个节点的例子，只要设置 weight 值大于 20 即可保证集群正常运行和切换。由此可见，对于 weight 值的设置要非常谨慎，如果设置不好，主节点发生故障时将导致集群角色选举失败，从而导致集群陷于瘫痪状态。

12.5 就业面试技巧与解析

本章主要讲解了 Keepalived 的用途、体系结构、工作原理以及如何进行配置、使用等内容。至此本章的内容就学习完了，下面让我们一起来巩固一下学习成果吧！

12.5.1 面试技巧与解析（一）

面试官：Keepalived 工作原理？

应聘者：

什么是 Keepalived 呢？keepalived 观其名可知，保持存活，在网络里就是保持在线了，也就是所谓的高可用或热备，用来防止单点故障（单点故障是指一旦某一点出现故障就会导致整个系统架构不可用）的发生。Keepalived 通过请求一个 VIP 来达到请求真实 IP 地址的目的，而 VIP 能够在一台机器发生故障时自动漂移到另一台机器上，从而达到高可用 HA 目的。

Keepalived 工作在 TCP/IP 参考模型的三层、四层、五层，也就是分别为网络层、传输层和应用层，根据 TCP、IP 参数模型隔层所能实现的功能，Keepalived 运行机制如下：

（1）在网络层：我们知道运行这 4 个重要的协议，互联网络 IP 协议，互联网络可控制报文协议 ICMP、地址转换协议 ARP、反向地址转换协议 RARP，Keepalived 在网络层采用的最常见的工作方式是通过 ICMP 协议向服务器集群中的每一个节点发送一个 ICMP 数据包（有点类似与 PING 的功能），如果某个节点没有返回响应数据包，那么它将认为该节点发生了故障，Keepalived 将报告这个节点失效，并从服务器集群中剔除故障节点。

（2）在传输层：提供了两个主要的协议：传输控制协议 TCP 和用户数据协议 UDP，传输控制协议 TCP 可以提供可靠的数据输出服务、IP 地址和端口，代表 TCP 的一个连接端。要获得 TCP 服务，需要在发送机的一个端口和接收机的一个端口上建立连接，而 Keepalived 在传输层里利用了 TCP 协议的端口连接和扫描技术来判断集群节点的端口是否正常，比如对于常见的 Web 服务器 80 端口。或者 ssh 服务 22 端口，Keepalived 一旦在传输层探测到这些端口号没有数据响应和数据返回，就认为这些端口发生异常，然后强制将这些端口所对应的节点从服务器集群中剔除掉。

（3）在应用层：可以运行 FTP、TELNET、SMTP、DNS 等各种不同类型的高层协议，Keepalived 的运行方式也更加全面化和复杂化，用户可以通过自定义 Keepalived 工作方式，例如：可以通过编写程序或者脚本来运行 Keepalived，而 Keepalived 将根据用户的设定参数检测各种程序或者服务是否允许正常，如果 Keepalived 的检测结果和用户设定的不一致时，Keepalived 将把对应的服务器从服务器集群中剔除。

面试官：解释下什么是 VRRP 协议？

应聘者：

VRRP 协议即虚拟路由冗余协议，可以认为是实现路由器高可用的协议，即将 N 台提供相同功能的路由器组成一个路由器组，这个组里面有一个 MASTER 和多个 BACKUP，MASTER 上面有一个对外提供服务的 vip（该路由器所在局域网内其他机器的默认路由为该 vip），MASTER 会发组播，当 BACKUP 收不到 VRRP 包时就认为 MASTER 宕掉了，这时就需要根据 VRRP 的优先级来选举一个 BACKUP 当 MASTER。这样的话就可以保证路由器的高可用了。

12.5.2 面试技巧与解析（二）

面试官：Keepalived 和 Heartbeat 之间的对比。

应聘者：

（1）Keepalived 使用更简单：从安装、配置、使用、维护等角度上对比，Keepalived 都比 Heartbeat 要简单得多，尤其是 Heartbeat2.1.4 后拆分成 3 个子项目，其安装、配置、使用都比较复杂，尤其是出问题的时候，都不知道具体是哪个子系统出问题了；而 Keepalived 只有 1 个安装文件、1 个配置文件，配置文件也简单很多。

（2）Heartbeat 功能更强大：Heartbeat 虽然复杂，但功能更强大，配套工具更全，适合做大型集群管理，而 Keepalived 主要用于集群倒换，基本没有管理功能。

（3）协议不同：Keepalived 使用 VRRP 协议进行通信和选举，Heartbeat 使用心跳进行通信和选举；Heartbeat 除了走网络外，还可以通过串口通信，貌似更可靠；Keepalived 使用的 VRRP 协议方式，虚拟路由冗余协议；Heartbeat 是基于主机或网络的服务的高可用方式；Keepalived 的目的是模拟路由器的双机；Heartbeat 的目的是用户 service 的双机。

（4）使用方式基本类似：如果要基于两者设计高可用方案，最终都要根据业务需要写自定义的脚本，Keepalived 的脚本没有任何约束，随便怎么写都可以；Heartbeat 的脚本有约束，即要支持 service start/stop/restart 这种方式，而且 Heartbeart 提供了很多默认脚本，简单的绑定 IP，启动 Apache 等操作都已经有了。

面试官： LVS 的 3 种工作模式。

应聘者：

LVS 的 3 种工作模式分别为 DR、NAT 和 TUN。

1. DR 直接路由模式

（1）客户端将请求发往前端的负载均衡器，请求报文源地址是 CIP，目标地址为 VIP。

（2）负载均衡器收到报文后，发现请求的是在规则里面存在的地址，那么它将客户端请求报文的源 MAC 地址改为自己 DIP 的 MAC 地址，目标 MAC 改为了 RIP 的 MAC 地址，并将此包发送给 RS。

（3）RS 发现请求报文中的目的 MAC 是自己，就会将次报文接收下来，处理完请求报文后，将响应报文通过 lo 接口送给 eth0 网卡直接发送给客户端。

负载均衡器和 RealServer 都使用同一个 IP 对外服务，但只有 DR 对于外（ARP）请求进行响应，网关会把对这个 IP 的请求全部定向给 DR，然后 DR 根据调度算法找出对应的 RealServer，把目的 MAC 地址改为 RealServer 的 MAC，并将请求发给它，当 RealServer 处理完请求后，由于 IP 一致，可以直接将数据返回给客户。

由于负载均衡器要对二层包头进行改换，所以负载均衡器和真实服务器必须在一个广播域，简单理解就是在一台交换机上。

优点：与 VS-TUN 相比，VS-DR 这种实现方式不需要隧道结构，因此可以使用大多数操作系统作为物理服务器。

缺点：负载均衡器的网卡必须与物理网卡在一个物理段上。

2. NAT

（1）客户端将请求发往前端的负载均衡器，请求报文源地址是 CIP（客户端 IP，后面统称为 CIP），目标地址为 VIP（负载均衡器前端地址，后面统称为 VIP）。

（2）负载均衡器收到报文后，发现请求的是在规则里面存在的地址，那么它将客户端请求报文的目标地址改为了后端服务器的 RIP 地址，并将报文根据算法发送出去。

（3）报文送到 RealServer 后，由于报文的目标地址是自己，所以会响应该请求，并将响应报文返还给 LVS。

（4）然后 LVS 将此报文的源地址修改为本机并发送给客户端。就是把客户端发来的数据包的 IP 头部在负载均衡器上换成 RS 的 IP 地址，RS 处理完成后把数据在给负载均衡器，把数据包的 IP 头部改回来，在此无论是进来的流量还是出去的流量，都必须经过负载均衡器。

优点：集群中的物理服务器可以使用任何支持 TCP/IP 操作系统，只是负载均衡器需要一个合法的 IP 地址。

缺点：扩展性有限。负载均衡器会成为整个系统的瓶颈，大量的数据会导致变慢。

3. IP 隧道模式（VS－TUN）

（1）客户端将请求发往前端的负载均衡器，请求报文源地址是 CIP，目标地址为 VIP。

（2）负载均衡器收到报文后，发现请求的是在规则里面存在的地址，那么它将在客户端请求报文的首部再封装一层 IP 报文，将源地址改为 DIP，目标地址改为 RIP，并将此包发送给 RS。

（3）RS 收到请求报文后，会首先拆开第一层封装，然后发现里面还有一层 IP 首部的目标地址是自己 lo 接口上的 VIP，所以会处理次请求报文，并将响应报文通过 lo 接口送给 eth0 网卡直接发送给客户端。

Internet 服务请求包都很小，而应答包通常都很大，隧道模式能将客户端发来的数据包封装一个新的 IP 头部标记发给 RS，RS 解开包头，还原数据，处理后直接返回给客户端，不需要再经过负载均衡器。

由于 RS 需要对数据包还原，必须支持 IPTUNNEL 协议，所以在 RS 内核中，必须编译支持 IPTUNNEL 这个选项。

优点：减少了负载均衡器的大量数据流动，负载均衡不再是系统的瓶颈，在公网上就能进行不同地域的分发。

缺点：RS 节点需要合法 IP，这种方式需要所有的服务器支持 "IpTunneLing"（网络隧道）（IPEncapsulation）协议，服务器可能只局限在部分 Linux 系统上。

第4篇

项目实践

本篇属于本书的最后一篇，也是项目实践篇。在本篇中，主要教会读者在 Linux 系统中如何安装以及部署服务器和数据库，并在安装的过程中需要注意哪些问题。同时本篇也融会贯通前面所学的基础知识、核心技术以及高级应用，使读者能够自主排查 Linux 系统中出现的故障，以提高自己的动手能力。通过本篇的学习，读者将会把书本知识运用到实际操作中去，对 Linux 操作系统在实际项目运用中有深切的体会，为日后进行操作系统的维护工作打下基础。

- 第 13 章　服务器的部署
- 第 14 章　数据库的部署
- 第 15 章　Linux 故障排查

第13章

服务器的部署

 学习指引

对于开发人员来说，所有的操作都离不开服务器，其中最常用的操作就是部署应用到的服务器。另外，还可以在之后的生产、测试环境中通过查看日志来排查系统中出现的问题。在进行这些操作之前，系统内必须要有服务器的存在。通常服务器存在于 Linux 操作系统中，并且都是无图形界面的，所以进行任何操作都必须通过命令行来实现。

重点导读

- DHCP 服务器的安装和搭建。
- DNS 服务器的安装、搭建和部署。
- Apache 网站服务器简介。
- Apache 的安装、配置及应用分析。
- Nginx 的安装和配置。

13.1 DHCP 服务器

DHCP（Dynamic Host Configuration Protocol），即动态主机配置协议。使用 DHCP 协议可以为客户端主机自动分配 TCP/IP 参数信息，如 IP 地址、子网掩码、网关、DNS 等。首先，服务器可以选择固定分配特定的参数信息给指定的一台主机，也可以设置多台主机分享这些参数信息；然后客户端再通过竞争获得这些参数信息，即当多个客户端发送请求给服务器时，服务器将遵循先到先得的机制进行资源分配。

在使用 TCP/IP 协议的网络中，每一台计算机都必须至少有一个 IP 地址，才能与其他计算机进行通信。DHCP 的出现就是为了方便统一规划和管理网络中的 IP 地址。

在 DHCP 服务器的工作原理中，包含了三种 IP 分配方式，分别为自动分配、手动分配和动态分配。

（1）自动分配：当 DHCP 客户端首次成功地从 DHCP 服务器获取一个 IP 地址后，以后就永久的使用这个 IP 地址。

（2）手动分配：由 DHCP 服务器管理员专门指定的 IP 地址。

（3）动态分配：当客户端第一次从 DHCP 服务器获取到 IP 地址后，并不是永久使用该地址，而是每次使用完后，DHCP 客户端就需要释放这个 IP，供其他客户端使用。

注意：默认情况下，DHCP 作为 Linux 的一个服务组件并不会被系统自动安装，需要手动添加。

13.1.1　安装软件

DHCP 软件提供了 DHCP 协议的全部实现功能，主配置文件为/etc/dhcp/dhcpd.conf，默认该文件为空，但 CentOS 7 系统中的 RPM 软件包提供了一个配置文件模板，可以使用/usr/share/doc/dhcp-4.2.5/dhcpd.conf.example 作为 DHCP 主配置文件的参考模板。

DHCP 软件的安装过程如下：

（1）打开终端页面，输入 su 命令切换到 root 用户，命令如下：

```
[abcd@bogon ~]$ su root
```

（2）输入 yum 命令进行 dhcp 的安装，命令如下：

```
[abcd@bogon abcd]# yum install dhcp
```

执行结果如图 13-1 所示。

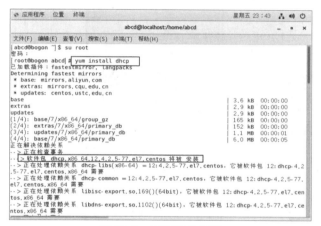

图 13-1　正在准备安装

（3）输入安装命令之后，等待系统自动安装，安装过程需要耐心等待几分钟。当看到出现如图 13-2 中的内容时，表示 DHCP 安装完成。

图 13-2　安装完成

（4）安装完成之后，需要检测是否安装成功，命令如下：

```
[root@bogon abcd]# rpm -q dhcp
```

执行结果如图 13-3 所示，表示安装成功。

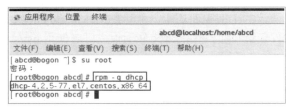

图 13-3　检测是否安装成功

13.1.2　配置文件

DHCP 安装完成之后需要对其文件进行配置才能正常使用。

输入命令如下：

```
[abcd@bogon abcd]# vim /etc/dhcpd.conf
```

执行结果如图 13-4 所示。

图 13-4　查看文件/etc/dhcpd.conf

图 13-4 的结果表示该文件是个空文件，即默认的配置文件没有参数模块，因此需要使用/usr/share/doc/dhcp-4.2.5-77/dhcpd.conf.example 作为 DHCP 主配置文件的参考模板，命令如下：

```
[abcd@bogon abcd]# mv /usr/share/doc/dhcp.4.2.5/dhcpd.conf.example /etc/dhcp/dhcpd.conf
```

选择覆盖最初的/etc/dhcp/dhcpd.conf 文件，如图 13-5 所示。

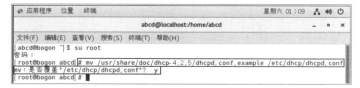

图 13-5　覆盖/etc/dhcp/dhcpd.conf 文件

标准的 DHCP 配置文件包括全局配置参数、子网网段声明、地址配置选项以及地址配置参数。使用 cat 命令可以查看/etc/dhcp/dhcpd.conf 模板文件中的参数，该文件的全局配置参数如图 13-6 所示。

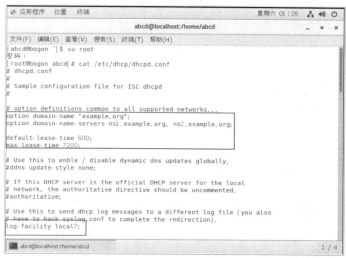

图 13-6 全局配置参数

子网网段声明、地址配置选项以及地址配置参数如图 13-7 所示。

图 13-7 子网网段声明、地址配置选项以及地址配置参数

使用 host 命令定义具体主机的 MAC 专用地址，全局配置参数用于定义整个配置文件的全局参数，而子网网段声明用于配置整个子网网段的地址属性。

/etc/dhcp/dhcpd.conf 模板文件中的具体参数及作用如表 13-1 所示。

表 13-1 /etc/dhcp/dhcpd.conf 模板文件中的具体参数及作用

参　　　数	作　　　用
option domain-name "example.org"	定义全局参数：默认搜索域
option domain-name-servers ns1.example.org,ns2.example.org	定义全局参数：域名服务器，多个 DNS 服务器使用逗号隔开

续表

参　数	作　用
default-lease-time 600	定义全局参数：默认租期，单位为秒
max-lease-time 7200	定义全局参数：最大租期，单位为秒
ddns-update-style 类型	定义 DNS 服务动态更新的类型，类型包括：none（不支持动态更新），interim（互动更新模式）与 ad-hoc（特殊更新模式）
allow/ignore client-updates	允许或忽略客户机更新 DNS 记录
range	定义用于分配的 IP 地址池
option subnet-mask	定义客户机的子网掩码
option routers	定义客户机的网关地址
broadcase-address 广播地址	定义客户机的广播地址
ntp-server IP 地址	定义客户机的网络时间服务器（NTP）
nis-servers IP 地址	定义客户机的 NIS 域服务器的地址
hardware 硬件类型 MAC 地址	指定网卡接口的类型与 MAC 地址
server-name 主机名	通知 DHCP 客户机服务器的主机名
fixed-address IP 地址	将某个固定 IP 地址分配给指定主机
time-offset 偏移差	指定客户机与格林尼治时间的偏移差

13.1.3　DHCP 的应用

默认状态下，DHCPD 服务会将日志保存在/var/log/messages 文件中，如果遇到服务器故障问题，可以检查该文件。网络参数租期文件为/var/lib/dhcpd/dhcpd.leases，可以通过检查该文件查看服务器已经分配的资源及相关租期信息。

（1）修改 DHCP 配置文件。在终端页面打开/etc/dhcp/dhcpd.conf 配置文件进行编辑，命令如下：

```
[abcd@bogon abcd]# vim /etc/dhcp/dhcpd.conf
```

切换到插入模式，可以对红框标出的内容进行修改，如图 13-8 所示。修改完成之后，按 Esc 键退出插入模式，输入 ":wq" 进行保存即可。

图 13-8　标出内容

最后输入 cat /etc/dhcp/dhcpd.conf 命令，可以查看修改完成之后的配置文件内容。

（2）查看 DHCP 的工作记录。输入命令如下：

```
[abcd@bogon abcd]# cat /var/log/messages
```

部分输出结果如图 13-9 所示。

图 13-9　DHCP 的工作记录

（3）查看服务器已经分配的资源及相关租期信息。输入命令如下：

```
[abcd@bogon abcd]# cat /var/lib/dhcpd/dhcpd.leases
```

（4）重新启动 DHCP 服务。输入命令如下：

```
[abcd@bogon abcd]# systemctl restart dhcpd
[abcd@bogon abcd]# systemctl enable dhcpd
```

13.2　DNS 域名服务器

　　DNS（Domain Name System）域名服务器，它是一种能够把域名（domain name）和与之相对应的 IP 地址（IP address）进行转换的服务器，同时还可以为计算机服务以及接入互联网或局域网的任何资源进行分层的名称解析。DNS 具有多种功能，其中最重要的功能是进行域名与 IP 地址之间的解析。

　　IP 地址标记着互联网中的唯一一台计算机，计算机有了合法的 IP 地址才可以与任何一台主机进行通信。然而仅依靠人类的记忆力很难将所有的 IP 地址全部记录下来，因此使用域名服务器就可以将难以记忆的数字 IP 地址与容易记忆的域名建立映射关系。用户输入域名，计算机就开始搜索指定的 DNS 服务器，找到 DNS 服务器之后会向域名服务器发送请求，以帮助解析该域名对应的 IP 地址，待成功解析之后，将获得该域名对应的真实的 IP 地址，然后使用该 IP 地址与对方进行通信。

　　注意：域名是由一串用点分隔的名字组成的（点代表根域，是所有域名的起点），通常包含组织名，而且必须包括两到三个字母的后缀，以指明组织的类型或该域名所在的国家或地区。

　　域名是分级的，一般分为主机名、三级域名、二级域名、顶级域名。计算机域名中最后的点表示根域，其次是根域下面的顶级域名，接着是二级域名等，如图 13-10 所示为域名树状结构图。

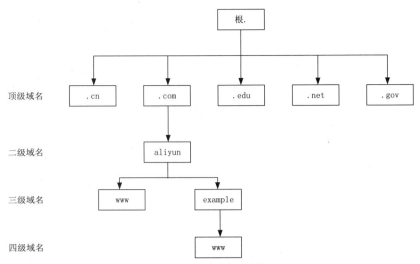

图 13-10　域名树状结构图

13.2.1　DNS 的安装

安装 DNS 需要使用 BIND 软件，BIND 软件提供了最广泛的 DNS 服务。在 Linux 平台下，BIND 软件还提供了 chroot 与 utils 的软件包。bind-chroot 的主要功能是使 BIND 软件可以运行在 chroot 模式下，从而使 BIND 软件运行在相对路径的根路径，而并不是 Linux 系统真正的路径；bind-utils 提供了对 DNS 服务器的测试工具程序，如 nslookup、dig 等。通过 yum 安装 bind-chroot 之后，/var/named/chroot/目录就是根路径。

BIND 软件的安装过程如下：

（1）打开终端页面，输入 su 命令切换到 root 用户，命令如下：

```
[abcd@bogon ~]$ su root
```

（2）输入 yum 命令进行 bind 的安装，命令如下：

```
[abcd@bogon abcd]# yum -y install bind
```

其中-y 表示全自动安装，执行结果如图 13-11 所示。

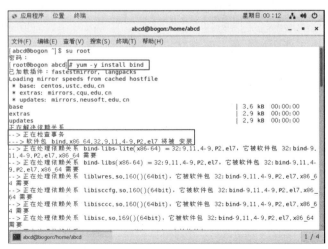

图 13-11　正在准备安装

（3）输入安装命令之后，等待系统自动安装，安装过程需要等待几分钟。当看到出现如图 13-12 中的内容时，表示 bind 安装完成。

图 13-12　bind 安装完成

（4）输入 yum 命令进行 bind-chroot 的安装，命令如下：

```
[abcd@bogon abcd]# yum -y install bind-chroot
```

bind-chroot 安装如图 13-13 所示。

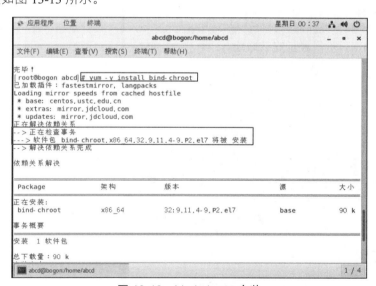

图 13-13　bind-chroot 安装

安装完成之后会有如图 13-14 所示的提示。

（5）输入 yum 命令进行 bind-utils 的安装，命令如下：

```
[abcd@bogon abcd]# yum -y install bind-utils
```

安装完成之后如图 13-15 所示。

图 13-14　bind-chroot 安装完成

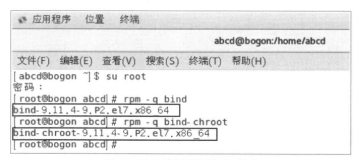

图 13-15　bind-utils 安装完成

（6）安装完成后，需要检测是否安装成功，命令如下：

```
[abcd@bogon abcd]# rpm -q bind
[abcd@bogon abcd]# rpm -q bind-chroot
```

执行结果如图 13-16 所示，表示安装成功。

图 13-16　检测是否安装成功

13.2.2　配置文件

　　安装成功后，会自动增加一个 named 的系统服务。named 服务的配置文件主要有三个，分别为/etc/named.conf、/etc/named.rfc1913.zones、/var/named/目录下的模板文件。

　　主配置文件一般为/etc/named.conf 文件。当安装了 bind-chroot 软件包之后，默认路径指的是虚拟路径，都是相对于虚拟根路径而言的，虚拟根路径默认为/var/named/chroot/目录。因此最终主配置文件在本机的绝对路径应该为/var/named/chroot/etc/named.conf。

1. /etc/named.conf 文件

使用 Vim 工具进入插入模式，修改主配置文件/etc/named.conf 的两个地方为{any；}，修改之后如图 13-17 所示。命令如下：

```
[abcd@bogon abcd]# vim /etc/named.conf
```

图 13-17　修改/etc/named.conf 文件

/etc/named.conf 文件中的 option 语句用来定义全局配置选项，在全局配置中至少需要定义一个工作路径，默认的工作路径为/var/named，具体的常见参数及作用如表 13-2 所示。

表 13-2　常见参数及作用

参　　数	作　　用
directory	设置域名服务的工作目录，默认为/var/named
dump-file	运行 rndc dumpdb 备份缓存资料后，保存的文件路径与名称
statistics-file	运行 rndc stats 后，统计信息的保存路径与名称
lisen-on port	指定监听的 IPv4 网络接口
allow-query	指定哪些主机可以查询服务器的权威解析记录
allow-query-cache	指定哪些主机可以通过服务器查询非权威解析数据，如递归查询数据
blackhole	设置拒绝哪些主机的查询请求
recursion	是否允许递归查询
forwards	指定一个 IP 地址，所有对本服务器的查询都将转发到该 IP 进行解析
mx-cache-size	设置缓存文件的最大容量

2. /etc/named.rfc1913.zones 文件

使用 Vim 工具进入插入模式，修改正向解析和反向解析文件名称，修改之后如图 13-18 所示。命令如下：

```
[abcd@bogon abcd]# vim /etc/named.rfc1913.zones
```

图 13-18　修改/etc/named.rfc1913.zones 文件

/etc/named.rfc1913.zones 文件中的 zone 语句用来定义域及相关选项，zone 语句内常用的选项及作用如表 13-3 所示。

表 13-3　zone 语句内常用的选项及作用

选　项	作　用
type	设置域类型，类型可以是： hint：当本地找不到相关解析后，可以查询根域名服务器。 master：定义权威域名服务器。 slave：定义辅助域名服务器。 forward：定义转发域名服务器
file	定义域数据文件，文件保存在 directory 所定义的目录下
notify	当域数据资料更新后，是否主动通知其他域名服务器
masters	定义主域名服务器 IP 地址，当 type 设置为 slave 后此选项才有效
allow-update	允许哪些主机动态更新域数据信息
allow-transfer	哪些从服务器可以从主服务器下载数据文件

3. 正反向解析文件

在 BIND 软件的主配置文件中，一旦定义了 zone 语句，还必须创建域数据文件。域数据文件默认被存储在/var/named 目录下，文件名称是由 zone 语句中的 file 选项决定。

数据文件分为正向解析文件和反向解析文件。正向解析文件保存了域名到 IP 地址的映射记录，反向解析文件保存了 IP 地址到域名的映射记录。常用的记录类型及描述如表 13-4 所示。

表 13-4　常用的记录类型及描述

记 录 类 型	描　述
SOA 记录	域权威记录，表明本机服务器为该域的管理服务器
NS 记录	域名服务器记录

续表

记 录 类 型	描　　述
A 记录	正向解析记录，域名到 IP 地址的映射
PTR 记录	反向解析记录，IP 地址到域名的映射
CNAME 记录	别名记录，为主机添加别名
MX 记录	邮件记录，指定域名内的邮件服务，但需要指定优先级

首先输入 cd 命令查看/var/named/目录下的文件信息，然后输入 cp –a 命令生成/etc/named.rfc1913.zones 文件中指定的正反向解析文件，执行命令如图 13-19 所示。

```
[root@bogon abcd] # cd /var/named/
[root@bogon named] # ls
chroot  data  dynamic  named.ca  named.empty  named.localhost  named.loopback  slaves
[root@bogon named] # cp - a named.localhost named.zheng
[root@bogon named] # cp - a named.loopback named.fan
[root@bogon named] #
```

图 13-19　生成正反向解析文件

使用 vim 命令修改正反向解析文件，正向解析文件如图 13-20 所示，反向解析文件如图 13-21 所示。

图 13-20　正向解析文件

图 13-21　反向解析文件

TTL 的值为 DNS 记录的缓存时间，这个值是其他域名服务器将数据存放在缓存中的时间；

1D 代表一天；

SOA 记录后面的 ranme.invalid.代表域的权威服务器；

@在数据文件中代表特殊含义，通常用 "."来表示@符号；

NS 记录代表域名服务器记录，如果有多个域名服务器，可以添加多条 NS 记录，但每个 NS 记录在下面都需要有对应的 A 记录；

A 记录为正向解析记录，格式为在域名后面输入相应的 IP 地址。

注意：SOA 记录可以跨行输入，跨越多行时使用括号引用。

13.2.3　部署主域名服务器

1. 修改主配置文件

虚拟根目录/var/named/chroot/etc 没有配置文件，因此需要找到 usr/share/doc/bind-9.11.4sample/etc 目录下的配置文件模板，复制该文件到/var/named/chroot/etc 目录下，然后根据自己的需要进行修改该配置文件。命令如下：

```
[root@bogon abcd]# cd /usr/share/doc/bind-9.11.4/sample/etc/
[root@bogon etc]# cp named.conf /var/named/chroot/etc/
cp: 是否覆盖"/var/named/chroot/etc/named.conf"?  y
```

```
[root@bogon etc]# chown root.named /var/named/chroot/etc/named.conf
[root@bogon etc]# vim /var/named/chroot/etc/named.conf
```

该文件可修改的内容如图 13-22 所示。

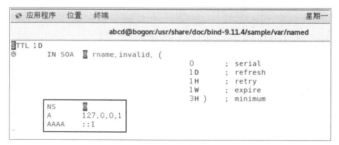

图 13-22　文件可修改内容

2. 创建正向和反向解析文件

主配置文件配置完成后，可以根据模板创建具体的正反向解析文件，先创建一个名为 a.com.zone 的正向解析文件，然后使用同样的方法创建一个反向解析文件。读者可以根据自己的需要对文件中的数据进行修改。

输入命令如下：

```
[root@bogon abcd]# cd /usr/share/doc/bind-9.11.4/sample/var/named/
[root@bogon named]# cp named.ca /var/named/chroot/var/named/
[root@bogon named]# chown root.named /var/named/chroot/var/named/named.ca
[root@bogon named]# cp named.localhost /var/named/chroot/var/named/a.com.zone
[root@bogon named]# chown root.named /var/named/chroot/var/named/a.com.zone
[root@bogon named]# vim /var/named/chroot/var/named/a.com.zone
```

正向解析文件如图 13-23 所示。

图 13-23　正向解析文件

3. 进行服务管理

主服务器部署完成后，需要通过防火墙开启特定的端口。可以通过 Linux 自带的防火墙 firewalld 来开启 DNS 服务器所要使用的 53 端口，其中，TCP 的 53 端口主要用于主从复制，而 UDP 的 53 端口用于数据查询。执行结果如图 13-24 所示。

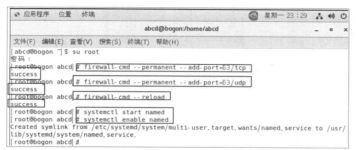

图 13-24　服务管理

13.2.4　部署从域名服务器

部署从域名服务器的作用是防止出现单点故障或实现负载均衡。

从域名服务器需要复制模板配置文件，并修改 named.conf 配置文件与主服务器配置文件。命令如下：

```
[root@bogon abcd]# cd /usr/share/doc/bind-9.11.4/sample/etc/
[root@bogon etc]# cp named.conf /var/named/chroot/etc/
cp: 是否覆盖"/var/named/chroot/etc/named.conf"? y
[root@bogon etc]# chown root.named /var/named/chroot/etc/named.conf
[root@bogon etc]# vim /var/named/chroot/etc/named.conf
```

与主服务器不同的是，从服务器在同步数据文件时需要修改 SELinux 设置，否则不能进行同步操作。命令如下：

```
[root@bogon abcd]# setsebool -P named_write_master_zones=1
[root@bogon abcd]# mkdir -p /var/named/chroot/var/named/slaves
[root@bogon abcd]# chown root.named /var/named/chroot/var/named/slaves/
[root@bogon abcd]# chmod 775 /var/named/chroot/var/named/slaves/
[root@bogon abcd]# systemctl start named
[root@bogon abcd]# systemctl enable named
```

13.3　Apache 网站服务器

Apache 是使用最普遍的 Web 服务器软件。Apache 服务器几乎可以在所有的计算机平台上运行，由于它广泛的跨平台性和安全性，因此 Apache 是最流行的 Web 服务器端软件之一。

13.3.1　Apache 简介

Apache（Apache HTTP Server）网站服务器，可以在大多数计算机操作系统中运行，它采用了模块化设计，从而拥有简单而强有力的基于文件的配置过程。

Apache 的模块分为静态模块和动态模块两种。Apache 最基本的模块是静态模块，静态模块不能够随意的添加或卸载；而动态模块则可以进行添加和删除操作，因此使 Apache 具有很大的灵活性。

Apache 的特点有以下几个方面：

（1）具有开放的源代码。

（2）跨平台应用。Apache 服务器可以运行在绝大多数软硬件平台上，几乎所有 UNIX 操作系统都可以运行，同时也可以在 Windows 系统平台上良好的运行。

（3）支持各种 Web 编程语言。

（4）模块化设计。Apache 不是将所有的功能集中在固定的服务程序内部，而是尽可能地通过标准的模块实现特有的功能，因此 Apache 服务器具有良好的扩展性。

（5）运行稳定。Apache 服务器可以用于构建具有大负载访问量的 Web 站点。

（6）良好的安全性。开源软件共同具有的特性。

13.3.2　安装 Apache 软件

1. 下载软件包

Apache 采用源码安装，因此在安装 Apache HTTP Server 之前需要下载一些依赖软件包，有些可以使用 yum 进行直接安装，但还有些需要在 Apache 官方网站下载源码软件。

（1）Apache HTTP Server。Apache HTTP Server 下载最新的版本是 Apache httpd-2.4.41，下载地址为 http://httpd.apache.org/download. cgi#apache24。

（2）APR and APR-Util 包。APR and APR-Util 的最新版本下载地址为 http://apr.apache.org/download.cgi。

（3）PCRE 包。下载地址为 https://sourceforge.net/projects/pcre/files/pcre/。

2. 安装

下载完成之后把安装包复制到虚拟机的文件夹下。

注意：Linux 中源码的安装一般分为 3 个步骤：配置（configure）、编译（make）、安装（make install）。其中，"configure --prefix=安装目录，--with-name=依赖库源码解压目录"，--prefix 指的是安装目录，--with 指的是安装本文件所依赖的库文件。

在安装 httpd 时，进行指定安装，用到 ./configure –prefix。"."表示当前目录；"/"是目录分隔符；总的来说就是当前目录下。

./configure 是源代码安装的第一步，它的作用是检测系统配置，生成 makefile 文件，从而可以使用 make 和 make install 来编译和安装程序。因此可以先输入命令 ls，查看是否有 configure 或者 makefile 文件。

（1）安装包 gcc 或 gcc-c++。先查看是否已经有安装包 gcc 或 gcc-c++，如图 13-25 所示。

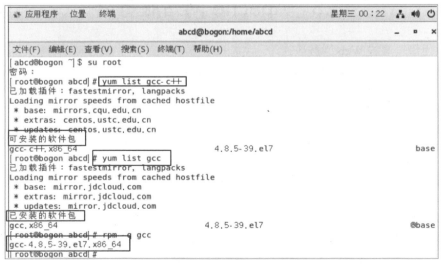

图 13-25　查询结果

从查询结果中可以看出 gcc 包已经安装，还需要安装 gcc-c++包，安装命令如下：

```
[root@bogon abcd]# yum install gcc-c++
```

（2）安装包 apr 和 apr-util。查看安装包 apr 和 apr-util，然后进行解压。命令如下：

```
[root@bogon abcd]# ls apr*
apr-1.7.0.tar.gz  apr-util-1.6.1.tar.gz
[root@bogon abcd]# tar -zxvf apr-1.7.0.tar.gz
[root@bogon abcd]# cd apr-1.7.0
[root@bogon apr-1.7.0]# ls
```

输入命令 ls，查看是否有 configure 或者 makefile 文件，执行结果如图 13-26 所示。

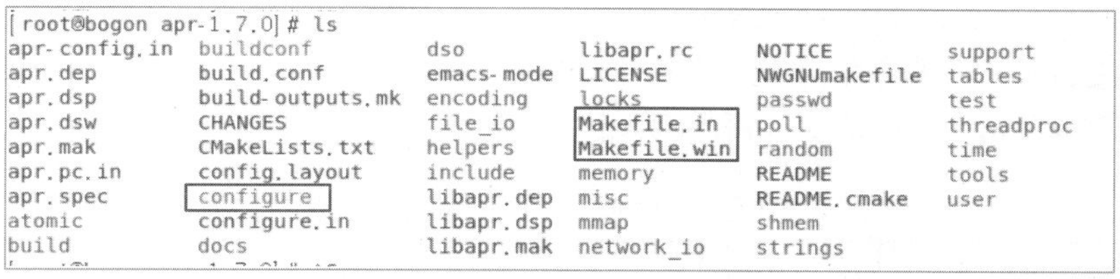

```
[root@bogon apr-1.7.0]# ls
apr-config.in   buildconf           dso          libapr.rc      NOTICE            support
apr.dep         build.conf          emacs-mode   LICENSE        NWGNUmakefile     tables
apr.dsp         build-outputs.mk    encoding     locks          passwd            test
apr.dsw         CHANGES             file_io      Makefile.in    poll              threadproc
apr.mak         CMakeLists.txt      helpers      Makefile.win   random            time
apr.pc.in       config.layout       include      memory         README            tools
apr.spec        configure           libapr.dep   misc           README.cmake      user
atomic          configure.in        libapr.dsp   mmap           shmem
build           docs                libapr.mak   network_io     strings
```

图 13-26 查看 apr-1.7.0 文件信息

然后新建安装目录/usr/local/apr，同时检测系统配置，最后再进行安装操作。命令如下：

```
[root@bogon apr-1.7.0]# mkdir /usr/local/apr
[root@bogon apr-1.7.0]# ./configure --prefix=/usr/local/apr
[root@bogon apr-1.7.0]# make
[root@bogon apr-1.7.0]# make install
```

安装完成后，需要进行验证。验证的部分结果如图 13-27 所示。

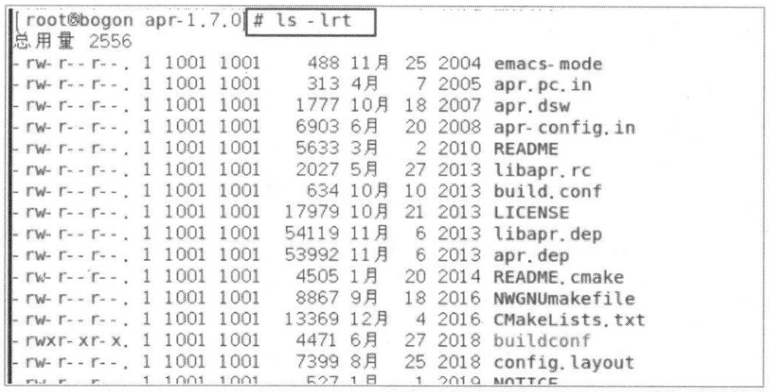

```
[root@bogon apr-1.7.0]# ls -lrt
总用量 2556
-rw-r--r--. 1 1001 1001    488 11月 25 2004 emacs-mode
-rw-r--r--. 1 1001 1001    313 4月   7 2005 apr.pc.in
-rw-r--r--. 1 1001 1001   1777 10月 18 2007 apr.dsw
-rw-r--r--. 1 1001 1001   6903 6月  20 2008 apr-config.in
-rw-r--r--. 1 1001 1001   5633 3月   2 2010 README
-rw-r--r--. 1 1001 1001   2027 5月  27 2013 libapr.rc
-rw-r--r--. 1 1001 1001    634 10月 10 2013 build.conf
-rw-r--r--. 1 1001 1001  17979 10月 21 2013 LICENSE
-rw-r--r--. 1 1001 1001  54119 11月  6 2013 libapr.dep
-rw-r--r--. 1 1001 1001  53992 11月  6 2013 apr.dep
-rw-r--r--. 1 1001 1001   4505 1月  20 2014 README.cmake
-rw-r--r--. 1 1001 1001   8867 9月  18 2016 NWGNUmakefile
-rw-r--r--. 1 1001 1001  13369 12月  4 2016 CMakeLists.txt
-rwxr-xr-x. 1 1001 1001   4471 6月  27 2018 buildconf
-rw-r--r--. 1 1001 1001   7399 8月  25 2018 config.layout
```

图 13-27 验证结果

对 apr-util-1.6.1 软件包的解压、配置及安装操作，命令如下：

```
[root@bogon abcd]# tar -zxvf apr-util-1.6.1.tar.gz
[root@bogon abcd]# cd apr-util-1.6.1
[root@bogon apr-util-1.6.1]# mkdir /usr/local/apr-util
[root@bogon apr-util-1.6.1]#  ./configure --prefix=/usr/local/apr-util --with-apr=/usr/local/
apr/bin/apr-1-config
[root@bogon apr-util-1.6.1]# make
[root@bogon apr-util-1.6.1]# make install
```

（3）安装包 PCRE。需要对 pcre2-10.33.zip 软件包进行解压、配置及安装操作，命令如下：

```
[root@bogon abcd]# unzip pcre2-10.33.zip
[root@bogon abcd]# cd pcre2-10.33
[root@bogon pcre2-10.33]# mkdir /usr/local/pcre2
```

```
[root@bogon pcre2-10.33]#  ./configure --prefix=/usr/local/pcre2 --with-apr=/usr/local/apr/
bin/apr-1-config
[root@bogon pcre2-10.33]# make
[root@bogon pcre2-10.33]# make install
```

（4）安装 Apache。需要对 httpd-2.4.41.tar.gz 软件包进行解压、配置，最后再进行安装操作，命令如下：

```
[root@bogon abcd]# tar -zxvf httpd-2.4.41.tar.gz
[root@bogon abcd]# cd httpd-2.4.41
[root@bogon httpd-2.4.41]#  ./configure  --prefix=/usr/local/apache  --with-pcre2=/usr/local/
pcre2 --with-apr=/usr/local/apr --with-apr-util=/usr/local/apr-util
[root@bogon httpd-2.4.41]# make
[root@bogon httpd-2.4.41]# make install
```

configure 脚本主要用来检查系统环境、查找依赖文件、设置安装路径等，常用选项及描述如表 13-5 所示，另外还可以通过./configure -help 查看该脚本支持的所有选项。

表 13-5　configure 常用选项及描述

选　项	描　述
--prefix	指定 Apache httpd 程序的安装主目录
--enable-so	开启模块化功能，支持动态共享对象（DSO）
--enable-ssl	支持 SSL 地址加密
--enable-rewrite	支持地址重写
--with-mpm	设置 Apache httpd 工作模式
--with-suexec-bin	支持 SUID、AGID
--with-apr	指定 apr 程序的绝对路径

（5）启动 Apache 服务。输入命令如下：

```
[root@bogon httpd-2.4.41]# /usr/local/apache/bin/apachectl start
```

安装完成后，Apache 会提供 apachectl 的启动脚本，apachectl 脚本在/usr/local/apache/bin 目录下，该脚本用来进行 Apache httpd 的启动、关闭以及测试功能，apachectl 脚本的参数及描述如表 13-6 所示。

表 13-6　apachectl 脚本的参数及描述

参　数	描　述
start	启动 httpd 程序，如果已经启动过该程序，则会报错
stop	关闭 httpd 程序
restart	重启 httpd 程序
graceful	启动 httpd，不中断现有的 http 连接请求
graceful-stop	关闭 httpd，不中断现有的 http 连接请求
status	查看 httpd 程序当前状态
configtest	查看 httpd 主配置文件语法

没有修改配置文件的情况下，使用 start 启动 httpd 程序，可能会出现错误提示："Could not reliably determine the server's fully qualified domain name"，这说明 httpd 无法确定服务器域名称，这时可以通过修改主配置文件的 ServerName 项来解决。该提示也可以忽略，通过 netstat 命令查看 httpd 是否已经启动成功。

在客户端使用浏览器访问该 Web 服务器，当看到"It works!"时，说明服务器可以正常访问了。

13.3.3　配置文件

Apache 配置文件默认存在/usr/local/apache/conf 目录下，其中最主要的配置文件是 httpd.conf 文件。Apache httpd.conf 配置文件的主要内容及作用如表 13-7 所示。

表 13-7　httpd.conf 配置文件的主要内容及作用

主 要 内 容	作　　用
ServerRoot	主要用于指定 Apache 的安装路径，此参数值在安装 Apache 时系统会自动把 Apache 的路径写入。如果是源代码安装，则默认路径为/usr/local/apache
Listen	设置服务器监听的 IP 以及端口，默认监听服务器本机所有的 IP 地址的 80 端口。Listen[IP 地址:]端口 [协议]，IP 地址与协议为可选项，默认监听所有的 IP，使用 TCP 协议。一个配置文件中可以多次使用 Listen 指令开启多个端口
LoadModule	加载模块。语法格式：LoadModule 模块 模块文件名称
LoadFile	类似于 LoadModule，LoadFile 可以通过绝对路径加载 modules 目录下的模块文件
ServerAdmin	当网站出现故障时，ServerAdmin 为客户提供一个可以帮助解决问题的邮件地址
ServerName	设置服务器本机的主机名称及端口
DocumentRoot	设置客户端访问网站的根路径，默认为/usr/local/apache/htdocs
ErrorLog	定位服务器错误日志的位置，默认使用相对路径
ErrorLogFormat	设置错误日志的格式
CustomLog	设置客户端的访问日志文件名及日志格式。语法格式：CustomLog 文件名 格式
LogFormat	描述用户日志文件格式。先为 LogFormat 指令设置的日志格式创建别名，再通过 CustomLog 调用该日志格式的别名
Include	允许 Apache 在主配置文件中加载其他的配置文件
Options	为特定目录设置选项 None：不启用任何额外功能； All：开启除 MultiViews 之外的所有选项； ExecCGI：允许执行 Options 指定目录下的所有 CGI 脚本； FollowSymlinks：允许 Options 指定目录下的文件连接到目录外的文件或目录
Order	控制默认访问状态以及 Allow 与 Deny 的次序 使用 Order deny，allow，先检查拒绝，再检查允许，当拒绝与允许有冲突时，允许优先，默认规则为允许； 使用 Order allow，deny，先检查允许，再检查拒绝，当允许与拒绝有冲突时，拒绝优先。默认规则为拒绝
IfDefine 容器	IfDefine 容器封装的指令仅在启动 Apache 时，测试条件为真才会被处理，测试条件需要在启动 Apache 时通过 httpd-D 定义

续表

主 要 内 容	作　　用
IfModule 容器	封装仅在满足条件时才会处理的指令，根据指定的模块是否加载，决定条件是否满足
Directory 容器	该容器内的指令仅应用于特定的文件系统目录、子目录以及目录下的内容。路径可以使用~匹配正则表达式
Files 容器	类似于 Directory 容器，但 Files 容器内的指令仅应用于特定的文件，也可以使用~匹配正则表达式
FilesMatch 容器	仅使用需要匹配正则表达式的文件，容器内的指令仅应用于匹配成功的特定文件
Location 容器	Location 容器内定义的指令仅对特定的 URL 有效，如果需要使用正则表达式匹配 URL，可以使用~符号

13.3.4　常见问题总结

（1）在对 pcre2-10.33.zip 软件包进行解压、检测配置时可能会出错，错误内容如下：

```
[root@bogon abcd]# unzip pcre2-10.33.zip
[root@bogon abcd]# cd pcre2-10.33
[root@bogon pcre2-10.33]# mkdir /usr/local/pcre2
[root@bogon pcre2-10.33]#  ./configure --prefix=/usr/local/pcre2 --with-apr=/usr/local/apr/
bin/apr-1-config
Configure:error:you need a C++ compiler for C++ support.
```

出现这个错误是因为缺少安装包 gcc-c++导致的，输入如下命令进行安装即可。

```
[root@bogon abcd]# yum install gcc-c++
```

（2）在对 httpd-2.4.41 进行配置时报错：

```
[root@bogon httpd-2.4.41]#  ./configure --prefix=/usr/local/apache --with-pcre2=/usr/local/
pcre2
    --with-apr=/usr/local/apr --with-apr-util=/usr/local/apr-util
configure:
checking for APR-util... configure: error: the --with-apr-util parameter is incorrect. It must
specify an install prefix, a build directory, or an apu-config file.
```

上述问题主要是由于 apr-util 没有安装成功导致的，可以通过验证该目录是否为空来判断，因为有时候执行了 make 命令，但却忘记执行 make isntall 命令，所以导致发生这个错误。建议重新安装 apr-util。

（3）安装 apr-util 时出错，错误内容如图 13-28 所示。

图 13-28　错误内容

该问题主要是因为缺少 expat.h 文件，需要使用命令安装 expat 库，命令如下：

```
[root@bogon abcd]# yum install expat-devel
```

（4）启动 Apache HTTP Server 时报错：

```
[root@bogon httpd-2.4.41]# /usr/local/apache/bin/apachectl start
AH00558: httpd: Could not reliably determine the server's fully qualified domain name, using
bogon.gfg1.esquel.com. Set the 'ServerName' directive globally to suppress this message
```

出现该问题时,需要编辑 httpd.conf 配置文件,添加 SeraverName 的具体 IP 地址。命令如下:

```
[root@ bogon conf]# cd /usr/local/apache/conf/
[root@ bogon conf]# ls
extra httpd.conf magic mime.types original
[root@ bogon conf]# vi httpd.conf
ServerName 192.168.9.132:80          //读者需根据自己的 IP 地址进行添加
[root@ bogon conf]# /usr/local/apache/bin/apachectl restart
```

13.4 Nginx 网站服务器

Nginx 和 Apache 类似,也是一个 Web 服务器。Nginx 汇集了 Apache 的优点,并在 Apache 的基础上实现进一步的研发。

13.4.1 Nginx 简介

Nginx 是一款开放源代码的高性能 HTTP 服务器和反向代理 Web 服务器,同时也是一个邮件代理服务,最早开发这个产品的目的之一是作为邮件代理服务器。Nginx 采用最新的网络 I/O 模型,支持高达 50000 个并发连接。因此在出现连接高并发的情况时,Nginx 可以代替 Apache 服务。

Nginx 不仅可以在内部直接支持 Rails 和 PHP 程序对外进行服务,而且可以支持作为 HTTP 服务器对外进行服务。Nginx 采用 C 进行编写,从而使系统资源的利用和 CPU 的使用效率都有很大的提高。

另外,Nginx 的安装非常的简单,配置文件非常简洁,运行 Bug 较少。Nginx 启动迅速,并且几乎可以 24h 不间断运行,即使运行数个月也不需要重新启动,同时还能够在不间断服务的情况下进行软件版本的升级。

13.4.2 安装 Nginx 软件

1. 安装 PCRE

与 Apache HTTP Server 一样,这里使用源代码编译安装该软件。但是在编译安装之前,需要使用 yum 提前将所需的软件依赖包安装完成。首先需要安装 pcre-devel 和 Zlib 软件包。nginx 的 http 模块使用 pcre 来解析正则表达式,所以需要在 Linux 上安装 pcre 库,pcre-devel 是使用 pcre 开发的一个二次开发库。pcre 库的安装命令如下:

```
[root@ bogon conf]# yum install -y pcre pcre-devel
```

安装完成如图 13-29 所示。

图 13-29　pcre 安装完成

由于 zlib 提供了很多种压缩和解压缩的方式，nginx 使用 zlib 对 http 包的内容进行解压。zlib 库的安装命令如下：

```
[root@ bogon abcd]# yum install -y zlib zlib-devel
```

安装完成页面如图 13-30 所示。

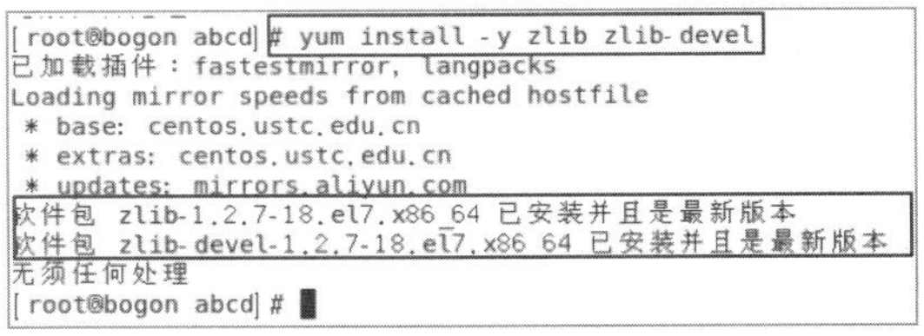

```
[root@bogon abcd]# yum install -y zlib zlib-devel
已加载插件：fastestmirror, langpacks
Loading mirror speeds from cached hostfile
 * base: centos.ustc.edu.cn
 * extras: centos.ustc.edu.cn
 * updates: mirrors.aliyun.com
软件包 zlib-1.2.7-18.el7.x86_64 已安装并且是最新版本
软件包 zlib-devel-1.2.7-18.el7.x86_64 已安装并且是最新版本
无须任何处理
[root@bogon abcd]#
```

图 13-30　zlib 安装完成

2. 安装 nginx

（1）安装 nginx，可以使用 wget 命令直接下载 nginx-1.14.0.tar.gz，命令如下：

```
[root@ bogon abcd]# wget -c https://nginx.org/download/nginx-1.14.0.tar.gz
```

下载完成页面如图 13-31 所示。

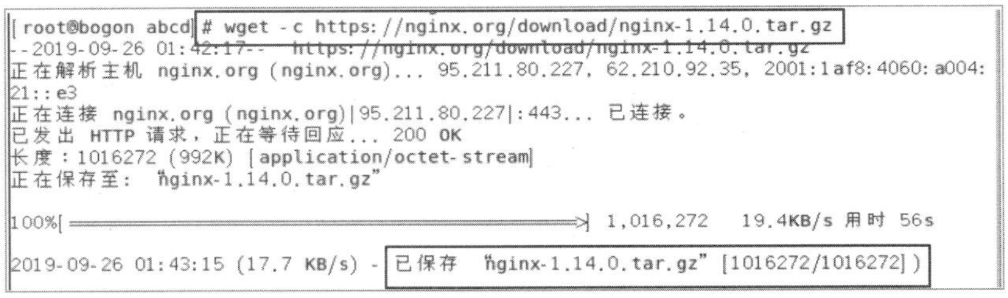

```
[root@bogon abcd]# wget -c https://nginx.org/download/nginx-1.14.0.tar.gz
--2019-09-26 01:42:17-- https://nginx.org/download/nginx-1.14.0.tar.gz
正在解析主机 nginx.org (nginx.org)... 95.211.80.227, 62.210.92.35, 2001:1af8:4060:a004:
21::e3
正在连接 nginx.org (nginx.org)|95.211.80.227|:443... 已连接。
已发出 HTTP 请求，正在等待回应... 200 OK
长度：1016272 (992K) [application/octet-stream]
正在保存至："nginx-1.14.0.tar.gz"

100%[=====================================>] 1,016,272   19.4KB/s 用时 56s

2019-09-26 01:43:15 (17.7 KB/s) - 已保存 "nginx-1.14.0.tar.gz" [1016272/1016272])
```

图 13-31　nginx-1.14.0.tar.gz 下载完成

（2）对 nginx-1.14.0.tar.gz 进行解压并切换到 nginx 目录，命令如下：

```
[root@ bogon conf]# tar -zxvf nginx-1.14.0.tar.gz
[root@bogon abcd]# cd nginx-1.14.0
```

解压过程如图 13-32 所示。

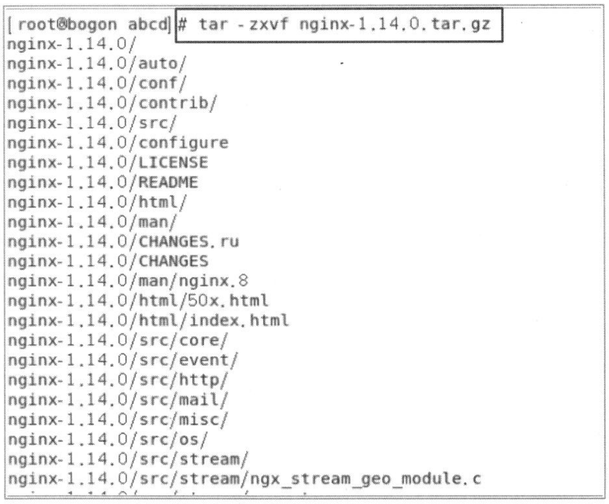

```
[root@bogon abcd]# tar -zxvf nginx-1.14.0.tar.gz
nginx-1.14.0/
nginx-1.14.0/auto/
nginx-1.14.0/conf/
nginx-1.14.0/contrib/
nginx-1.14.0/src/
nginx-1.14.0/configure
nginx-1.14.0/LICENSE
nginx-1.14.0/README
nginx-1.14.0/html/
nginx-1.14.0/man/
nginx-1.14.0/CHANGES.ru
nginx-1.14.0/CHANGES
nginx-1.14.0/man/nginx.8
nginx-1.14.0/html/50x.html
nginx-1.14.0/html/index.html
nginx-1.14.0/src/core/
nginx-1.14.0/src/event/
nginx-1.14.0/src/http/
nginx-1.14.0/src/mail/
nginx-1.14.0/src/misc/
nginx-1.14.0/src/os/
nginx-1.14.0/src/stream/
nginx-1.14.0/src/stream/ngx_stream_geo_module.c
```

图 13-32　nginx-1.14.0.tar.gz 的解压过程

（3）使用 nginx 的默认配置，命令如下：

```
[root@bogon nginx-1.14.0]# ./configure
```

配置的部分结果如图 13-33 所示。

（4）进行编译安装。命令如下：

```
[root@bogon nginx-1.14.0]# make
[root@bogon nginx-1.14.0]# make install
```

（5）查找安装路径，命令如下：

```
[root@bogon nginx-1.14.0]# whereis nginx
```

执行 whereis 命令之后，可以看到安装路径为/usr/local/nginx，如图 13-34 所示。

```
[root@bogon abcd]# cd nginx-1.14.0
[root@bogon nginx-1.14.0]# ./configure
checking for OS
 + Linux 3.10.0-957.el7.x86_64 x86_64
checking for C compiler ... found
 + using GNU C compiler
 + gcc version: 4.8.5 20150623 (Red Hat 4.8.5-39) (GCC)
checking for gcc -pipe switch ... found
checking for -Wl,-E switch ... found
checking for gcc builtin atomic operations ... found
checking for C99 variadic macros ... found
checking for gcc variadic macros ... found
checking for gcc builtin 64 bit byteswap ... found
```

图 13-33　使用 nginx 进行配置

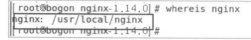

```
[root@bogon nginx-1.14.0]# whereis nginx
nginx: /usr/local/nginx
[root@bogon nginx-1.14.0]#
```

图 13-34　安装路径

13.4.3　配置文件解析

Nginx 默认的配置文件为/usr/local/nginx/conf/nginx.conf，配置文件主要包括全局、event、http、server 设置。其中 event 主要用于定义 Nginx 的工作模式；http 提供了 Web 的功能；server 主要用于设置虚拟主机，但 server 必须在 http 的内部，并且一个配置文件中也可以有多个 server。

Nginx 的主配置文件 nginx.conf 是一个纯文本类型的文件，整个文件是以区块的形式组织的，每个区块以一对花括号"{}"来表示开始与结束。

使用 cat 命令打开/usr/local/nginx/conf/nginx.conf 配置文件，命令如下：

```
[root@bogon abcd]# cat /usr/local/nginx/conf/nginx.conf
```

Nginx 的配置文件内容有以下几个方面：

（1）CoreModule 模块和 events 时间模块，内容解析如图 13-35 所示。

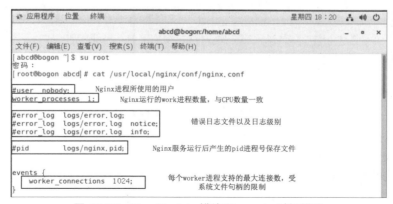

图 13-35　CoreModule 模块和 events 时间模块

（2）http 模块。设定 http 服务器，利用 http 的反向代理功能提供负载均衡支持。http 模块解析 1 如图 13-36 所示。

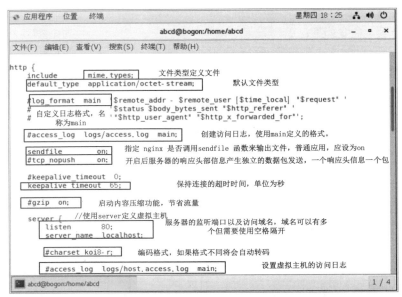

图 13-36　http 模块解析 1

http 模块解析 2 如图 13-37 所示。

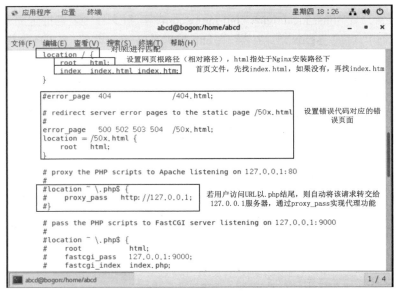

图 13-37　http 模块解析 2

http 模块解析 3 如图 13-38 所示。
http 模块解析 4 如图 13-39 所示。
http 模块解析 5 如图 13-40 所示。

图 13-38 http 模块解析 3

图 13-39 http 模块解析 4

图 13-40 http 模块解析 5

13.4.4 HTTP 响应状态码

当通过浏览器访问站点页面时，首先发送页面请求给服务器，然后服务器会根据请求内容做出回应。如果没有问题，服务器会返回客户端成功状态码，同时将相应的页面传送给客户端浏览器；当服务器出现故障时，服务器通常会发送客户端错误状态码，并根据错误状态码向客户端浏览器发送错误页面。常见的状态码及含义如表 13-8 所示。

表 13-8　常见的状态码及含义

状 态 码	含 义
100	请求已接收，客户端可以继续发送请求
101	Switching Protocols 服务器根据客户端的请求切换协议
200	正常
201	服务器已经创建文档
202	已接受请求，但处理还没有完成
203	文档正常返回，但有些头部信息可能不正确
300	客户端请求的资源可以在多个位置找到
301	客户端请求的资源可以在其他位置找到
305	使用代理服务
400	请求语法错误
401	访问被拒绝
401.1	登录失败
403	资源不可用
403.6	IP 地址被拒绝
403.9	用户数过多
404	无法找到指定资源
406	指定资源已找到，但 MIME 类型与客户端要求不兼容
407	要求进行代理身份验证
500	服务器内部错误
500.13	服务器忙碌
501	服务器不支持客户端请求的功能
502	网关错误
503	服务不可用
504	网关超时，服务器处于维护或者负载过高无法响应
505	服务器不支持客户端请求的 HTTP 版本

注意：1XX 表示提示错误；2XX 表示成功信息；3XX 表示重定向信息；4XX 表示客户端错误信息；5XX 表示服务器错误信息。

13.5　就业面试技巧与解析

本章主要讲解了服务器的部署，其中包括 DHCP 服务器的安装、配置以及应用，DNS 域名服务器的安装、配置以及主、从域名服务器的部署，Apache 网站服务器的简介、安装、配置以及问题总结，Nginx 网站服务器的简介、安装配置和 HTTP 响应状态码等内容。建议读者在进行服务器的安装、配置之前要仔细检查软件包是否完整，否则可能在最后的安装过程中出现错误，而出现的错误还很难被发现。

　　到这里本章的内容就已经学习完了，本章主要让读者学会如何在 Linux 系统中安装、配置各个服务器，以及在日后的维护工作中如何去应用。

13.5.1　面试技巧与解析（一）

　　面试官：DHCP 服务器和 DNS 服务器有什么区别？

　　应聘者：DHCP 动态主机配置协议，使用 DHCP 协议可以为客户端主机自动分配 TCP/IP 参数信息，如 IP 地址、子网掩码、网关、DNS 等信息，服务器可以选择固定分配特定的参数信息给指定的一台主机，也可以设置多台主机分享这些参数信息，所有的客户端竞争获得 TCP/IP 参数信息，即当多个客户端发送请求给服务器时，服务器将使用先到先得的机制进行资源分配。

　　DNS 域名服务器，它是一种能够把域名（domain name）和与之相对应的 IP 地址（IP address）进行转换的服务器，同时还可以为计算机、服务以及接入互联网或局域网的任何资源进行分层的名称解析。DNS 具有多种功能，其中最重要的功能是进行域名与 IP 地址之间的解析。

　　DHCP 是一种协议，它将 IP 地址和相关的 IP 信息分配给网络上的计算机，而 DNS 则将域名（如 www.juming.com）转换成它们的 IP 地址，以确保计算机能够找到正确的站点，因为计算机只能通过 IP 地址而不是域名找到站点。

13.5.2　面试技巧与解析（二）

　　面试官：Apache 的特点有哪些？

　　应聘者：Apache 是使用最普遍的 Web 服务器软件。Apache 服务器几乎能够在所有的计算机平台上运行，由于它广泛的跨平台性和安全性，因此，Apache 是最流行的 Web 服务器端软件之一。

　　Apache 的模块分为静态模块和动态模块两种。Apache 最基本的模块是静态模块，静态模块不能够随意的添加或卸载；而动态模块则可以进行添加和删除操作，因此，Apache 具有很大的灵活性。

　　Apache 的特点有以下几个方面：

　　（1）具有开放的源代码。

　　（2）跨平台应用。Apache 服务器可以运行在绝大多数软硬件平台上，所有 UNIX 操作系统都可以运行，同时也可以在 Windows 系统平台上良好的运行。

　　（3）支持各种 Web 编程语言。

　　（4）模块化设计。Apache 并不是将所有的功能集中在固定的服务程序内部，而是尽可能地通过标准的模块实现特有的功能，因此，Apache 服务器具有良好的扩展性。

　　（5）运行稳定。Apache 服务器还可以用于构建具有大负载访问量的 Web 站点。

　　（6）良好的安全性。开源软件共同具有的特性。

第14章

数据库的部署

 学习指引

数据库可能是一个比较模糊的概念，一个简单的数据表格等都可以称为数据库。本章就主要介绍什么是数据库、MySQL 数据库的安装和管理工具的使用等内容，帮助读者理解数据库的概念，以方便在日后工作中的应用。

重点导读

- 数据库简介。
- MySQL 的安装过程。
- 数据库管理工具的使用。
- 数据库的定义、操作和查询语言。
- MySQL 的安全性。
- 数据库的备份与还原。

14.1　数据库基础

根据数据库的理论，可以把数据库分为两种模式，即关系型数据库和非关系型数据库。本章主要来讲解常用的关系型数据库——MySQL。

14.1.1　数据库简介

数据库是一个数据集合，它把各项数据以一定的方式存储在一起，有较小的冗余度，不仅能够与多个用户共享，而且还可以与其他应用程序保持独立，同时用户可以对文件中的数据进行增加、查询、更新、删除等操作。

数据库类似于一个仓库，专门存放数据，它有可以存放上亿条数据的存储空间，根据数据库存放数据的规则，并不是所有的数据都可以存放在数据库中，否则会降低查询数据的效率。

由于数据库技术的快速发展，数据库由原先的层次数据库、网状数据库发展到如今的关系型数据库等，已经成为目前数据库产品中最重要的一员。传统的关系型数据库可以较好地解决、管理和存储关系型数据的问题，因此，几乎所有的数据库厂商新出的数据库产品都支持关系型数据库，即使一些非关系数据库产品也几乎都有支持关系数据库的接口。

在最初的网状数据库和层次数据库出现时，就已经能够解决数据的集中和共享问题，但是对于数据的独立和抽象问题仍得不到解决，用户在对这两种数据库进行存取时，仍然需要明确数据的存储结构，指出存取路径，因此关系型数据库出现了。关系型数据库，存储的格式直观地反映了实体之间的关系。关系型数据库和常见的表格没有太大的差别，但关系型数据库中的表与表之间的关系非常复杂。常见的关系型数据库有 MySQL，SQL Server 等（本章主要重点介绍 MySQL）。在小型的应用中，使用不同的关系型数据库对系统的性能影响并不大，但是在构建大型应用时，则需要根据应用的业务需求和性能需求，选择合适的关系型数据库。

数据库的核心系统是数据库管理系统，主要负责完成对数据库的操纵与管理，因此能够实现创建数据库对象、对数据库存储数据的查询、添加、修改与删除操作和数据库的用户管理、权限管理等。

14.1.2　认识 MySQL

MySQL 是一种开放源代码的关系型数据库管理系统，使用最常用的数据库管理语言——结构化查询语言（SQL）进行数据库管理。

MySQL 是一个专门的关系型数据库管理系统，它由瑞典 MySQL AB 公司开发，在 2008 年 1 月 16 号被 Sun 公司收购。利用 MySQL 可以创建数据库和数据库表、添加数据、修改数据和查询数据等，MySQL 数据库系统的特色是功能强大、速度快、性能优越、稳定性强、使用简单、管理方便等。

由于 MySQL 开放源代码，因此所有人都可以在 General Public License 的许可下下载并根据个性化的需要对其进行修改。MySQL 因为其速度快、可靠性和适应性而备受开发人员的青睐。大多数人认为在不需要事务化处理的情况下，MySQL 是管理内容最好的选择。

14.2　MySQL 的安装

在 Linux 系统中安装 MySQL 数据库的方式有多种，其中最常用的就是二进制数据包的安装和选择源代码进行安装。源代码安装 MySQL 分为安装依赖包、下载 MySQL 源代码包、配置安装环境、编译及安装初始化数据库几个步骤。无论是使用哪种方式进行安装，安装部署 MySQL 数据库系统之前都必须安装所需的软件依赖包，这些软件依赖包可以通过 yum 命令直接进行安装。

1. 安装编译工具及库文件

在安装 MySQL 之前需要安装相关的软件依赖包，否则在安装 MySQL 时可能会出错。使用 yum 命令可以直接进行安装，命令如下：

```
[root@bogon abcd]# yum -y install gcc gcc-c++ make autoconf libtool-ltdl-devel gd-devel
freetype-devel libxml2-devel libjpeg-devel libpng-devel openssl-devel curl-devel bison patch unzip
libmcrypt-devel libmhash-devel ncurses-devel sudo bzip2 flex libaio-devel
```

使用命令进行安装的页面如图 14-1 所示。

安装完成页面如图 14-2 所示。

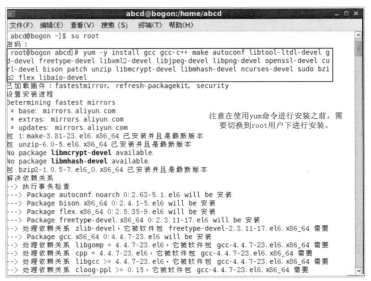

图 14-1　安装编译工具以及库文件

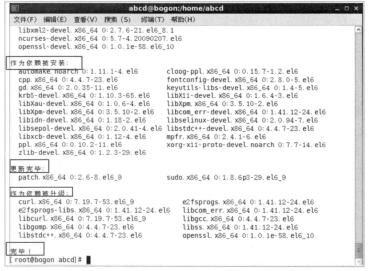

图 14-2　安装完成

2. 安装 cmake 编译器

（1）cmake 编译器的下载地址为 http://www.cmake.org/files/v3.1/cmake-3.1.1.tar.gz。
cmake 的版本为 cmake-3.1.1，使用 wget 命令可以直接下载，命令如下：

```
[root@bogon abcd]# wget http://www.cmake.org/files/v3.1/cmake-3.1.1.tar.gz
```

下载 cmake 编译器的过程如图 14-3 所示。

下载完成时会出现如图 14-4 所示的内容。

（2）解压下载 cmake 编译器的安装包，命令如下：

```
[root@bogon abcd]# tar zxvf cmake-3.1.1.tar.gz
```

解压过程如图 14-5 所示。

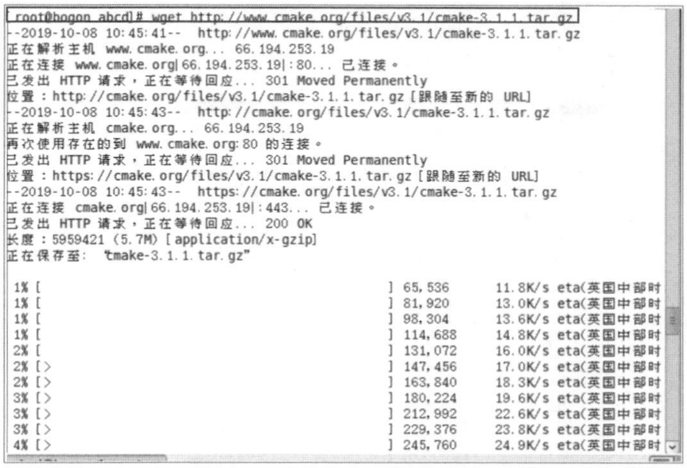

图 14-3　使用 wget 命令下载过程

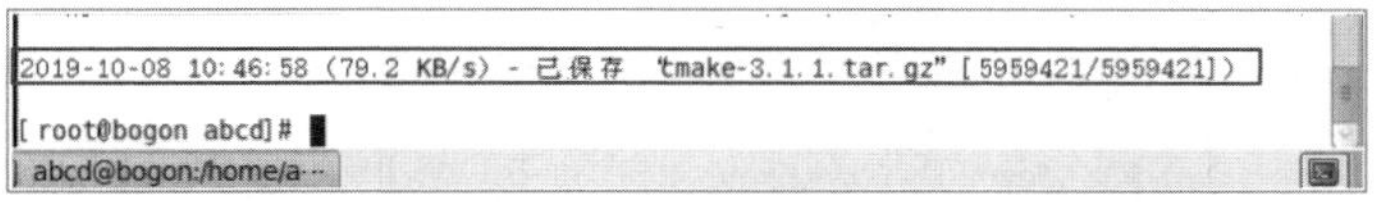

图 14-4　下载完成

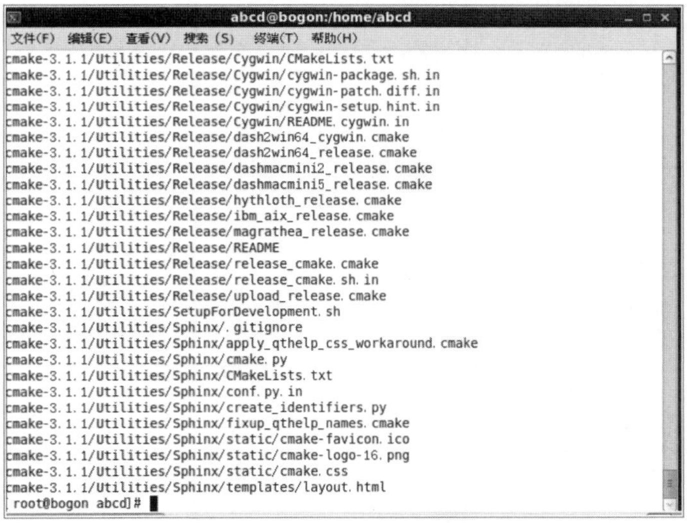

图 14-5　cmake 编译器的解压过程

（3）切换到 cmake 编译器安装包的所在目录，然后进行编译安装，命令如下：

```
[root@bogon abcd]# cd cmake-3.1.1
[root@bogon cmake-3.1.1]# ./bootstrap
[root@bogon cmake-3.1.1]# make && make install
```

在安装的过程中不需要手动操作，等待系统自动安装完成即可，安装完成的页面如图 14-6 所示。

3. MySQL 的安装

MySQL 源代码包的下载有两种方法：

1）从 MySQL 官网上下载，根据自己需要下载各种版本（由于此电脑中的 MySQL 与 Linux 在安装过程中有冲突，所以在本系统中使用以前的版本 MySQL-5.6.15），下载网址为 http://dev.mysql.com/get/Downloads。

① 首先 MySQL 官网，在图 14-7 中选择版本信息。

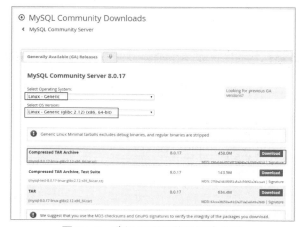

图 14-6　cmake 编译器安装完成

图 14-7　选择所要下载的版本信息

②单击图 14-7 中的"下载"按钮，会进入如图 14-8 所示页面，选择左下角的"No thanks..."选项，即可下载 MySQL。

图 14-8　选择"No thanks"

（2）第二种下载 MySQL 安装包的方法是通过 wget 命令直接进行下载（本系统使用第二种方法），命令如下：

```
[root@bogon abcd]# wget http://dev.mysql.com/get/Downoads/MYAQL-5.6/mysql-5.6.15.tar.gz
```

下载完成页面如图 14-9 示。

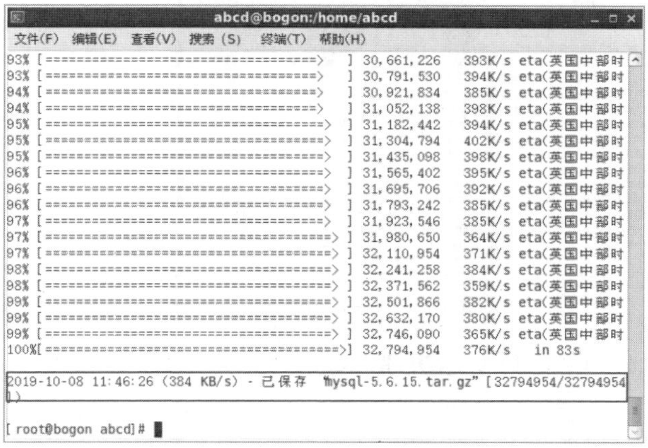

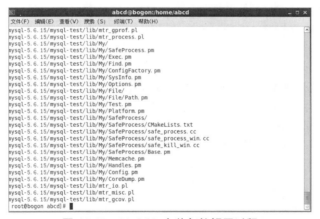

图 14-9　下载 MySQL 安装包

解压下载的 MySQL 安装包。命令如下：

```
[root@bogon abcd]# tar zxvf mysql-5.6.15
```

解压过程如图 14-10 所示。

图 14-10　MySQL 安装包的解压过程

切换到 MySQL 安装包的所在目录，然后进行编译安装，命令如下：

```
[root@bogon abcd]# cd mysql-5.6.15
[root@bogon mysql-5.6.15]# cmake -DCMAKE_INSTALL_PREFIX=/usr/local/webserver/mysql -DMYSQL_
UNIX_ADDR=/tmp/mysql.sock -DDEFAULT_CHARSET=utf8 -DDEFAULT_COLLATION=utf8_general_ci -DWITH_EXTRA_
CHARSETS=all -DWITH_MYISAM_STORAGE_ENGINE=1 -DWITH_INNOBASE_STORAGE_ENGINE=1 -DWITH_MEMORY_STORAGE_
ENGINE=1 -DWITH_READLINE=1 -DWITH_INNODB_MEMCACHED=1 -DWITH_DEBUG=OFF -DWITH_ZLIB=bundled -DENABLED_
LOCAL_INFILE=1 -DENABLED_PROFILING=ON -DMYSQL_MAINTAINER_MODE=OFF
   -DMYSQL_DATADIR=/usr/local/webserver/mysql/data -DMYSQL_TCP_PORT=3306
[root@bogon mysql-5.6.15]# make && make install
```

在安装的过程中不需要手动操作，等待系统自动安装完成即可，安装完成的页面如图 14-11 所示。

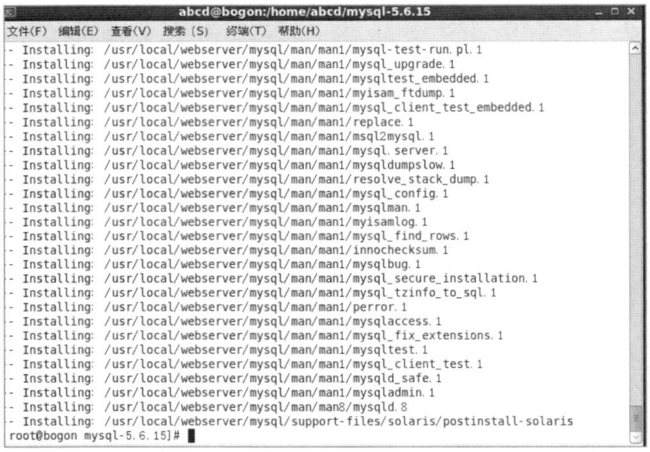

图 14-11 MySQL 安装完成

安装完成之后可以通过命令来查看 MySQL 版本，如图 14-12 所示。命令如下：

```
[root@bogon abcd]# /usr/local/webserver/mysql/bin/mysql --version
```

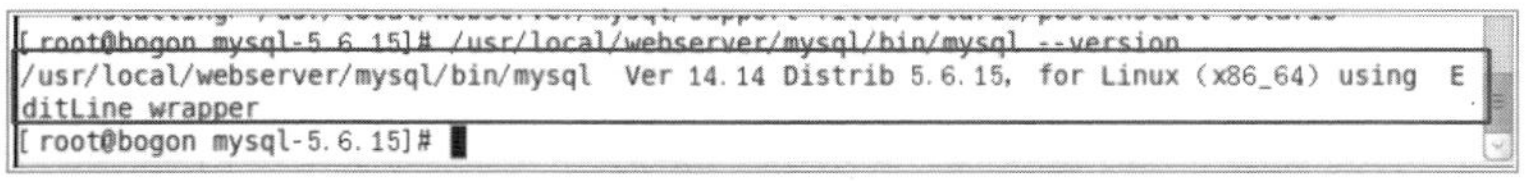

图 14-12 查看 MySQL 版本信息

4. MySQL 的配置

MySQL 安装完成之后需要进行配置才能使用，配置 MySQL 的步骤如下：

（1）创建 MySQL 运行使用的用户，命令如下：

```
[root@bogon abcd]# /usr/sbin/groupadd mysql
[root@bogon abcd]# /usr/sbin/useradd -g mysql mysql
```

（2）接着创建 binlog 的存储路径和库的存储路径并赋予 mysql 用户权限。命令如下：

```
[root@bogon abcd]# mkdir -p /usr/local/webserver/mysql/binlog /www/data_mysql
[root@bogon abcd]# chown mysql.mysql /usr/local/webserver/mysql/binlog/ /www/data_mysql/
```

（3）创建 my.cnf 配置文件，并将/etc/my.cnf 文件的内容进行修改。

使用 cat 打开/etc/my.cnf 文件，文件内容如图 14-13 所示。

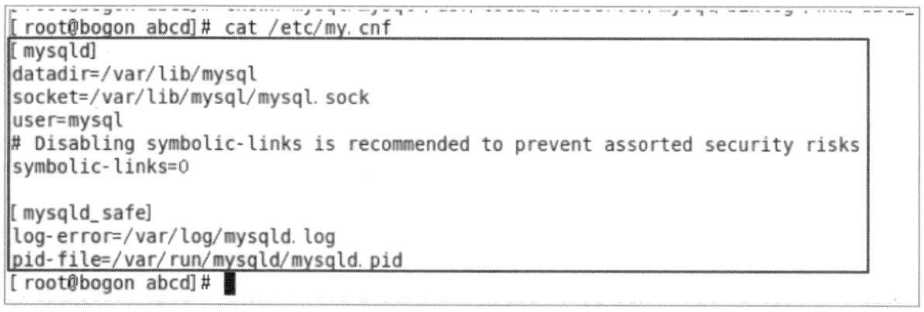

图 14-13 /etc/my.cnf 文件原内容

使用 vim 命令进入编辑模式，修改/etc/my.cnf 文件的内容如下：

```
[root@bogon abcd]# vim /etc/my.cnf
[client]
port = 3306
```

```
socket = /tmp/mysql.sock
[mysqld]
replicate-ignore-db = mysql
replicate-ignore-db = test
replicate-ignore-db = information_schema
user = mysql
port = 3306
socket = /tmp/mysql.sock
basedir = /usr/local/webserver/mysql
datadir = /www/data_mysql
log-error = /usr/local/webserver/mysql/mysql_error.log
pid-file = /usr/local/webserver/mysql/mysql.pid
open_files_limit = 65535
back_log = 600
max_connections = 5000
max_connect_errors = 1000
table_open_cache = 1024
external-locking = FALSE
max_allowed_packet = 32M
sort_buffer_size = 1M
join_buffer_size = 1M
thread_cache_size = 600
query_cache_size = 128M
query_cache_limit = 2M
query_cache_min_res_unit = 2k
default-storage-engine = MyISAM
default-tmp-storage-engine=MYISAM
thread_stack = 192K
transaction_isolation = READ-COMMITTED
tmp_table_size = 128M
max_heap_table_size = 128M
log-slave-updates
log-bin = /usr/local/webserver/mysql/binlog/binlog
binlog-do-db=oa_fb
binlog-ignore-db=mysql
binlog_cache_size = 4M
binlog_format = MIXED
max_binlog_cache_size = 8M
max_binlog_size = 1G
relay-log-index = /usr/local/webserver/mysql/relaylog/relaylog
relay-log-info-file = /usr/local/webserver/mysql/relaylog/relaylog
relay-log = /usr/local/webserver/mysql/relaylog/relaylog
expire_logs_days = 10
key_buffer_size = 256M
read_buffer_size = 1M
read_rnd_buffer_size = 16M
bulk_insert_buffer_size = 64M
myisam_sort_buffer_size = 128M
myisam_max_sort_file_size = 10G
myisam_repair_threads = 1
myisam_recover
interactive_timeout = 120
wait_timeout = 120
skip-name-resolve
slave-skip-errors = 1032,1062,126,1114,1146,1048,1496
```

```
    server-id = 1
    loose-innodb-trx=0
    loose-innodb-locks=0
    loose-innodb-lock-waits=0
    loose-innodb-cmp=0
    loose-innodb-cmp-per-index=0
    loose-innodb-cmp-per-index-reset=0
    loose-innodb-cmp-reset=0
    loose-innodb-cmpmem=0
    loose-innodb-cmpmem-reset=0
    loose-innodb-buffer-page=0
    loose-innodb-buffer-page-lru=0
    loose-innodb-buffer-pool-stats=0
    loose-innodb-metrics=0
    loose-innodb-ft-default-stopword=0
    loose-innodb-ft-inserted=0
    loose-innodb-ft-deleted=0
    loose-innodb-ft-being-deleted=0
    loose-innodb-ft-config=0
    loose-innodb-ft-index-cache=0
    loose-innodb-ft-index-table=0
    loose-innodb-sys-tables=0
    loose-innodb-sys-tablestats=0
    loose-innodb-sys-indexes=0
    loose-innodb-sys-columns=0
    loose-innodb-sys-fields=0
    loose-innodb-sys-foreign=0
    loose-innodb-sys-foreign-cols=0
    slow_query_log_file=/usr/local/webserver/mysql/mysql_slow.log
    long_query_time = 1
    [mysqldump]
    quick
    max_allowed_packet = 32M
```

（4）初始化数据库，输入命令如下：

```
    [root@bogon abcd]# /usr/local/webserver/mysql/scripts/mysql_install_db --defaults-file=/etc/my.cnf
--user=mysql
```

输出结果如图 14-14 所示。

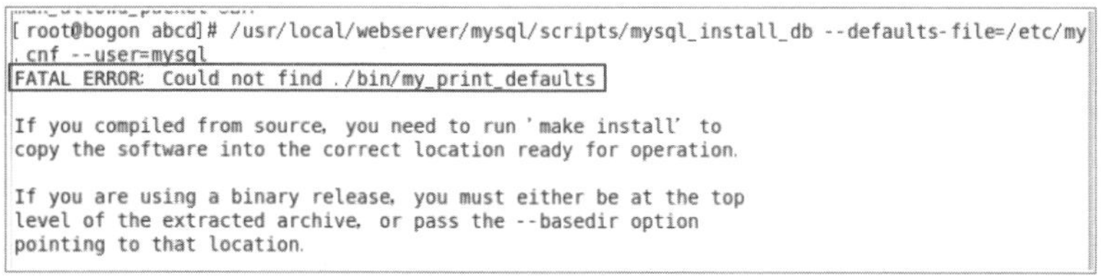

```
[root@bogon abcd]# /usr/local/webserver/mysql/scripts/mysql_install_db --defaults-file=/etc/my
.cnf --user=mysql
FATAL ERROR: Could not find ./bin/my_print_defaults

If you compiled from source, you need to run 'make install' to
copy the software into the correct location ready for operation.

If you are using a binary release, you must either be at the top
level of the extracted archive, or pass the --basedir option
pointing to that location.
```

图 14-14　输出结果报错

在图 14-14 中出现错误的原因主要是操作时在绝对路径下找不到该文件，把绝对路径改成相对路径执行就可以了。切换到安装目录路径（/usr/local/webserver/mysql）下执行，命令如下：

```
    [root@bogon abcd]# cd //usr/local/webserver/mysql
    [root@bogon mysql]# ./scripts/mysql_install_db --defaults-file=/etc/my.cnf --user=mysql
```

输出结果如图 14-15 所示。

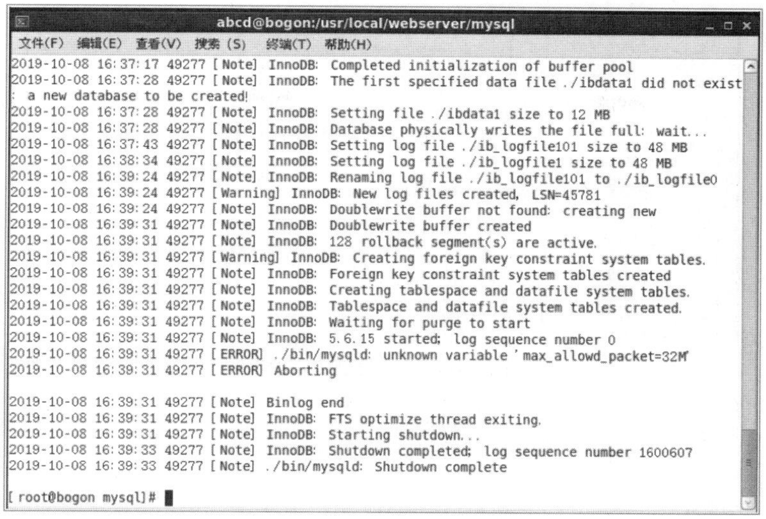

图 14-15　初始化数据库完成

（5）创建开机启动脚本，命令如下：

```
[root@bogon abcd]# cd //usr/local/webserver/mysql
[root@bogon mysql]# cp support-files/mysql.server /etc/rc.d/init.d/mysqld
[root@bogon mysql]# chkconfig --add mysqld
[root@bogon mysql]# chkconfig --level 35 mysqld on
```

（6）启动 MySQL 服务器，查看 MySQL 的启动状态。命令如下：

```
[root@bogon mysql]# systemctl start mysqld
[root@bogon mysql]# systemctl status mysql
```

启动的结果如图 14-16 所示，表明 MySQL 启动成功。

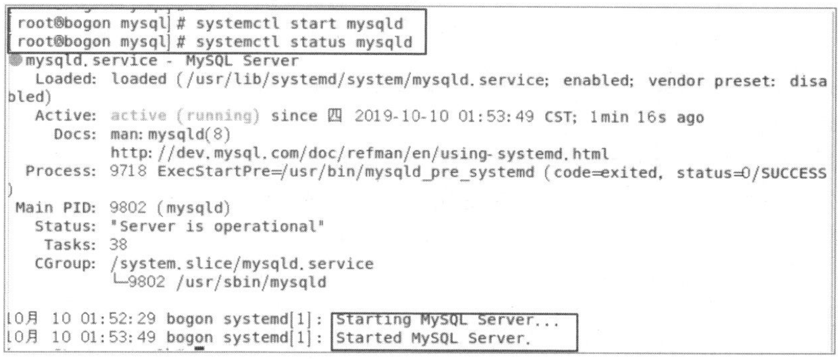

图 14-16　mysql 启动成功

（7）查看原始密码。MySQL 安装完成后会在 LOG 文件（/var/log/mysqld.log）中生成一个默认密码，使用 cat 命令查看原始密码。命令如下：

```
[root@bogon abc]# cat /var/log/mysqld.log
```

查看结果如图 14-17 所示。

（8）登录 MySQL 并修改 root 密码。命令如下：

```
[root@bogon abc]# mysql -uroot -p
```

首先，输入图 14-17 所示的密码，进入 MySQL，如图 14-18 所示。

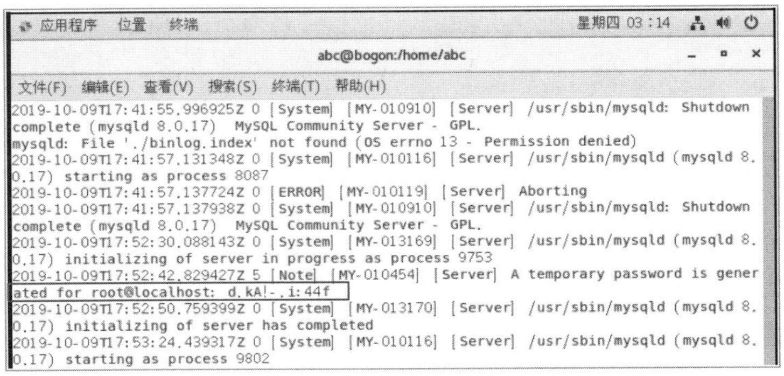

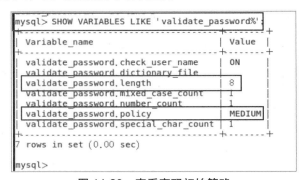

图 14-17　查看原始密码

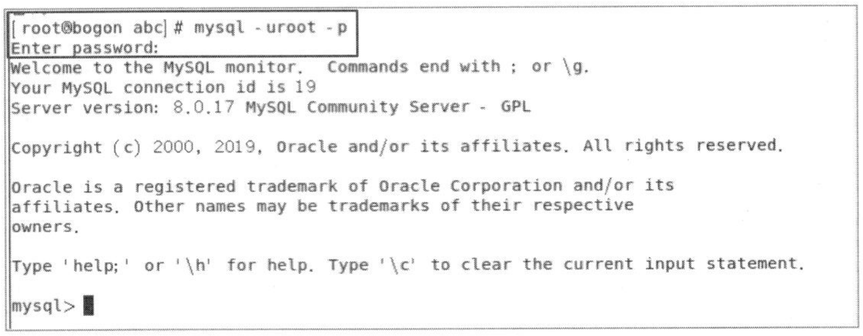

图 14-18　登录 MySQL

其次，输入图 14-19 所示的命令，修改密码。

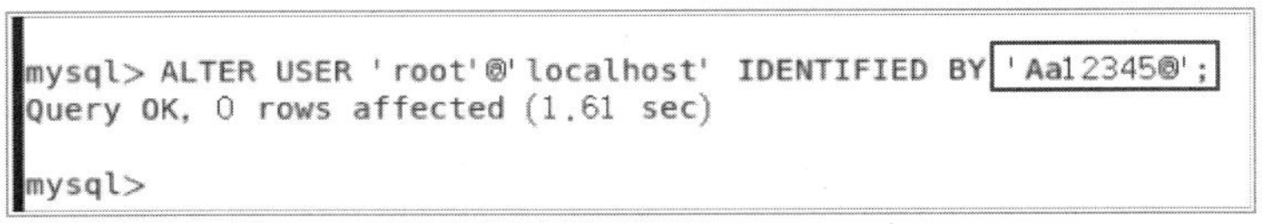

图 14-19　修改密码

注意：在第一次修改密码时，新密码强度默认为中等，需要同时有大小写字母、数字、特殊符号，这样系统才会提示修改成功。

最后，可以对设置密码的策略进行修改。首先查看 MySQL 初始的密码策略，如图 14-20 所示。从图 14-20 中可以看出，密码长度设置为 8，密码的强度等级设置为 MEDIUM。

图 14-20　查看密码初始策略

其次可以对密码长度和密码强度等级进行修改。设置 validate_password.length 的全局参数 4；设置 validate_password.policy 的全局参数 LOW。修改命令及结果如图 14-21 所示。

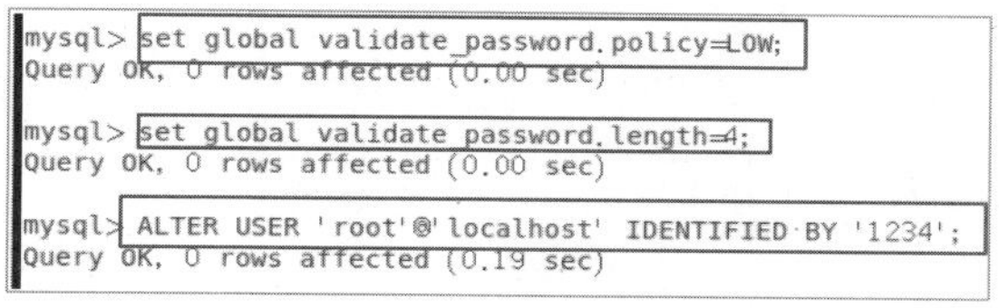

图 14-21　修改结果

（9）在 MySQL 中还有一些其他命令可以使用，命令如下：

```
启动：service mysqld start
停止：service mysqld stop
重启：service mysqld restart
重载配置：service mysqld reload
查看进程 ps -elf | grep mysqld
```

14.3　管理工具的使用

MySQL 是基于客户端/服务器体系架构的数据库系统。其中，服务端专门以守护进程的方式运行，mysql 为服务器的主进程，当需要对数据库进行任何操作时，需要使用客户端软件来连接服务器进行相应的操作。

14.3.1　mysql 工具

mysql 属于简单的命令行 SQL 工具，它不仅支持交互式运行，而且还支持非交互式运行。mysql 工具的使用只需要在系统终端页面输入 mysql，系统可以直接进入管理页面，命令格式如下：

```
[root@bogon ~]# mysql [选项]
```

mysql 命令的常用选项及说明如表 14-1 所示。

表 14-1　mysql 命令的常用选项及说明

选　　项	说　　明
--help,-?	显示帮助
--auto-rehash	Tab 自动补齐，默认为开启状态
--auto-vertical-output	自动垂直显示，如果显示结果太宽，则以列格式显示
--batch,-B	不使用历史文件
--bind-address=ip_address	使用特定的网络接口连接 MySQL 服务器
--cpmpress	压缩客户端与服务器传输的所有数据
--database=dbname,-D dbname	指定使用的数据库名称
--default-character-set=charset_name	设置默认字符集
--delimiter=str	设置语句分隔符
--host=host_name,-h host_name	通过 host 连接指定服务器

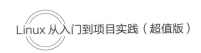

续表

选　　项	说　　明
--password,-p	使用密码；连接服务器
--pager=[command]	使用分页程序分页显示，Linux 中可以使用 more 或 less
--port=port_num	使用指定端口号连接服务器
--quick	不缓存查询结果
--unfuffered	每次查询后刷新缓存
--user=user_name,-u user_name	使用指定的账户连接服务器

如果已经为账户设置了密码，则需要在启动 mysql 程序时，指定账户名称与密码，从而进入交互式界面，然后可以通过输入 SQL 语句对数据库进行操作。

注意：SQL 语句之后要求以"；"、"\g"或"\G"结尾。在退出程序时可以通过输入 exit 指令或者按 Ctrl+C 快捷键完成。

【例 14-1】 使用 root 账号连接服务器。

使用命令如下：

```
[root@bogon abc]# mysql -uroot -p
```

输出结果如图 14-22 所示。

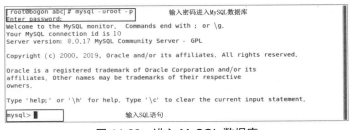

图 14-22　进入 MySQL 数据库

14.3.2　mysqladmin 工具

mysqladmin 属于一个执行管理操作工具，使用 mysqladmin 工具不仅可以检查服务器的配置和当前所运行的状态，还可以用于创建、删除数据库以及设置新密码等。

mysqladmin 命令的语法格式如下：

```
[root@bogon ~]# mysqladmin [选项] 命令 [命令参数] [命令 [命令参数]]
```

mysqladmin 命令的常用选项及说明如表 14-2 所示。

表 14-2　mysqladmin 命令的常用选项及说明

选　　项	说　　明
--bind-address=ip_address	使用指定网络接口连接服务器
--compress	压缩服务器与客户端直接传输的数据
--default-character-set=charaset_name	设置默认字符集
--host=host_name	连接到 host 指定的服务器主句

选 项	说 明
--password=[password],-p	使用密码连接服务器
--port=port_num	使用特定端口号连接服务器
--silent	静默模式
--user=user_name	使用指定账户连接服务器

mysqladmin 中常用命令及作用如表 14-3 所示。

表 14-3　mysqladmin 的常用命令及作用

命 令	作 用
creat db_name	创建名为 db_name 的数据库
debug	将 debug 信息写入错误日志
drop db_name	删除名为 db_name 的数据库及数据库中所有的数据表
extended-status	显示服务器状态变量及变量值
flush-hosts	刷新所有主机的缓存信息
fiush-logs	刷新所有的日志
flush-privileges	重新加载权限数据表
flush-status	清空状态变量
flush-tables	刷新所有数据表
kill id,id,…	杀死服务器线程
password new-pass	设置新的密码
ping	检查服务器是否可用
reload	重新加载权限数据表
refresh	刷新所有的数据表并重启日志文件
shutdown	关闭服务器
start-slave	在从服务器上启动复制
stop-slave	在从服务器上停止复制

mysqladmin 工具最常用的功能有以下几个方面：

（1）修改 root 密码。命令如下：

```
[root@bogon mysql]# ./mysqladmin -uroot -p password 123456
```

（2）检查 mysql 服务是否可用。命令如下：

```
[root@bogon mysql]# ./mysqladmin -uroot -p ping
```

（3）检查当前服务版本。命令如下：

```
[root@bogon mysql]# ./mysqladmin -uroot -p version
```

（4）创建数据库。命令如下：

```
[root@bogon mysql]# mysqladmin -uroot -p creat db_name
```

（5）删除数据库。命令如下：

```
[root@bogon mysql]# mysqladmin -uroot -p drop db_name
```

14.3.3 mysqldump 工具

mysqldump 属于数据库逻辑备份程序，通常使用它来对一个或多个 MySQL 数据库进行备份或还原，另外还可以将数据库传输给其他的 MySQL 服务器。

在使用 mysldump 来备份数据库表时，必须要求该账户拥有 SELECT 权限，SHOW VIEW 权限用于备份视图，TRIGGER 权限用于备份触发器。

注意： 其他的命令选项可能还需要拥有更多的权限才能完成。

由于 mysqldump 需要通过重建 SQL 语句来实现备份功能，对于数据量比较大的数据库备份与还原操作，速度都比较慢，因此 mysqldump 不适用于大数据的备份。当打开 mysqldump 备份文件时，备份文件的内容就是数据库的 SQL 语言重现。对于大数据的备份与还原，通常会选择物理备份，即直接复制数据文件，就可以实现快速的数据还原工作。

使用 mysqldump 可以备份数据库中的数据表，也可以备份整个数据库，还可以备份 MySQL 系统中的所有数据库。对于使用 mysqldump 工具备份的数据库文件，可以使用 mysql 命令工具还原数据。

注意： 在备份整个数据库时，不能在数据库后使用数据表的名称。

mysqldump 命令的语法格式如下：

```
[root@bogon ~]# mysqldump [选项] db_name [table_name]
[root@bogon ~]# mysqldump [选项] --databases db_name …
[root@bogon ~]# mysqldump [选项] --all-databases
```

mysqldump 中的常用选项可以通过[mysqldump]和[client]写入配置文件。mysqldump 命令的常用选项及说明如表 14-4 所示。

表 14-4 mysqldump 命令的常用选项及说明

选　　项	说　　明
--add-drop-database	在备份文件中添加、删除相同数据库的 SQL 语句
--add-drop-table	在备份文件中添加、删除相同数据表的 SQL 语句
--add-drop-trigger	在备份文件中添加、删除相同触发器的 SQL 语句
--add-locks	在备份数据表前后添加表锁定与解锁 SQL 语句
--all-databases	备份所有数据库中的数据表
--apply-slave-statements	在 CHANGE MASTER 前添加 STOP SLAVE 语句
--bind-address=ip_address	使用指定的网络接口连接 MySQL 服务器
--comments	添加备份文件的注释
--create-options	在 CREATE TABLE 语句中包含所有的 MySQL 特性
--databases	备份指定的数据库
--debug	创建 debugging 日志
--default-character-set=charsename	设置默认字符集
--host,-h	设置需要连接的主机

续表

选　　项	说　　明
--ignore-table	设置不需要备份的数据表，该选项可以使用多次
--lock-all-tables	设置全局锁，锁定所有的数据表以保证备份数据的完整性
--no-create-db,-n	只导出数据而不创建数据库
--no-create-info	只导出数据而不创建数据表
--no-date	不备份数据内容，用于备份表结构
--password,-p	还用密码连接服务器
--port=port_num	使用指定端口号连接服务器
--replace	使用 REPLACE 语句代替 INSERT 语句

mysqldump 工具的使用方法如下：

（1）备份所有的数据库，如图 14-23 所示。

```
[root@bogon abc] # mysqldump - u root - p --all-databases > all_database_sql
Enter password:
```

图 14-23　备份所有的数据库

（2）备份 mysql 数据库下的 user 数据包，如图 14-24 所示。

```
[root@bogon abc] # mysqldump - u root - p myaql user > user_table
Enter password:
```

图 14-24　备份 user 数据包

（3）使用 all_database_sql 数据库备份文件还原数据库，如图 14-25 所示。

```
[root@bogon abc] # mysql - u root - p < all_database_sql
Enter password:
```

图 14-25　使用 all_database_sql 还原数据库

（4）使用 user_table 数据库备份文件还原数据表，如图 14-26 所示。

```
[root@bogon abc] # mysql - u root - p mysql < user_table
Enter password:
```

图 14-26　使用 user_table 还原数据表

注意： 所有的备份和还原操作都必须在输入命令后，输入密码。

14.4　结构化查询语言

MySQL 通常使用结构化查询语言（SQL 语句）作为数据库的操作语言。结构化查询语言是对数据库的定义与操作的语法结构，由 CREATE、ALTER 与 DROP 三个语法所组成。SQL 语言代表着关系型数据库系统的工业标准，因此，目前几乎所有的关系型数据库系统都支持 SQL 语言，SQL 语言成为通用的关系型数据库语言。

结构化查询语言主要分为三大类：数据库定义语言、数据库操作语言、数据库查询语言。

（1）数据库定义语言：主要负责创建、修改、删除表、索引、视图、函数、存储过程和触发器等对象。

（2）数据库操作语言：主要负责数据库中数据的插入、修改、删除等操作。

（3）数据库查询语言：主要用来查询数据表中的数据记录。

SQL 语言的特点：

（1）SQL 语言简洁，易学易用，初学者经过慢慢学习就可以直接使用 SQL 存取数据。

（2）SQL 语言是一种非过程语言，只需直接决定"做什么"，存取的过程由 RDBMS 来决定，从而向用户隐蔽数据的存取路径。

（3）SQL 语言是一种面向集合的语言。

（4）SQL 语言不仅可以独立使用，而且可以嵌入到宿主语言中使用，具有自含型和宿主型两种特点。

（5）SQL 语言具有查询、操作、定义三种语言一体化的特点。

在使用 SQL 语句对数据库进行管理时，最常使用的命令如表 14-5 所示。

表 14-5　常用的数据库表单管理命令及含义

命　　令	含　　义
CREATE DATABASES 数据库名称	创建新的数据库
DESCRIBE 表单名称	描述表单
UPDATE 表单名称 SET attribute=新值 WHERE attribute > 原始值	更新表单中的数据
USE 数据库名称	指定使用的数据库
SHOW DATABASES	显示当前已有的数据库
SHOW TSBLES	显示当前数据库中的表单
SELECT * FROM 表单名称	从表单中选中某个记录值
DELETE FROM 表单名 WHERE attribute=值	从表单中删除某个记录值

对数据库表单管理命令的使用，将在以下小节中显示出来。

14.4.1　数据库定义语言

1. CREATE DATABASE 语句

CREATE DATABASE 语句通常用来创建数据库，在执行该语句时要求执行者必须有 CREATE 权限。该语句的语法格式如下：

```
CREATE {DATABASE | SCHEMA} [IF NOT EXISTS] [数据库名称] [create_specification] ...
```

[数据库名称]：创建数据库的名称。MySQL 数据库通常将数据存储区以目录方式来表示。

因此，数据库名称必须符合操作系统的文件夹命名规则，在 MySQL 中不区分大小写。

IF NOT EXISTS：在创建数据库之前进行判断，只有该数据库目前尚不存在时才能执行操作。此选项可以用来避免数据库已经存在而重复创建的错误，如果数据库存在并且没有指定 IF NOT EXISTS，就会发生错误。

【例 14-2】创建名为 test1 的数据库，并使用 show databases 显示 MySQL 数据库所有的数据库列表。命令如下：

```
[root@bogon abc]# mysql -u root -p
Enter password:
mysql> create database test1;
mysql> show databases;
```

创建以及显示数据库如图 14-27 所示。

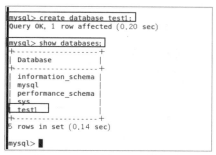

图 14-27　创建 test1 数据库

2. CREATE TABLE 语句

CREATE TABLE 语句用于创建数据库中的表，在创建之前需要使用 use db_name 进入数据库。
该语句的语法格式如下：

```
CREATE [TEMPORARY] TABLE [IF NOT EXISTS] [数据表名称] （create_specification, ...）
[table_options] [opartition_options]
```

CREATE TABLE 语句的常用数据类型及含义如表 14-6 所示。

表 14-6　常用数据类型及含义

数 据 类 型	含　义
TINYINT(n)	8 位整数类型
SMALLINT(n)	16 位整数类型
MEDIUMINT(n)	32 位整数类型
INT(n)	32 位整数类型
BIGINT(n)	64 位整数类型
FLOAT(n,d)	单精度浮点数
DOUBLE(n,d)	双精度浮点数
DATE	日期格式
TIME	时间格式
char(n)	固定长度字串
varchar(n)	非定长字串
BIT	二进制数据
BLOB	非定长二进制数据

CREATE TABLE 语句的常用属性及含义如表 14-7 所示。

表 14-7　常用属性及含义

属　性	含　义
NOT NULL	数据为非空值
AUTO_INCREMENT	插入新的数据后对应整数数据列自动加 1

续表

属 性	含 义
PRIMARY KEY	创建住索引列
KEY	普通索引列
DEFAULT CARSET	设置默认字符集
ENGINE	设置默认数据库存储引擎

【例 14-3】使用 use 语句打开 test1 数据库，并使用 create table 创建名为 student 的数据表。命令如下：

```
mysql> use test1;
Database changed
mysql> create table student
mysql> CREATE TABLE test (c CHAR(20) CHARACTER SET utf8 COLLATE utf8_bin);
mysql> CREATE TABLE new_user SELECT * FROM mysql.user;
```

打开 test1 数据库，使用 create table 创建名为 student 的数据表，如图 14-28 所示。

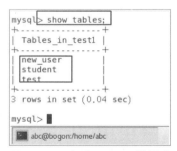

图 14-28　创建 student 数据表

使用 show tables 显示 test1 数据库中的 student 数据表，如图 14-29 所示。

DESCRIBE 语句用于查看数据表的数据结构，如图 14-30 所示。

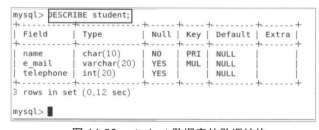

图 14-29　查看 student 数据表　　　　图 14-30　student 数据表的数据结构

3. ALTER DATABASE 语句

ALTER DATABASE 语句用来修改数据库的属性，通常数据库的属性被保存在数据库目录的 db.opt 文件中。该语句的语法格式如下：

```
ALTER {DATABASE | SCHEMA} [数据库名称] alter_specification ...
```

【例 14-4】修改 test1 数据库默认的字符集及排序规则，如图 14-31 所示。

```
mysql> ALTER DATABASE test1 DEFAULT CHARACTER SET=UTF8;
Query OK, 1 row affected, 1 warning (0.10 sec)

mysql> ALTER DATABASE test1 DEFAULT COLLATE=utf8_general_ci;
Query OK, 1 row affected, 1 warning (0.16 sec)
```

图 14-31　修改 test1 数据库默认的字符集及排序规则

4. ALTER TABLE 语句

ALTER TABLE 语句用于修改数据表结构。该语句的语法格式如下：

```
ALTER [IGNORE] TABLE [数据表名称] [alter_specification [,alter_specification]......]
```

5. DROP TABLE 语句

DROP TABLE 语句用于删除一个或多个数据表，一旦执行该操作，表中的定义及数据都将被删除。该语句的语法格式如下：

```
DROP [TEMPORARY] TABLE [IF EXISTS] tb1_name [, tb1_name]…
```

删除 student 表，如图 14-32 所示。

```
mysql> DROP table student;
Query OK, 0 rows affected (0.71 sec)
```

图 14-32　删除 student 表

6. DROP DATABASE 语句

DROP DATABASE 语句可以将数据库及数据库中的所有数据表全部删除。使用该语句删除数据库后，用户的权限并不会自动被删除。

DROP DATABASE 语句的语法格式如下：

```
DROP {DATABASE | SCHEMA} [IF EXITS] db_name
```

删除名为 test1 的数据库。

```
mysql > DROP DATABASE test1
```

14.4.2　数据库操作语言

1. INSERT 语句

INSERT 语句用于向数据表中插入一行新的数据。该语句的语法格式如下：

```
INSERT [LOW_PRIORITY | DELAYDE | HIGH_PRIORITY] [IGNORE]
[INTO] tb1_name
[(col_name,…)]
```

【例 14-5】向 student 数据表中插入数据。

插入数据的具体值存放在 VALUES 后面，可以使用 INSERT 语句一次插入一条数据记录，也可以同时插入多条数据记录。

```
mysql> use test1;
mysql> INSERT INTO student (id,name,e_mail,telephone)
mysql> SELECT * FROM test1.student;
```

插入结果如图 14-33 所示。

```
mysql> use test1;
Reading table information for completion of table and column names
You can turn off this feature to get a quicker startup with -A

Database changed
mysql> INSERT INTO student (id,name,e_mail,telephone)
    -> VALUES
    -> (01,"tom","ancd@qq.com",123456);
Query OK, 1 row affected (0.81 sec)

mysql> SELECT * FROM test1.student;
+----+------+-------------+-----------+
| id | name | e_mail      | telephone |
+----+------+-------------+-----------+
|  1 | tom  | ancd@qq.com |    123456 |
+----+------+-------------+-----------+
1 row in set (0.00 sec)

mysql>
```

图 14-33　插入数据

2. UPDATE 语句

UPDATE 语句用于更新数据表中现有的数据值，仅修改满足 where 条件的数据记录。
该语句的语法格式如下：

```
UPDATE [LOW_PRIORITY] [IGNORE] table_reference
SET col_name={expre1 | DEFAULT} [, col_name2={ expre2 | DEFAULT }]…
[WHERE where_condition]
```

例如：当 id 的值为 2 时，修改 name 的值为 tom1。命令如下：

```
mysql> UPDATE test1.student SET name="tom1" WHERE id=2;
```

3. DELETE 语句

DELETE 语句通常用来把满足条件的数据记录删除并返回删除的记录数量。该语句语法格式如下：

```
DELETE [LOW_PRIORITY] [QUICK] [IGNORE] FROM tb1_name [WHERE where_condition]
```

例如：删除 id=01 的数据；删除 name=tom 的数据。命令如下：

```
mysql> DELETE FROM student WHERE id=01;
mysql> DELETE FROM student WHERE student name="tom";
```

14.4.3　数据库查询语言

数据库的查询可以使用 SELECT 语句来实现。SELECT 语句用来查询数据表中的数据记录。该语句的
语法格式如下：

```
SELECT
    [ALL | DISTINCT | DISTINCTROW]
    select_expr [, select_expr…]
    [FROM table_references]
    [WHERE where_condition]
    [ORDER BY {col_anme | expr | position} [ASC | DESC]]
    [LIMIT]
```

WHERE 命令用于数据库匹配查询的条件，常用的参数条件及含义如表 14-8 所示。

表 14-8　常用参数条件及含义

参 数 条 件	含　　义
=	等于
<>或！=	不等于

参 数 条 件	含 义
>	大于
<	小于
>=	大于等于
<=	小于等于
BETWEEN	在某个范围内
LIKE	搜索一个例子
IN	在列中搜索多个值

【例 14-6】

（1）查询 student 数据表中的所有数据记录，如图 14-34 所示。

（2）统计 id 记录的个数，如图 14-35 所示。

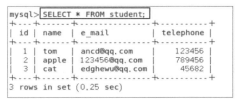

图 14-34　student 表中的所有数据信息

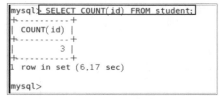

图 14-35　统计 id 记录的个数

（3）查询 student 数据表中的所有数据记录，并按照 id 列排序，DESC 为降序，AEC 为升序，如图 14-36 所示。

（4）仅显示数据记录中的前两行记录，如图 14-37 所示。

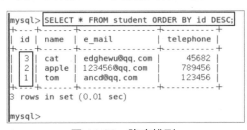

图 14-36　降序排列

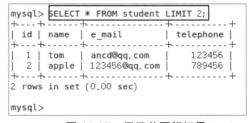

图 14-37　显示前两行记录

（5）查询 name=tom 的所有记录，并显示出相应的 telephone 记录，如图 14-38 所示。

图 14-38　查询 name=tom 并显示出相应的 telephone 记录

14.5　安全性的设定

MySQL 数据库的安全性一般包括以下几个方面：

（1）安全的一般性因素。包括使用较大强度的密码，禁止给用户分配不必要的权限，以防止 SOL 受到攻击。

（2）安装步骤的安全性。确保安装 MySQL 时指定的数据文件、日志文件、程序文件均被存储在安全的地方，未经授权的用户无法读取或写入数据。

（3）访问控制安全。包括在数据库中定义账户及相关权限设置。

（4）MySQL 网络安全。仅允许有效的主机可以连接服务器，并且需要账户权限。

（5）数据安全。确保已经对 MySQL 数据库文件、配置文件、日志文件进行了充分且可靠的备份。完善的备份机制是数据安全的前提条件。

MySOL 数据库系统能够进行连接、查询以及其他操作，主要取决于访问控制列表，MySQL 权限列表如表 14-9 所示。所有的账户及密码均被保存在 MySQL 数据库中的 user 数据表中，因此，可以通过 mysqladmin 或使用 SQL 语句添加、删除、修改用户与密码信息。需要注意的是，MySQL 账号访问信息需要包含主机信息，如默认 root 是不允许通过远程主机登录的。

表 14-9　MySQL 的权限及作用

权　　限	作　　用
CREATE	创建数据库、数据表和索引的权限
DROP	创建数据库、数据表和视图的权限
GRANT OPTION	允许为其他账户添加和删除权限
LOCK TABLES	允许用户使用该语句锁定数据表
EVENT	执行 EVENT 的权限
ALTER	修改数据的权限
DELETE	删除数据记录的权限
INDEX	创建删除索引的权限
INSERT	向数据表中插入数据的权限
SELECT	对数据库进行数据查询的权限
UPDATE	更新数据记录的权限
CREATE TEMPOPARY TABLES	创建临时表的权限
TRIGGER	执行触发器的权限
CREATE VIEW	创建视图的权限
SHOW VIEW	执行 SHOW CREATE VIEW 的权限
ALTER ROUTINE	修改或删除存储过程的权限
CREATE ROUTINE	创建存储过程的权限
EXECUTE	执行存储过程或函数的权限
FILE	赋予读写服务器主机文件的权限
CREATE TABLESPACE	创建表空间的权限

续表

权　　限	作　　用
CREATE USER	创建修改 MySQL 账户的权限
PROCESS	显示服务器运行进程信息的权限
RELOAD	允许用户使用 FLUSH 语句
REPLICATION CLIENT	允许使用 SHOW MASTER STATUS 以及 SHOW SLAVE STATUS
REPLICATION SLAVE	允许从服务器连接当前服务器
SHOW DATABASES	允许使用 SHOW DATABASES 查看数据库信息
SHUTDOWN	允许用户关闭 MySQL 服务
SUPER	允许执行关闭服务器进程之类的管理操作
ALL	代表所有可用的权限

（1）创建一个 username 用户，该用户可以通过本机连接 MySQL 数据库，账号密码设为 User*123。创建 username 用户的命令如下：

```
mysql> CREATE USER 'username'@'localhost' IDENTIFIED BY 'User*123';
```

① username 指创建的用户名。

② host 指定该用户在哪个主机上可以登录，如果是本地用户可用 localhost，如果想让该用户可以从任意远程主机登录，可以使用通配符%。

③ IDENTIFIED BY 指定用户的登录密码。

④ User*123 为该用户的登录密码，密码可以为空，如果为空，则该用户可以不需要密码登录服务器。

出现如图 14-39 所示的内容时表明用户创建成功。

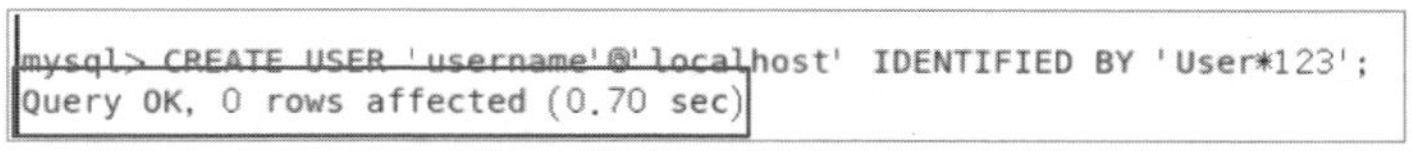

```
mysql> CREATE USER 'username'@'localhost' IDENTIFIED BY 'User*123';
Query OK, 0 rows affected (0.70 sec)
```

图 14-39　创建成功

注意：*在为 username 用户设定密码时需要遵循密码设定规则，即需要同时有大小写字母、特殊符号、数字，另外密码必须是 8 位。*

（2）为 username 用户授予权限，命令如下：

```
mysql> GRANT ALL ON test1.* TO 'username'@'localhost';
```

如果想让该用户可以给其他用户授权，使用以下命令即可：

```
mysql> GRANT ALL ON test1.* TO 'username'@'localhost' WITH GRANT OPTION;
```

① ALL 表示操作权限，如 SELECT，INSERT，UPDATE 等，如果要授予所有权限则使用 ALL。

② ON 用来指定权限针对哪些库和表。

③ test1 表示数据库的名称。

④ *表示表名，如果要授予该用户对所有数据库和表的相应操作权限，则可用*表示，如*.*。

⑤ TO 表示将权限赋予某个用户，如“username'@'localhost”表示 username 用户，@后面接限制的主机，可以是 IP、IP 段、域名以及%，%表示任何地方。

⑥ IDENTIFIED BY 指定用户的登录密码，该项可以省略。

⑦ WITH GRANT OPTION 表示该用户可以将自己拥有的权限授权给别人。

注意：*如果在创建操作用户的时候不指定 WITH GRANT OPTION 选项，则该用户不能使用 GRANT*

命令创建用户或者给其他用户授权。

GRANT 命令的授权操作常用方法如表 14-10 所示。

表 14-10　GRANT 命令的授权操作常用方法及作用

方　法	作　用
GRANT 权限 ON 数据库名.数据表名 TO 用户名@主机名	对特定数据库中的特定表单赋予权限
GRANT 权限 ON 数据库名.* TO 用户名@主机名	对特定数据库中的所有表单赋予权限
GRANT 权限 ON *.* TO 用户名@主机名	对所有数据库中的所有表单赋予权限
GRANT 权限 1，权限 2 ON 数据库名.* TO 用户名@主机名	对特定数据库中的所有表单赋予多个权限
GRANT ALL PRIVILEGES ON *.* TO 用户名@主机名	对所有数据库中的所有表单赋予全部权限

还可以使用 GRANT 重复给用户添加权限，例如：先给用户添加一个 select 权限，然后又给用户添加一个 insert 权限，那么该用户就同时拥有了 select 和 insert 权限。

授予用户权限的规则，权限控制主要是出于安全因素，因此需要遵循以下原则：

①仅赋予用户所能满足需要的最小权限。例如：用户需要删除操作，那就只给 deletet 权限，不需要再给用户赋予 update、insert 或者 select 权限。

②创建用户的时候限制用户的登录主机，一般是限制成指定 IP 或者内网 IP 段。

③初始化数据库的时候删除没有密码的用户。安装完数据库的时候会自动创建一些用户，这些用户默认没有密码。

④为每个用户设置密码复杂度较大的密码。

⑤定期清理不需要的用户，回收权限或者删除用户。

（3）查看用户权限，如图 14-40 所示。

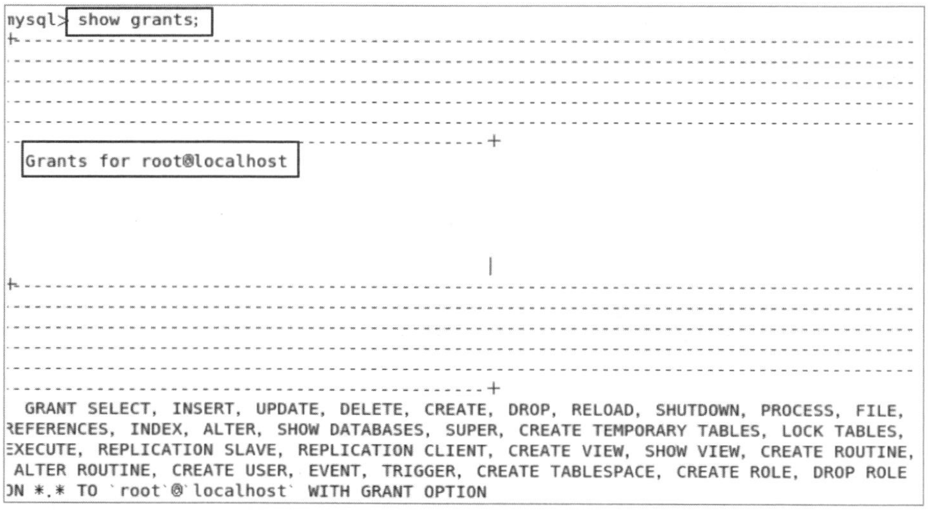

图 14-40　root 用户权限

查看某个用户的权限如图 14-41 所示。

```
mysql> show grants for 'username'@'localhost';

| Grants for username@localhost |

| GRANT USAGE ON *.* TO `username`@`localhost` |
| GRANT ALL PRIVILEGES ON `test1`.* TO `username`@`localhost` |

2 rows in set (0.00 sec)
```

图 14-41　username 用户的权限

（4）更改用户名和密码。命令如下：

```
mysql> rename user 'username'@'localhost' to 'user'@'localhost';
mysql> SET PASSWORD FOR 'user'@'localhost' = PASSWORD('123456');
```

（5）删除赋予用户的权限如图 14-42 所示。

```
mysql> REVOKE ALL ON test1.* FROM 'user'@'localhost';
Query OK, 0 rows affected (0.12 sec)
```

图 14-42　删除用户权限

注意：ALL、test1.*需要和授权部分一致。

（6）删除用户，使用命令如下：

```
mysql> DROP USER 'user'@'localhost';
```

14.6　数据库的备份与还原

数据库的备份是相当重要的，尤其是当发生数据文件损坏、MySQL 服务出现错误、系统内核崩溃、计算机硬件损坏或者数据被不小心删除等时，数据备份就可以快速解决以上所有的问题。

在 MySQL 数据库中提供了许多的备份方案，主要包括：逻辑备份、物理备份、全备份以及增量备份。读者可以根据自己的需求来选择适合自己使用的方式备份数据。

（1）物理备份。指可以直接复制包含有数据库内容的目录与文件，这种备份方式适用于对重要的大规模数据进行备份，并且要求实现快速还原的生产环境。典型的物理备份就是复制 MySQL 数据库的部分或全部目录，物理备份还可以备份相关的配置文件。但采用物理备份需要 MySQL 处于关闭状态或者对数据库进行锁操作，防止在备份的过程中改变发送数据。

物理备份的方式有两种：使用 mysqlbackup 对 InnoDB 数据进行备份和使用 mysqlhotcopy 对 MyISAM 数据进行备份。

（2）逻辑备份。指可以保存代表数据库结构及数据内容的描述信息。例如：保存创建数据结构及添加数据内容的 SOL 语句。逻辑备份适用于对少量数据的备份与还原，它需要查询 MySQL 服务器获得数据结构及内容信息，并将这些信息转换为逻辑格式，所以相对于物理备份而言比较慢。

注意：逻辑备份不会备份日志、配置文件等不属于数据库内容的资料。逻辑备份的优势在于不管是服务层面、数据库层面还是数据表层面的备份都可以实现，由于是以逻辑格式存储的，所以这种备份与系统、硬件无关。

（3）全备份。全备份主要备份某一时刻的所有数据。

（4）增量备份。指仅备份某一段时间内发生过改变的数据。通过物理或逻辑备份工具就可以完成完全备份，但增量备份需要开启 MySQL 二进制日志，通过日志记录数据的改变，从而实现增量差异备份。

使用 mysqldump 备份所有的数据库，默认该工具会将 SQL 语句信息导出至标准输出，可以通过重定向

将输出保存至文件，命令如下：

```
[root@bogon abc]# mysqldump --all-databases > bak.sql
```

备份指定的数据库，命令如下：

```
[root@bogon abc]# mysqldump --all-databases 数据库1 数据库2 数据库3> bak.sql
```

当仅备份一个数据库时，--databases 可以省略，命令如下：

```
[root@bogon abc]# mysqldump 数据库 > bak.sql
[root@bogon abc]# mysqldump --databases 数据库> bak.sql
```

注意：差别在于不使用--databases 选项，则备份输出信息中不会包含 CREATEDATABASE 或 USE 语句。不使用--databases 选项备份的数据文件，在后期进行数据还原操作时，如果该数据库不存在，必须先创建该数据库。

使用 mysql 命令读取备份文件，实现数据还原功能，命令如下：

```
[root@bogon abc]# mysql < bak.sql
[root@bogon abc]# mysql 数据库 < bak.sql
```

14.7 就业面试技巧与解析

本章主要深入讲解了对数据库的部署，包括数据库简介、熟悉什么是 MySQL、MySQL 的安装以及在 MySQL 中的一些管理工具的使用，如 mysql 工具、mysqladmin 工具以及 mysqldump 工具等。另外，还要重点掌握数据库的操作语言，如数据库定义语言、数据库操作语言和数据库查询语言等，以及本章最后介绍的对 MySQL 数据库安全性的设定和数据库的备份与还原都需要读者重点掌握。

到这里，本章的内容就已经学习完了，那么学习完本章内容读者都记住了哪些内容呢？让我们一起来检验一下吧！

14.7.1 面试技巧与解析（一）

面试官：在 MySQL 中最常用的管理工具有哪几种？

应聘者：在 MySQL 数据库系统中，当对数据库进行任何操作时，需要使用客户端软件来连接服务器进行相应的操作，其中包括以下几种：

（1）mysql 是最简单的命令行 SQL 工具，它不仅支持交互式运行，而且还支持非交互式运行。mysql 工具的使用只需要在系统的终端页面输入"mysql"，系统可以直接进入管理页面，命令格式如下：

```
[root@bogon ~]# mysql [选项]
```

需要注意的是，如果该账户设置了密码，则需要在启动 mysql 程序时指定账户名称与密码，从而进入交互式界面，然后可以通过输入 SQL 语句对数据库进行操作。

SQL 语句后要求以";"、"\g" 或 "\G" 结尾。在退出程序时，可以通过输入 exit 指令或者按 Ctrl+C 快捷键完成。

（2）mysqladmin 是 MySQL 数据库中的专门执行管理操作的工具，使用 mysqladmin 工具不仅可以检查服务器的配置和当前所运行的状态，而且还可以用于创建、删除数据库以及设置新密码等。

mysqladmin 的命令格式如下：

```
[root@bogon ~]# mysqladmin [选项] 命令 [命令参数] [命令 [命令参数]]
```

（3）最后一个是 mysqldump 工具，mysqldump 是数据库逻辑备份程序，通常使用它来对一个或多个 MySQL 数据库进行备份或还原，另外，还可以将数据库传输给其他的 MySQL 服务器。

使用 mysqldump 可以备份数据库中的数据表，也可以备份整个数据库，还可以备份 MySQL 系统中的所有数据库。对于使用 mysqldump 工具备份的数据库文件，可以使用 mysql 命令工具还原数据。

需要注意的是：在使用 mysldump 备份数据库表时，必须要求该账户拥有 SELECT 权限，SHOW VIEW 权限用于备份视图，TRIGGER 权限用于备份触发器。

14.7.2　面试技巧与解析（二）

面试官：如何加强 MySQL 安全，具体措施有哪些？

应聘者：MySQL 数据库安全性一般包括以下几个方面：

（1）安全的一般性因素。包括使用较大强度的密码，禁止给用户分配不必要的权限，以防止 SQL 受到攻击。

（2）安装步骤的安全性。确保安装 MySQL 时指定的数据文件、日志文件、程序文件均被存储在安全的地方，未经授权的用户无法读取或写入数据。

（3）访问控制安全。包括在数据库中定义账户及相关权限设置。

（4）MySQL 网络安全。仅允许有效的主机可以连接服务器，并且需要账户权限。

（5）数据安全。确保已经对 MySQL 数据库文件、配置文件、日志文件进行了充分且可靠的备份。完善的备份机制是数据安全的前提条件。

根据以上安全因素制定出以下几点安全性措施：

（1）在数据库中存在不经常使用的用户，建议把这些用户删除，以防止出现非法操作。

（2）根据各用户的需求配置相应的权限，使用户只能执行自身权限范围内的操作，其中也包括远程连接。

（3）不能随意在系统终端页面的命令行中输入数据库密码。

（4）数据库密码的设定需要更强的密码复杂度，并且隔一段时间就需要修改密码，以防止密码外漏，被他人窃取。

第 15 章

Linux 故障排查

 学习指引

Linux 系统尽管是一个相当稳健的操作系统，但是有时候还是免不了会出现各种故障。作为操作系统的管理员，其中重要的工作就是排除故障，让系统能够正常的工作。

由于在操作过程中会出现各种的故障，但是读者在使用的过程中，遇到不同故障的可能性很小。这是因为配置好的 Linux 系统很少会出现问题。因此，在本章的学习过程中将介绍几种在 Linux 系统中可能常见的故障及故障的排查。

 重点导读

- 基本原理。
- Linux 下常见系统故障的处理。
- dd 命令行实用程序。
- Linux 下常见网络故障处理。
- 因 NAS 存储故障引起的 Linux 系统恢复案例。

15.1　基本原理

当 Linux 操作系统出现故障时，系统不会直接告诉用户是什么地方出现了什么问题，而是会显示出相关的症状。就像生病一样，我们只知道自己不舒服，却不知道自己到底得了什么病，因此，只有到了医院，通过一系列检查，最后才能做出正确的诊断并开始治疗。

在对 Linux 系统进行排查故障的时候，Linux 系统就像是生病的患者一样，作为操作系统管理员的您就像 Linux 系统的私人医生一样，医生（系统管理员）需要对于 Linux 系统出现的症状进行对症下药。首先，系统管理员也要像医生一样对 Linux 系统这个特殊的病人进行初步的排查，尽可能地对病症有详细的了解。除此之外，还要进行确认在系统中哪部分能够正常的工作（即没有生病的一部分）。然后，根据这些信息的反馈，作为医生的你（Linux 操作系统管理员）能够清楚地知道出现了什么样的故障。

排除系统故障的顺序应该是先易后难，这样对于我们解决系统的问题，也减少了许多的困难。还有最好能够把你排除系统故障的过程记录下来，就像医院里医生写的病例一样。当下次再出现类似的情况，我们可以直接翻看"病历"就可以了，这样就可以很快的解决这一系列类似的问题。

　　注意：有时候在修复系统时需要修改操作系统的配置文件。如果是这样的话，一定要对原来的操作系统的配置文件进行备份，之后才可以对配置文件进行修改。因为一旦运行时出现了错误，还可以退回到原来的系统状态。这样能帮助我们做到有备无患。

15.2　Linux 下常见系统故障的处理

　　与 Windows 系统一样，Linux 操作系统也会存在很多问题，很多 Linux 新手都害怕遇到系统发生故障的情况，面对出现的问题显得手足无措，更有甚者，由此放弃 Linux。其实，我们应该具有面对问题和解决问题的态度。只要我们在学习的过程中掌握了解决问题的思路并且有扎实的知识功底，一切大的问题就会迎刃而解。那么，在接下来的课程中，我们将共同学习如何来解决一些常见的问题。

15.2.1　处理 Linux 系统故障的思路

　　作为一名合格的 Linux 系统管理员，一定要有一套清晰、明确的解决问题思路，当问题出现时，才能迅速定位、解决问题，这里给出一个处理问题的一般思路：

　　（1）重视报错提示信息。每个错误的出现，都会给出错误提示信息，一般情况下，这个提示基本定位了问题的所在，因此，一定要重视报错信息，如果对这些错误信息视而不见，问题永远得不到解决。

　　（2）查阅日志文件。有时候报错信息只是给出了问题的表面现象，要想更深入的了解问题，必须查看相应的日志文件，而日志文件又分为系统日志文件（/var/log）和应用日志文件，结合这两个日志文件，一般就能定位问题所在。

　　（3）分析、定位问题。这个过程是比较复杂的，根据报错信息，结合日志文件，同时还要考虑其他相关情况，最终找到引起问题的原因。

　　（4）解决问题：找到了问题出现的原因，解决问题就是很简单的事情了。

　　从这个流程可以看出，解决问题的过程就是分析、查找问题的过程，一旦确定问题产生的原因，故障也就随之解决了。

15.2.2　忘记 Linux root 密码

　　这种情况虽然不是很常见，但是有些粗心的管理员长时间没有登录系统，还真会忘记密码。针对这种情况，我们提出了解决方案，在下文中有详细的步骤进行演示：

　　（1）当我们打开虚拟机，输入用户名 root 时，按下回车键会提示输入设置的密码，如果我们忘记密码，输入错误的密码会出现输入密码错误的情况，如图 15-1 所示。提示密码错误，再次进行输入密码。

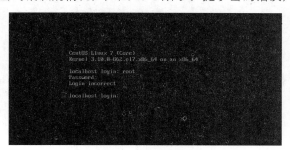

图 15-1　输入密码错误

（2）重启虚拟机，在重启的时候不停地连续按着 Esc 键，如图 15-2 所示。

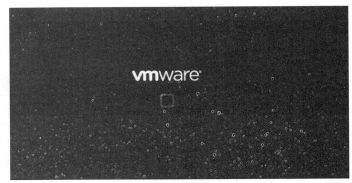

图 15-2　重启虚拟机

（3）进入到该页面之后，选中第一个（高亮显示即为选中）选项，然后按下键盘的 E 键，如图 15-3 所示。

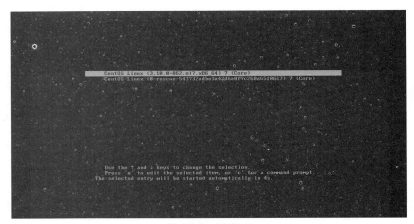

图 15-3　选向卡

（4）进入到初始化脚本编辑页面，该脚本有两页，用键盘的下键向下拉，直到最后两行，如图 15-4 和图 15-5 所示。

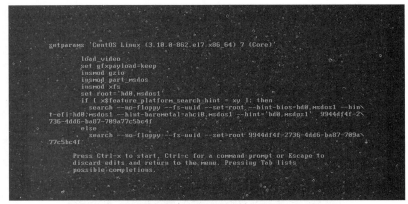

图 15-4　初始化脚本编辑页面 1

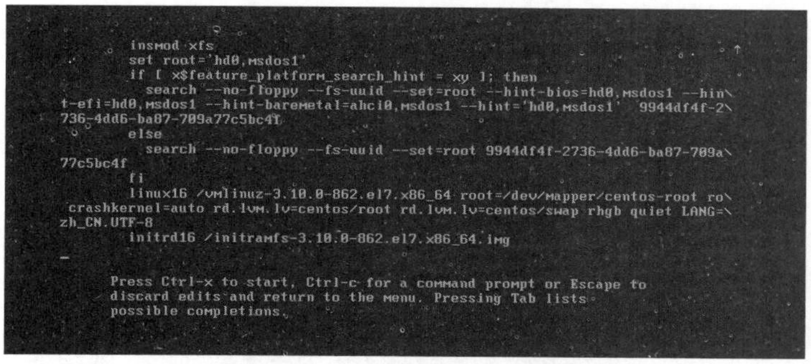

图 15-5　初始化脚本编辑页面 2

（5）光标拉到最后两行需要添加命令，shgb 后面添加命令 LANG=\zh_CN.UTF-8，然后在后面接着添加 init=/bin/sh，如图 15-6 所示。

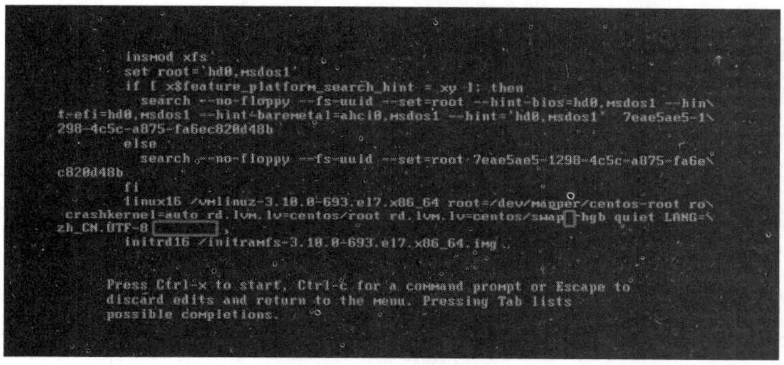

图 15-6　显示位置

（6）在相应的位置上添加完成之后，如图 15-7 所示，然后在键盘上按 Ctrl+X 快捷键执行退出操作。

图 15-7　添加 init=/bin/sh

（7）首先进入设置密码页面之后（一开始只有上面那一行），表示初始化成功，然后依次输入命令 mount -o remount,rw 和/passwd root，再输入两次新设置的密码（密码不会直接显示出来），接着系统会输出 touch /.autorelabel 和 exec /sbin/init 的代码，如图 15-8 所示。

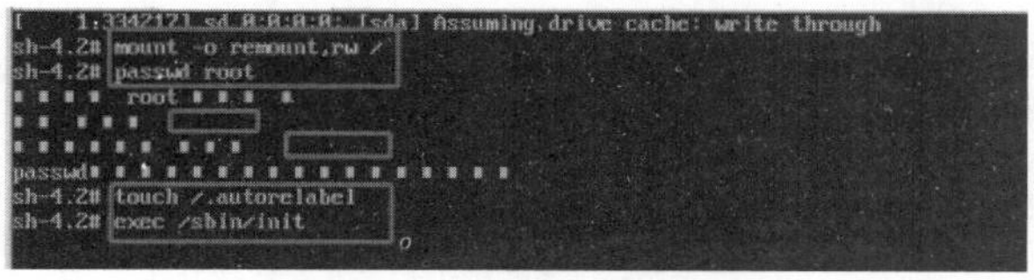

图 15-8　重新设置密码

15.2.3 Linux 系统无法启动的解决办法

导致 Linux 无法启动的原因有很多，常见的原因有如下几种：

（1）文件系统配置不当，如/etc/inittab 文件、/etc/fstab 文件等配置错误或丢失，导致系统出现故障，以至于无法启动。

（2）非法关机，导致 root 文件系统破坏，也就是 Linux 根分区破坏，系统无法正常启动。

（3）系统引导程序出现问题，如 grub 丢失或者损坏，导致系统无法引导启动。

（4）硬件故障，如主板、电源、硬盘等出现问题，导致 Linux 无法启动。

从这些常见的故障中可以看出，导致系统无法启动的原因主要有两个，即硬件和操作系统。对于硬件出现的问题，只需通过更换硬件设备，即可解决，而对于操作系统出现的问题，虽然出现的问题可能千差万别，不过在多数情况下都可以用相对简单统一的方法来恢复系统。下面我们就针对上面提出的几个问题，给出一些常用的、普遍的解决问题的方法。

1. /etc/fstab 文件丢失，导致系统无法启动

/etc/fstab 文件存储了系统中文件系统的相关信息。如果正确的配置了该文件，那么在 Linux 启动时，系统会读取此文件，自动挂载 Linux 的各个分区；如果此文件配置错误或者丢失，就会导致系统无法启动，具体的故障现象会在检测 mount partition 时出现 starting system logger，此后系统启动就停止了。

针对这个问题，第一思路就是想办法恢复/etc/fstab 这个文件的信息。如果恢复了此文件，系统就能自动挂载每个分区，正常启动。可能很多读者首先想到的是将系统切换到单用户模式下，然后手动挂载分区，最后结合系统信息，重建/etc/fstab 文件。

但是，这种方法是行不通的，因为 fatab 文件丢失导致 Linux 无法挂载任何一个分区，即使 Linux 还能切换到单用户下，此时的系统也只是一个 read-only 的文件系统，无法向磁盘写入任何信息。

注意：系统正常时，要将/etc/fstab 文件中的内容做成文档，当然一些重要的系统中的配置信息也要记录在文档之中，这样在系统出问题时就可以方便地知道系统正常时的正确配置了。

2. root 文件系统破坏，导致系统无法启动

Linux 下普遍采用的是 ext 3 文件系统。ext 3 是一个具有日志记录功能的日志文件系统，可以进行简单的容错和恢复，但是在一个高负荷读写的 ext 3 文件系统下，如果突然发生掉电，就很有可能发生文件系统内部结构不一致，导致文件系统破坏。

Linux 在启动时，会自动去分析和检查系统分区。如果发现文件系统有简单的错误，会自动修复；如果文件系统破坏比较严重，系统无法完成修复时，就会自动进入单用户模式或者出现一个交互界面，提示用户手动修复，提示的代码如下：

```
checking root filesystem
/dev/sdb5 contains a file system with errors, check forced
/dev/sdb5:
Unattached inode 68338812
/dev/sdb5: UNEXPECTED INCONSISTENCY; RUN fsck MANUALLY
(i.e., without -a or -p options)
FAILED
/contains a file system with errors check forced
an eror occurred during the file system check
****dropping you to a Shell;the system will reboot
****when you leave the Shell
Press enter for maintenance
```

```
(or type Control-D to continue):
give root password for maintenance
```

从这个错误可以看出，系统根分区文件系统出现了问题，系统在启动时无法自动修复，然后进入到了一个交互界面，提示用户进行系统修复。

这个问题发生的概率很高，引起这个问题的主要原因就是系统突然掉电，引起文件系统结构不一致。一般情况下，解决此问题的办法是采用 fsck 命令，进行强制修复。

根据上面的错误提示，当按下 Control+D 快捷键后系统自动重启，当输入 root 密码后进入系统修复模式，在修复模式下，可以执行 fsck 命令，具体操作过程的命令如下：

```
[root@localhost /]#umount /dev/sdb5
[root@localhost /]#fsck .ext 3 -y /dev/sdb5
e2fsck 1.39 (29-May-2006)
/ contains a file system with errors, check forced.
Pass 1: Checking inodes, blocks, and sizes
Pass 2: Checking directory structure
Pass 3: Checking directory connectivity
Pass 4: Checking reference counts
Inode 6833812 ref count is 2, should be 1.  Fix<y>? yes
Unattached inode 6833812
Connect to /lost+found<y>? yes
Inode 6833812 ref count is 2, should be 1.  Fix<y>? yes
Pass 5: Checking group summary information
Block bitmap differences:  -(519--529) -9273
Fix<y>? yes
```

3. 开机以及文件系统故障排查

如果 Linux 不能正常开机，排除故障的操作步骤有以下 3 点：

（1）检查是不是开机管理程序的问题，在 RHEL4 或者以上的版本（也包括 Oracle Linux）中是使用 GRUB 作为默认的开机管理程序。

（2）如果开机管理程序没有问题，就检查是否载入了正确的内核（Kernel）。

（3）如果开机时出现 panic 的错误，则是根目录没有挂载成功。这时要检查/sbin/init 及/etc/inittab 两个系统文件中的配置有没有错误，并且还要检查根目录有没有损坏。

上述的步骤虽然看起来十分简单，但是理想和现实往往具有差别，真正做起来并不是那么简单。不过 Linux 是一个十分稳健的操作系统，在平时的工作状态中很少出事。偶尔出事，也是在情理之中的，此时就体现出了作为系统管理员的重要之处。

文件系统的故障通常是由于系统当机（如突然断电）或者非正常关机造成的文件损坏而引起的。当一个文件系统出现故障时，进行文件系统修复的步骤如下：

（1）使用 unmont 命令卸载有问题的文件系统。

（2）使用 fsck -y 命令测试和修复文件系统。

（3）当这个文件系统修复成功之后，使用 mount 命令重新挂载该文件系统。

下面我们就通过实例进行演示以上修复文件系统故障的操作，在图 15-9 中，df 命令列出目前系统上所挂载的文件系统。

【例 15-1】查看挂载命令。命令如下：

```
[root@bogon ~ ]# df -h
```

```
[root@bogon ~]# df -h
文件系统                        容量   已用  可用  已用%  挂载点
/dev/mapper/centos_bogon-root   17G    1.7G  16G   10%    /
devtmpfs                        476M   0     476M  0%     /dev
tmpfs                           488M   0     488M  0%     /dev/shm
tmpfs                           488M   7.7M  480M  2%     /run
tmpfs                           488M   0     488M  0%     /sys/fs/cgroup
/dev/sda1                       1014M  131M  884M  13%    /boot
tmpfs                           98M    0     98M   0%     /run/user/0
[root@bogon ~]#
```

图 15-9　挂载的文件系统

【例 15-2】unount/oradata 命令的使用。命令如下：

```
[root@bogon ~ ]# unount/oradata
```

unount/oradata 命令执行之后系统不会给出任何信息，如图 15-10 所示，所以，我们要使用 df 命令重新列出目前系统上所有挂起的文件系统，以确认/oradata 文件系统已经卸载。

```
[root@bogon ~]# unount /oradata
-bash: unount: 未找到命令
[root@bogon ~]#
```

图 15-10　unount /oradata 显示结果

当确认/oradata 文件系统已经成功的卸载之后，就可以使用例 15-3 中的带有-y 选项的 fsck 命令检测和修复/dev/md0 这个文件系统。

【例 15-3】fsck-y /dev/md0 修复系统。命令如下：

```
[root@bogon ~ ]# fsck-y /dev/md0
```

当输入此命令时，就可以确认/dev/md0 文件系统已经修复成功。接下来我们就可以使用例 15-4 中的 mount 命令将/dev/md0 这个文件重新挂载到/oradata 目录之下。

【例 15-4】完成修复工作操作。命令如下：

```
[root@bogon ~ ]# mount /dev/md0 /oradata
```

通过以上命令就可以完成对文件系统的修复工作了。

15.3　dd 命令行实用程序

Linux 操作系统管理员的最主要的工作就是保证 Linux 系统在工作期间能够正常的运行。但是要做到这样，并不是那么容易，因为 Linux 系统的运行环境十分复杂，会有很多因素导致 Linux 系统崩溃。一旦系统崩溃，Linux 系统管理员就需要在最快的时间内恢复 Linux 系统，并做到在最大限度内不丢失数据，这对于系统管理员来说是一个不小的挑战。为达到这个目的，我们能做的唯一办法就是数据的备份、再备份。而 dd 命令行实用程序就是在 Linux 系统上使用频率非常高的系统备份和恢复的工具。

dd 是一个在 UNIX 和 Linux 操作系统上的命令行实用程序，它的主要目的就是转换和复制文件。因为一个硬盘启动扇区的内容是在安装文件系统之前就已经生成的，所以它无法进行操作系统的复制命令来备份。这时候我们就需要使用 dd 程序来完成硬盘的启动扇区的备份工作，也可以使用 dd 命令将一个硬盘上的数据彻底的清除掉，还可以在复制数据的时候完成数据的转换工作。

dd 的名字来源于 IBM 的作业控制语言（Job Control Language JCL）中的 DD 语句，dd 代表的是 Data Definition（数据定义）两个字的首字母。因此与大多数其他的 UNIX 命令的语法格式的不同，dd 命令更像是 IBM 的 JCL 语句，而不像是 UNIX 命令。

在 dd 命令中可以使用很多选项，这些选项的语法格式如下：

选项=选项值，

每个选项之间需要使用空格分割。

下面我们列举了几种常见的选项。

（1）if=文件名：输入文件名，缺省为标准输入，即指定源文件，如< if=input file >。

（2）of=文件名：输出文件名，缺省为标准输出，即指定目的文件，如< of=output file >。

（3）ibs=bytes：一次读入 bytes 字节，即指定一个块大小为 bytes 字节。

- obs=bytes：一次输出 bytes 字节，即指定一个块大小为 bytes 字节。
- bs=bytes：同时设置读入/输出的块大小为 bytes 个字节。

（4）cbs=bytes：一次转换 bytes 字节，即指定转换缓冲区大小。

（5）skip=blocks：从输入文件开头跳过 blocks 个块后再开始复制。

（6）seek=blocks：从输出文件开头跳过 blocks 个块后再开始复制。

注意：通常只有当输出文件是磁盘或磁带时才有效，即备份到磁盘或磁带时才有效。

（7）count=blocks：仅拷贝 blocks 个块，块大小等于 ibs 指定的字节数。

（8）conv=conversion：用指定的参数转换文件。

- ascii：转换 ebcdic 为 ascii。
- ebcdic：转换 ascii 为 ebcdic。
- ibm：转换 ascii 为 alternate ebcdic。
- block：把每一行转换为长度为 cbs，不足部分用空格填充。
- unblock：使每一行的长度都为 cbs，不足部分用空格填充。
- lcase：把大写字符转换为小写字符。
- ucase：把小写字符转换为大写字符。
- swab：交换输入的每对字节。
- noerror：出错时不停止。
- notrunc：不截短输出文件。
- sync：将每个输入块填充 ibs 个字节，不足部分用空（NUL）字符补齐。

以上是一些使用 dd 命令行程序进行 Linux 系统维护工作的一些例子，其中包括了整个硬盘的备份与恢复、光盘的刻录及清除磁盘或者文件中所有的数据和将内存中的数据复制到硬盘上。

15.3.1　dd 命令的应用实例

对于一个刚接触的系统，如果我们要想知道硬盘的读写速度。那我们就可以用下面介绍的方法来进行测试和分析系统顺序读和写的速度，首先我们通过例 15-5 中的命令进行测试硬盘上的读速度，输出结果如图 15-11 所示。

【例 15-5】测试硬盘上的读速度。命令如下：

```
[root@bogon ~ ]# dd if=/dev/zero bs=1024 count=1000000 of=file_1GB
```

```
[root@bogon ~]#  dd if=/dev/zero bs=1024 count=1000000 of=file_1GB
记录了1000000+0 的读入
记录了1000000+0 的写出
1024000000字节(1.0 GB)已复制, 9.34338 秒, 110 MB/秒
[root@bogon ~]#
```

图 15-11　dd 命令测试硬盘的写速度

/dev/null：外号叫无底洞，你可以向它输出任何数据，它通吃，并且不会撑着！

- /dev/zero：是一个输入设备，你可以用它来初始化文件。该设备无穷尽地提供 0，可以使用任何需要的数目——设备提供的要多得多。它也可以用于向设备或文件写入字符串 0。
- /dev/null：是空设备，也称为位桶（bit bucket）。任何写入它的输出都会被抛弃。如果不想让消息以标准输出显示或写入文件，那么可以将消息重定向到位桶。

我们还可以利用在 root 目录中刚刚生成的 file=1GB 来测试硬盘的读速度，也可以通过例 15-6 中的命令进行测试，输出结果如图 15-12 所示。

【例 15-6】测试读速度。命令如下：

```
[root@bogon ~ ]# dd if=file_1GB of=/dev/null bs=1024
```

```
[root@bogon ~]#  dd if=file_1GB of=/dev/null bs=1024
记录了1000000+0 的读入
记录了1000000+0 的写出
1024000000字节(1.0 GB)已复制, 1.59901 秒, 640 MB/秒
[root@bogon ~]#
```

图 15-12　dd 命令测试硬盘的读速度

file_1GB 这个文件很大，我们可以通过 ls -l file*命令进行验证。在操作完成之后，要使用例 15-7 中的 rm 命令删除这一文件。最后，我们最好能够使用 ls -l file*命令再次进行验证，防止出现错误。

【例 15-7】删除。命令如下：

```
[root@bogon ~ ]# rm -f file_1GB
```

接下来需要将硬盘上重要的分区克隆到另一个硬盘的分区上，即系统上的一个 boot 分区。

首先，我们需要通过例 15-8 中的 ls 命令显示出/boot 目录下的全部内容，如图 15-13 所示。

【例 15-8】显示目录的内容。命令如下：

```
[root@bogon ~ ]# ls /boot
```

```
[root@bogon ~]# ls /boot
config-3.10.0-862.el7.x86_64    grub2                                              System.map-3.10.0-862.el7.x86_64
efi                             initramfs-0-rescue-e4f5553831fe4e7c9244d90bb767e2f0.img    vmlinuz-0-rescue-e4f5553831fe4e7c9244d90bb767e2f0
extlinux                        initramfs-3.10.0-862.el7.x86_64.img                vmlinuz-3.10.0-862.el7.x86_64
grub                            symvers-3.10.0-862.el7.x86_64.gz
[root@bogon ~]#
```

图 15-13　ls 命令展示目录的全部内容

为了确定/boot 所在具体设备的文件名，我们可以通过例 15-9 中的 df 命令列出/boot 所在设备以及其状态的信息，如图 15-14 所示。

【例 15-9】设备状态信息。命令如下：

```
[root@bogon ~ ]# df -h /boot
```

```
[root@bogon ~]# df -h /boot
文件系统        容量    已用    可用    已用%   挂载点
/dev/sda1       1014M   131M    884M    13%     /boot
[root@bogon ~]#
```

图 15-14　df 命令列出/boot 的信息

当确认了/boot 所在的设备之后，通过例 15-10 中的 dd 命令将/dev/sda1 分区克隆到另一个硬盘的/dev/sdb1 分区。

【例 15-10】克隆操作。命令如下：

```
[root@bogon ~ ]# dd if=/dev/sda1 of=/dev/sdb1 bs=4096 conv=noerror
```

然后通过【例 15-11】中的 mkdir 命令创建一个加载/dev/sdb1 分区的目录（为了便于记忆我们使用了/boot2）。

【例 15-11】创建加载分区。命令如下：

```
[root@bogon ~ ]# mkdir .boot2
```

最后，我们就可以使用例 15-12 中的 mount 命令加载/dev/sdbl 分区了。

【例 15-12】加载/dev/sdbl 分区。命令如下：

```
[root@bogon ~ ]# mount /dev/sdbl /boot2
```

15.3.2　某一运行级别的恢复

当 Linux 所运行中的某一运行级别发生了问题，这需要我们如何去恢复呢？因此为了修复这种问题，必须进入到单用户的运行模式才能进行修复。单用户的模式包括以下 3 种模式，下面针对这三种模式进行介绍。

- Runlevel 1：顺序执行以下程序 init、/etc/rc.sysinit、/etc/rcl.d/*。
- Runlevel s：S 或 single：顺序执行以下程序 init、/etc/rc.sysinit。
- Runlevel emergency：称为 sulogin 模式，执行 init 程序之后，只会执行/etc/rc.sysinit 脚本文件中的部分代码。

根据上述的介绍，我们可以知道这 3 种单用户模式的区别主要在于它们执行代码的多少。那么我们又该怎样进入到这些单用户的模式呢？

首先，我们介绍怎样进入到 Runlevel 1 模式。Linux 系统在刚启动的时候，按下键盘上的任意键，接着系统就会进入到 GRUB 的开机选单窗口，按下键盘上的 "a" 键，删除 GRUB 指令 "/" 之后的内容，空一格输入 "1"，传达一个 1 的参数给系统，这个 1 的参数就是要进入到 Runlevel 1。

按 "Enter 键" 之后，Linux 系统就会进入到 Runlevel 1 模式。

注意：这时候的系统提示符与之前的是不一样的。如果系统是在开启的状态时，我们也可以使用 init 1 命令使得 Linux 系统进入到 Runlevel 1。

那么，如何进入到 Runlevel S 呢？我们输入 reboot 重新启动 Linux 系统。开机的时候出现 Welcome to Enterprise Linux 的欢迎信息之后，在键盘上按下 "i"，即可以进入到 Runlevel S 模式中了。

之后系统就会以问答的方式询问你接下来操作的每一步，我们可以根据系统的具体情况进行回答 Y 或者 N。

我们解决了前两个问题，最后我们如何进入到 Runlevel emergency 呢?如果在平常的工作状态之下，系统的配置文件/etc/fstab 中的设定发生了错误，Linux 系统会主动地进入到 Runlevel emergency，也就是以 sulogin 的方式启动系统。

15.4　Linux 下常见网络故障处理

当 Linux 操作系统产生网络故障时，应该从系统的硬件及软件、局部和整体等多方面进行检查，下面将从几个方面对于 Linux 操作系统产生网络故障时的解决方案进行详述。

1. 检查网线、网卡

到机房里检查网线两端是否都亮灯，普通服务器是绿灯常亮为正常，交换机绿灯闪烁表示正在传输数据。

可以通过命令 ethtool ethX 来查看某一网卡的链路是否物理连通。

其中，speed 是当前网卡的速度，这是一个千兆网卡；Duplex 显示了当前网络支持全双工；link detected 表示当前网卡和网络的物理连接状态，yes 就是正常。通常网速和全/半双工状态是主机和网络协议商自动协商的。

2. 确定网线是通的之后，再看物理网卡

ifconfig 可以看到已成功加载的网卡，用 ethtool -i ethX 可以看到网卡驱动，lspci 可以看到所有连接到 pci 总线的设备，lsmod 显示所有已加载的模块，加载成功的模块也会在/proc/modules 中显示。一般情况下，成功加载网卡后，用 ifconfig 就可以看了。如果找不到网卡，那么应该查看物理网卡有没有连接到 pci 总线上，如果 lspci 检测不到的话就可能是网卡坏了。还有一种情况是没有加载网卡模块，先去 lspci 里找到对应厂商和型号：Ethernet Controller，再用 modprobe 尝试加载正确的模块，比如 modprobe3c509。如果出现错误，说明该模块不存在。这时候应该找到正确的模块并且重新编译。

3. 网卡物理层没有问题之后，再看网卡配置

用 ifconfig 就可以查看 IP、掩码等信息，永久修改网卡信息在/etc/sysconfig/network-scripts/ifcfg-ethX（有些 Linux 发行版不一定是这个文件名，但路径差不多，它上一层中的 network 文件是修改 hostname 的）文件中，这个文件也是放 DNS 的正确地方，修改之后重启 network。

4. 检查自身路由表是否正确

用 route-n 查看内核路由表，通过 route 命令查看内核路由，检验具体的网卡是否连接到目标网路的路由之后就可以尝试 PING 网关，排查与网关之间的连接。如果无法 ping 通网关，可能是网关限制了 ICMP 数据包或者交换机设置的问题。一个很常见的问题：两块网卡分别提供内网和外网服务，如果默认网关是内网网卡，那么外网服务是访问不到的。这时需要删除再添加默认网关，用 route delete/ add default gw 命令。

5. 查看 DNS

在/etc/resolve.conf 文件中可看到指定域名服务器，但是在这里是不能修改这个文件的，修改之后会自动产生 networkManager 文件，因此要去 etc/sysconfig/network-scripts/ifcfg-ethX 中修改。

6. 检查路由和主机之间是否通畅

当连接不到某一台远端主机时，应该如何追踪路由。traceroute 命令是用来跟踪从发出数据包的主机到目标主机之间所经过的网关的工具。

traceroute 命令常用的参数选项如下：

- -i 指定网络接口，对于多个网络接口有用。比如-i eth1 或-i ppp1 等。
- -m 把在外发探测试包中所用的最大生存期设置为 max-ttl 次转发，默认值为 30 次。
- -n 显示 IP 地址，不查主机名。当 DNS 不起作用时常用到这个参数；也可以在检查时排除 DNS 的问题。

记录按序列号从 1 开始，每个纪录就是一跳，每一跳表示一个网关，我们看到每行有三个时间，单位是 ms，其实就是-q 的默认参数。探测数据包向每个网关发送三个数据包后，网关响应后返回的时间。星号"*"表示防火墙封掉了 ICMP 的返回信息。

7. 检查远端主机的服务端口是否打开

用 telnet 和 nmap 来检查，没有这两个工具的话自行安装 yum。比如我们要看下百度的 80 端口是否打开，状态 STATE 是 open 表示开启，如果是 filtered 表示被防火墙过滤了。

举例其中第 1 列是套接字通信协议，第 2 列和第 3 列显示的是接收和发送队列，第 4 列是主机监听的本地地址，反映了该套接字监听的网络；第 6 列显示当前套接字的状态，最后一列显示打开端口的进程。

15.5　因 NAS 存储故障引起的 Linux 系统恢复案例

本节我们主要是通过对 NAS 存储故障在 Linux 系统的恢复，通过一个案例内容进行讲解，通过本节的内容对于 Linux 的故障处理有一个系统的认识。

1. 故障现象描述

NAS 操作系统内核为 Linux，自带的存储有 16 块硬盘，总共分两组，每组做 RAID5。Linux 操作系统无法正常启动，在启动到 cups 那里就停止了，按 Ctrl+C 快捷键强制断开也没有响应，查看硬盘状态，都是正常的，没有报警或者警告现象。

2. 问题判断思路

通过上面这些现象，首先判断 NAS 硬件没问题，NAS 存储盘也正常，现在 Linux 无法启动，那么应该是 Linux 系统本身存在问题，因此，要从 Linux 系统入手进行排查。

3. 问题处理过程

关于故障处理，主要有两种类型：

（1）第一次处理过程。NAS 系统本身就是一个 Linux 内核装载了一个文件系统管理软件，管理软件可以对系统磁盘、系统服务、文件系统等进行管理和操作。正常情况下，基于 Linux 内核的 NAS 系统应该启动到 init3 或者 init5 模式下，由于 NAS 仅用了 Linux 一个内核模块和几个简单服务，所以判断 NAS 下的 Linux 系统肯定是启动到 init 3 模式下，那么现在无法启动到多用户字符界面下，何不让 Linux 直接进入单用户（init 1）模式下呢，因为单用户模式下仅仅启用系统所必需的几个服务，而 cpus 服务是应用程序级别的，肯定不会在 "init 1" 模式下启动，这样就避开了 cups 无法启动的问题，所以，下面的工作就是要进入 Linux 的单用户模式下。

很多的 Linux 发行版本都可以在启动的引导界面通过相关的设置进入单用户模式下，通过查看 NAS 的启动过程，基本判断这个 Linux 系统与 RHEL/CentOS 发行版极为类似。因此，就通过 RHEL/CentOS 进入单用户模式的方法试一试。

RHEL/CentOS 进入单用户模式很简单，就是在系统启动到引导欢迎界面下，按键 "e"，然后编辑正确的内核引导选项，在最后面加上 "single" 选项，最后直接按键 "b" 即可进入单用户了。

接下来，重新启动 NAS，然后硬件自检，接着开始启动 Linux，一直在等待这个 NAS 的启动欢迎界面，但是欢迎界面一直没出来，就直接进入内核镜像，加载内核阶段了，没有内核引导界面，如何进入单用户模式？经过思考，决定在硬件检测完毕后直接按键盘 "e" 键，NAS 进入到了内核引导界面，通过观察，发行第二个正要引导的内核选项，移动键盘上下键，选择这个内核，再按键 "e"，进入内核引导编辑界面，在这行的最后面输入 "single"，然后按回车键，返回上个界面，接着按键 "b" 开始进行单用户引导，经过一分钟的时间，系统如愿以偿地进入了单用户下的 Shell 命令行。

进入单用户模式后，能做的事情就很多了，首先要做的就是将 cups 服务在多用户模式下自启动关闭，执行命令如下：

【例 15-13】多模式下启动自动关闭。命令如下：

```
chkconfig --levle 35 cups off
```

执行成功后，重启系统进入多用户模式下，看看系统是否能正常启动。

（2）第二次处理过程。将 cups 服务开机自启动关闭后，重启 NAS，发现问题依旧，NAS 还是启动到 cups 服务那里停止了，难道上面的命令没有执行成功吗？明明已经禁止了 cups 服务启动了，怎么还是启动不了呢？于是，继续重启 NAS，再次进入单用户模式下，看看问题究竟出在哪里了。

进入单用户后，再次执行 chkconfig 命令，依旧可以成功，难道是 cups 服务有问题，先看看配置文件。

【例 15-14】 查看配置文件。命令如下：

```
vi/etc/cups/cupsd.conf
```

在这里发现了一个问题，vi 打开 cupsd.conf 时，提示 "write file in swap"，说明文件存在虚拟内存中，那么只有一种可能，NAS 设备的 Linux 系统分区没有正确挂载，导致在进入单用户的时候，所有文件都存储在了虚拟内存中，要验证非常简单，执行 "df" 命令查看即可，如图 15-15 所示。

```
[root@bogon ~]# df -h
文件系统                           容量   已用   可用   已用%  挂载点
/dev/mapper/centos_bogon-root      17G   1.7G   16G   10%   /
devtmpfs                          476M     0   476M    0%   /dev
tmpfs                             488M     0   488M    0%   /dev/shm
tmpfs                             488M  7.7M   480M    2%   /run
tmpfs                             488M     0   488M    0%   /sys/fs/cgroup
/dev/sda1                        1014M  131M   884M   13%   /boot
tmpfs                              98M     0    98M    0%   /run/user/0
[root@bogon ~]# 
```

图 15-15　df 命令查看

从这里可以看出，Linux 的系统分区并未挂载，通过 "fdisk –l" 命令检查下磁盘分区状态，输出如图 15-16 所示。

【例 15-15】 检查磁盘分区状态。命令如下：

```
[root@bogon ~ ]# fdisk –l
```

```
[root@bogon ~]# fdisk -l

磁盘 /dev/sda: 21.5 GB, 21474836480 字节, 41943040 个扇区
Units = 扇区 of 1 * 512 = 512 bytes
扇区大小(逻辑/物理): 512 字节 / 512 字节
I/O 大小(最小/最佳): 512 字节 / 512 字节
磁盘标签类型: dos
磁盘标识符: 0x000c8736

   设备 Boot      Start        End      Blocks   Id  System
/dev/sda1   *      2048    2099199     1048576   83  Linux
/dev/sda2       2099200   41943039    19921920   8e  Linux LVM

磁盘 /dev/mapper/centos_bogon-root: 18.2 GB, 18249416704 字节, 35643392 个扇区
Units = 扇区 of 1 * 512 = 512 bytes
扇区大小(逻辑/物理): 512 字节 / 512 字节
I/O 大小(最小/最佳): 512 字节 / 512 字节


磁盘 /dev/mapper/centos_bogon-swap: 2147 MB, 2147483648 字节, 4194304 个扇区
Units = 扇区 of 1 * 512 = 512 bytes
扇区大小(逻辑/物理): 512 字节 / 512 字节
I/O 大小(最小/最佳): 512 字节 / 512 字节

[root@bogon ~]# 
```

图 15-16　fdisk -l 查询页面

通过输出可知，NAS 的系统盘是/dev/sda，划分了/dev/sda1 和/dev/sda2 两个系统分区，而数据磁盘是经过做 RAID5 完成的，在系统上的设备标识分别是/dev/sdb1 和/dev/sdc1，由于单用户默认没有挂载任何 NAS 磁盘，这里尝试手动挂载 NAS 的系统盘。

【例 15-16】 手动挂载 NAS 的系统盘。命令如下：

```
[root@bogon ~ ]#mount /dev/sda2 /mnt
[root@bogon ~ ]#mount /dev/sda1 /opt
```

这里的/mnt、/opt 是随意挂载的目录，也可以挂载到其他空目录下，挂载完成，分别进入该目录看看有什么内容，mnt 挂载显示结果如图 15-17 所示，opt 挂载显示结果图 15-18 所示。

```
[root@bogon opt]# cd /mnt
[root@bogon mnt]# ls -al
总用量 0
drwxr-xr-x. 2 root root    6 4月   11 2018 .
dr-xr-xr-x. 17 root root 224 9月   20 10:56 ..
[root@bogon mnt]#
```
图 15-17　mnt 挂载显示

```
[root@bogon mnt]# cd /opt
[root@bogon opt]# ls -al
总用量 0
drwxr-xr-x. 2 root root    6 4月   11 2018 .
dr-xr-xr-x. 17 root root 224 9月   20 10:56 ..
[root@bogon opt]#
```
图 15-18　opt 挂载显示

通过这两个内容的查看，初步判断，/dev/sda2 分区应该是 Linux 的根分区，而/dev/sda1 应该是/boot 分区。现在分区已经挂载上去了，再次执行 df 命令看看挂载情况，如图 15-19 所示。

【例 15-17】查看挂载情况。命令如下：

```
[root@bogon ~ ]#df -h
```

到这里为止，已经发现问题。/dev/sda2 磁盘分区已经没有可用的磁盘空间了，而这个分区刚好是 NAS 系统的根分区，根分区没有空间了，那么系统启动肯定就出问题了。

下面再把思路转到前面介绍的案例中，由于系统 cups 服务在启动的时候会启动写日志到根分区，而根分区因为没有空间了，所以也就无法写日志了，由此导致的结果就是 cups 服务无法启动，这就解释了此案例中 NAS 系统每次启动到 cups 服务就停止的原因。

因为 NAS 系统只有根分区和/boot 分区，所以系统产生的相关日志都会存储在根分区中。现在根分区满了，首先可以清理的就是/var 目录下的系统相关日志文件，通常可以清理的目录有/var/log，执行如下命令查看/var/log 日志目录占据磁盘空间大小：

【例 15-18】查看日志目录占据磁盘空间大小。命令如下：

```
[root@bogon ~ ]#  du -sh /var/log
50.1G   /var/log
```

通过命令输出发现/var/log 目录占据了根分区仅 70%的空间，清理这个目录下的日志文件即可释放大部分根分区空间，清理完毕，重启 NAS 系统，发现系统 cups 服务能正常启动了，NAS 服务也启动正常了。

15.6　就业面试技巧与解析

本章主要深入讲解了在 Linux 系统中的一些故障排查的方法，为了使读者更好地掌握本章内容，在解决故障之前需要先了解故障排查的基本原理。接着学习一些常见的系统故障处理的方法和常见网络故障的处理方法，如忘记 root 密码、Linux 系统无法启动等问题。最后由一个因 NAS 存储故障引起的 Linux 系统恢复案例让读者学会在遇到问题时应该怎样做？做什么？避免读者在遇到问题时手足无措。

到这里，本章的内容就已经学习完了，那么学习完本章内容读者都记住了哪些内容呢？让我们一起来检验一下吧！

15.6.1　面试技巧与解析（一）

面试官：如果办公室内的一台主机无法上网（打不开网站），请给出你的排查步骤？

应聘者：

（1）首先确定物理链路是否连通正常。

（2）查看本机 IP、路由、DNS 的设置情况是否达标。

（3）使用 telnet 检查服务器的 WEB 是否开启以及防火墙是否阻拦。

（4）使用 PING 检查网关，这是最基础的检查，如果网关是通的，则表示能够到达服务器。

（5）测试网关或路由器的通畅情况，先测网关，然后再测路由器，需要一级一级地进行测试。

（6）通过 PING 测试外网 IP 的通畅情况（记住几个外部 IP）。

（7）测试 DNS 的通畅情况，PING 出对应的 IP 地址。

（8）通过以上检查后，最后还需要在网管的路由器上再进行检查。

15.6.2　面试技巧与解析（二）

面试官：发现一个病毒文件，如果删了它，但又自动创建，这时应该怎么解决？

应聘者：

（1）使用 iftop 查看是否有连接外网的情况。针对这种情况，一般重点查看 netstat 连接的外网 IP 和端口。

（2）使用 lsof -p pid 命令可以查看该病毒文件具体是哪些进程和哪些文件，经查勘发现/root 目录下的相关配置 conf.n hhe 两个可疑文件，rm-rf 删除后不到一分钟就自动生成了。由此推断是某个母进程产生的这些文件。所以找到该母进程就是找到罪魁祸首。

（3）那么怎么找到是关键，找了半天也没有看到蛛丝马迹，所以只好通过 ps axu 命令一个个进行排查，找到可疑的/usr/bin/.sshd 目录下的文件，杀掉所有.sshd 相关的进程，然后直接删除.sshd 这个可执行文件，最后再删除那个会自动创建的文件。

总结一下，遇到这种问题，如果不是太严重，尽量不要重装系统，一般就是先断外网，然后利用 iftop、ps、netstat、chattr、lsof 和 pstree 工具顺藤摸瓜，找到元凶。如果遇到诸如此类的问题/boot/efi/EFI/redhat/grub.efi: Heuristics.Broken.Executable FOUND，就必须要重装系统了。

注意：查杀病毒的最好方法就是切掉外网的访问，由于是内网服务器，因此可以通过内网访问，切断了外网，病毒就失去外联的能力，杀掉它就容易得多。

15.6.3　面试技巧与解析（三）

面试官：如何优化 Linux 系统？

应聘者：

（1）不使用 root 用户，添加其他普通用户，通过 sudo 进行授权管理。

（2）更改默认的远程连接 SSH 服务端口，禁止 root 用户远程连接。

（3）定时自动更新服务器时间。

（4）配置 yum 源。

（5）关闭 SeLinux 及 iptables（iptables 工作场景如果有外网 IP 一定要打开，高并发除外）。

（6）调整文件描述符的数量。

（7）精简开机启动服务（crond rsyslog network sshd）。

（8）进行内核的参数优化（/etc/sysctl.conf）。

（9）更改字符集，支持中文，但建议还是用英文字符集，防止出现乱码。

（10）使用/etc/issue 命令进行清空，去除系统及内核版本登录前的屏幕显示。